数字技能基础

主　编　冯　迎　陈　伟　刘美丽
副主编　陈　锐　杨　茜　王继良　曾羽琚　史小玲
　　　　刘佳佳　范　佳　吴　凯　刘德军
主　审　罗汝珍　王建平　李　军

中国水利水电出版社
www.waterpub.com.cn
·北京·

内 容 提 要

本书基于"三教"改革——数字化教材改革背景，结合新兴人工智能技术，旨在提升学习者的数字技能。内容依托长沙环境保护职业技术学院校企合作开发项目，选取环保行业岗位案例，分为数字技能、数字工具、数字技术三个篇章，系统培养学生数字意识、计算思维、终身学习能力和社会责任感。本书充分满足学习者需求，体现思政元素，为学习者提供个性化、立体化知识图谱和学习空间。

本书可作为高等学校、职业院校以及社会数字化技能培训部门有关人员的参考书，也可以作为创业者和自由职业者，特别是新媒体行业从业者的工具书。

本书配有专题拓展、知识测评单、任务工作单、任务评价单，读者可以从中国水利水电出版社网站（www.waterpub.com.cn）或万水书苑网站（www.wsbookshow.com）免费下载。

图书在版编目（CIP）数据

数字技能基础 / 冯迎，陈伟，刘美丽主编. -- 北京：中国水利水电出版社，2025.5. -- ISBN 978-7-5226-3452-4

Ⅰ．TP274

中国国家版本馆 CIP 数据核字第 20250HE731 号

策划编辑：周益丹　　责任编辑：鞠向超　　加工编辑：丰芸　　封面设计：苏敏

书 名	数字技能基础 SHUZI JINENG JICHU
作 者	主　编　冯迎　陈伟　刘美丽 副主编　陈锐　杨茜　王继良　曾羽琚　史小玲 　　　　刘佳佳　范佳　吴凯　刘德军 主　审　罗汝珍　王建平　李军
出版发行	中国水利水电出版社 （北京市海淀区玉渊潭南路1号D座　100038） 网址：www.waterpub.com.cn E-mail: mchannel@263.net（答疑） 　　　　 sales@mwr.gov.cn 电话：（010）68545888（营销中心）、82562819（组稿）
经　售	北京科水图书销售有限公司 电话：（010）68545874、63202643 全国各地新华书店和相关出版物销售网点
排　版	北京万水电子信息有限公司
印　刷	三河市德贤弘印务有限公司
规　格	184mm×260mm　16开本　15.25印张　343千字
版　次	2025年5月第1版　2025年5月第1次印刷
印　数	0001—3000册
定　价	59.00元

凡购买我社图书，如有缺页、倒页、脱页的，本社营销中心负责调换

版权所有·侵权必究

前　言

我们已经身处数字化时代，数字经济蓬勃发展，数字技术快速迭代，在生活、工作中扮演着越来越重要的角色，对劳动者所需掌握的数字技能也提出了新的要求。为深入贯彻落实习近平总书记关于网络强国的重要思想，实施全民数字素养与技能提升行动，加快数字化发展，建设网络强国和数字中国，中央网络安全和信息化委员会印发了《提升全民数字素养与技能行动纲要》（以下简称《行动纲要》）。

《行动纲要》中提出，数字素养与技能是数字社会公民学习工作生活应该具备的素质和能力，要注重培养具有数字意识、计算思维、终身学习能力和社会责任感的数字公民，促进全民共建共享数字化发展成果，推动经济高质量发展。高职院校作为培养职业技术人才的主要阵地，担负着培养未来职业人数字素养和数字技能的重任。

本书基于《行动纲要》，依据教育部颁发的《高等职业教育专科信息技术课程标准（2021年版）》和行业岗位案例选定内容，聚焦数字技能、数字工具、数字技术三个篇章。本书采用任务驱动式教学，采用任务工单测评、活页式装订新形式，可培养学生的信息意识、计算思维、数字化创新与发展、信息社会责任等数字素养与技能，为其职业发展、终身学习和服务社会奠定基础。本书特色如下。

1. 真实岗位案例，融入思政元素

编写教师深入环保、计算机企业开展调研，与企业专家座谈，积累真实岗位项目任务，如：环境污染案例、垃圾分类案例、电商文案等。教师、教材、教法积极改革，融入课程思政元素，即"五有情"绿色卫士思政元素，以书中"学习箴言""任务描述""任务实施""任务工单"为载体，让思政元素"有枝可依"。

2. 模块分层立体，对接岗课赛证

模块内容分层，基础模块使学生具备基本数字素养和数字技能基础，拓展模块中的数字工具和数字技术使学生成为具备该专业岗位数字化技能的人才。模块形式立体，活页式任务工单可以优化组合，立体构建新的岗位任务。对接监测数据处理、电商、新媒体等岗位，学生可基于"信息技术"课程，参加全国大学生计算机应用与信息素养大赛、湖南省高职高专院校信息素养大赛，以赛促学。

3. 活页式任务，建构情境学习

本书依托学院信息技术团队教师教学能力大赛成果"五个一"教学模式，即"一份任务指导书、一套资源包、一个结合专业背景的案例、一套任务工单、一份作品"，能实现学生情境式知识建构。本书采用活页式装订，通过思维导图引导学习过程，AI工具赋能岗位服务，提供任务描述、技术分析、知识链接、任务实操、任务工单资源。每个模

块任务都是独立的，可以优化组合。如需要快速了解毕业设计报告如何排版，可以灵活组合"模块 2 任务 1 数字化学习与创新"和"模块 3 任务 3 长文档编辑"为新的任务。

4. 数字化资源，实现三全育人

本书具有较强的实用性和可操作性，每个任务的讲解深入浅出，操作步骤清晰，并配以微课视频，学生很容易上手并掌握，颠覆了传统教材模式。开发专题拓展模块数字资源，可以通过二维码资源深入了解 WPS 演示文稿制作、新一代信息技术和信息安全专题知识。书本内容基于学院已立项的省级环保专业教学资源库数字化资源和智慧职教 MOOC 学院平台精品，实现了数字技能与职业能力培养的有机融合，激发了学生的学习欲望，提高了课堂教学效果，适应了信息化时代发展的需求。学生基于 MOOC 翻转课堂，突破了学习时间与学习空间的限制，促进学生养成自主学习的习惯，使学生成为学习的主导者，适应终身学习。

模块内容和课时一览表

篇章	模块名称	建议课时
第一篇　数字技能	模块 1　数字技能	4
	模块 2　数字素养	4
第二篇　数字工具	模块 3　图文处理	6
	模块 4　数据信息处理	6
第三篇　数字技术	模块 5　大数据——挖掘数字资源	4
	模块 6　数字媒体——新媒体传递信息	6
	模块 7　人工智能——构建未来数字世界	8

本书由冯迎、陈伟、刘美丽任主编，陈锐、杨茜、王继良、曾羽琚、史小玲、刘佳佳、范佳、吴凯、刘德军任副主编，罗汝珍、王建平、李军任主审。模块 1 由冯迎、陈锐、刘德军编写，模块 2 由冯迎、陈伟、刘佳佳、范佳编写，模块 3 由刘美丽编写，模块 4、模块 5 由杨茜编写，模块 6 由陈锐、史小玲编写，模块 7 由曾羽琚、王继良、吴凯编写。在本书编写过程中，得到了学院领导、湖南省有色金属研究院、湖南新生命网络科技公司的大力支持，在此表示由衷的感谢！

数字技术飞速发展，由于作者水平有限，书中错误和不足在所难免，欢迎广大读者、同行指正，以便修订完善。

编　者
2025 年 2 月

工单目录

第一篇　数字技能

模块 1　数字技能
 任务 1　数字获取技能
  【知识测评单 1-1-1】搜索引擎的应用
  【任务工作单 1-1-2】"全球环境现状分析" PPT 检索
  【任务评价单 1-1-3】"全球环境现状分析" PPT 检索
 任务 2　数字创建技能
  【知识测评单 1-2-1】数字创建工具基本操作
  【任务工作单 1-2-2】使用 AI 生成"环境问题现状" PPT
  【任务评价单 1-2-3】使用 AI 生成"环境问题现状" PPT
 任务 3　数字交流技能
  【知识测评单 1-3-1】数字协同工具基本操作
  【任务工作单 1-3-2】在线协同共享"环境问题现状" PPT
  【任务评价单 1-3-3】在线协同共享"环境问题现状" PPT

模块 2　数字素养
 任务 1　数字化学习与创新
  【知识测评单 2-1-1】数字学习工具基本操作
  【任务工作单 2-1-2】使用 AI 生成可视化"社区垃圾分类"调研方案
  【任务评价单 2-1-3】使用 AI 生成可视化"社区垃圾分类"调研方案
 任务 2　计算思维与编程
  【知识测评单 2-2-1】数字编程工具基本操作
  【任务工作单 2-2-2】使用 AI 生成"垃圾分类判断"程序
  【任务评价单 2-2-3】使用 AI 生成"垃圾分类判断"程序

第二篇　数字工具

模块 3　图文处理
 任务 1　简单文档编排
  【知识测评单 3-1-1】文档处理基本操作
  【任务工作单 3-1-2】环保志愿者招募图文混排
  【任务评价单 3-1-3】环保志愿者招募图文混排
 任务 2　表格制作

请读者从万水书苑网站（www.wsbookshow.com）下载工单并打印。

【知识测评单 3-2-1】表格制作
　　【任务工作单 3-2-2】环保志愿者登记表格制作
　　【任务评价单 3-2-3】环保志愿者登记表格制作
　任务 3　长文档编辑
　　【知识测评单 3-3-1】长文档编辑
　　【任务工作单 3-3-2】"环境日宣传手册"长文档编排
　　【任务评价单 3-3-3】"环境日宣传手册"长文档编排

模块 4　数据信息处理
　任务 1　数据输入和编辑
　　【知识测评单 4-1-1】数据录入
　　【任务工作单 4-1-2】制作"志愿者信息分析表"
　　【任务评价单 4-1-3】制作"志愿者信息分析表"
　任务 2　数据统计
　　【知识测评单 4-2-1】数据统计函数
　　【任务工作单 4-2-2】志愿者信息统计
　　【任务评价单 4-2-3】志愿者信息统计
　任务 3　数据分析
　　【知识测评单 4-3-1】数据分析
　　【任务工作单 4-3-2】志愿者信息分析
　　【任务评价单 4-3-3】志愿者信息分析

第三篇　数 字 技 术

模块 5　大数据——挖掘数字资源
　任务 1　大数据可视化
　　【知识测评单 5-1-1】大数据基本原理与工具应用
　　【任务工作单 5-1-2】完成企业销售数据可视化
　　【任务评价单 5-1-3】完成企业销售数据可视化
　任务 2　大数据分析报告
　　【知识测评单 5-2-1】撰写大数据分析报告完成步骤和工具
　　【任务工作单 5-2-2】利用 vividime BI 完成电商公司大数据分析报告
　　【任务评价单 5-2-3】利用 vividime BI 完成电商公司大数据分析报告

模块 6　数字媒体——新媒体传递信息
　任务 1　数字文本处理技巧
　　【知识测评单 6-1-1】数字媒体技术基本概况
　　【任务工作单 6-1-2】我国数字媒体技术发展研究报告撰写
　　【任务评价单 6-1-3】我国数字媒体技术发展研究报告撰写
　任务 2　数字图像处理技术

请读者从万水书苑网站（www.wsbookshow.com）下载工单并打印。

【知识测评单 6-2-1】Canva App 基本操作
【任务工作单 6-2-2】校园文化艺术节宣传海报制作
【任务评价单 6-2-3】校园文化艺术节宣传海报制作

任务 3　数字声音处理技术
【知识测评单 6-3-1】超级音乐编辑器 App 基本操作
【任务工作单 6-3-2】祖国赞诗歌朗诵音频制作
【任务评价单 6-3-3】祖国赞诗歌朗诵音频制作

任务 4　数字视频处理技术
【知识测评单 6-4-1】剪映 App 基本操作
【任务工作单 6-4-2】大美中国宣传片视频制作
【任务评价单 6-4-3】大美中国宣传片视频制作

模块 7　人工智能——构建未来数字世界
任务 1　人工智能技术模型及应用场景
【知识测评单 7-1-1】人工智能的基础知识
【任务工作单 7-1-2】人工智能学习路线设计
【任务评价单 7-1-3】人工智能学习路线设计

任务 2　AIGC 助力数字化学习办公
【知识测评单 7-2-1】AI 提示词设计
【任务工作单 7-2-2】使用 AI 生成 PPT
【任务评价单 7-2-3】使用 AI 生成 PPT

任务 3　AIGC 赋能就业面试
【知识测评单 7-3-1】使用 AI 生成简历基本操作
【任务工作单 7-3-2】使用 AI 生成个人简历及模拟面试
【任务评价单 7-3-3】使用 AI 生成个人简历及模拟面试

任务 4　AIGC 创造数字生活
【知识测评单 7-4-1】AIGC 绘画和视频工具
【任务工作单 7-4-2】AIGC 制作校园视频
【任务评价单 7-4-3】AIGC 制作校园视频

专 题 拓 展

拓展模块 1　演示文稿制作
任务 1　演示文稿快速制作
【知识测评单 1-1-1】演示文稿基本操作
【任务工作单 1-1-2】环境日活动演示文稿制作
【任务评价单 1-1-3】环境日活动演示文稿制作

任务 2　演示文稿模板制作与使用
【知识测评单 1-2-1】WPS 演示幻灯片母版操作

请读者从万水书苑网站（www.wsbookshow.com）下载工单并打印。

【任务工作单 1-2-2】环境活动演示文稿模板制作

　　【任务评价单 1-2-3】环境活动演示文稿模板制作

　任务 3　演示文稿多媒体制作

　　【知识测评单 1-3-1】WPS 演示多媒体操作

　　【任务工作单 1-3-2】环境报告演示文稿多媒体制作

　　【任务评价单 1-3-3】环境报告演示文稿多媒体制作

拓展模块 2　信息技术——走进数字社会"大门"

　任务 1　走进新一代信息技术

　　【知识测评单 2-1-1】新一代信息技术基本概况

　　【任务工作单 2-1-2】我国新一代信息技术的发展研究报告撰写

　　【任务评价单 2-1-3】我国新一代信息技术的发展研究报告撰写

　任务 2　新一代信息技术典型应用（数字人）

　　【知识测评单 2-2-1】认知新一代信息技术典型案例——数字人

　　【任务工作单 2-2-2】新一代信息技术各主要代表技术专题介绍

　　【任务评价单 2-2-3】新一代信息技术各主要代表技术专题介绍

　任务 3　信息检索基础知识

　　【知识测评单 2-3-1】信息的高效检索

　　【任务工作单 2-3-2】制定"中国梦"主题演讲信息检索策略

　　【任务评价单 2-3-3】制定"中国梦"主题演讲信息检索策略

拓展模块 3　信息安全——构筑数字社会"防火墙"

　任务 1　信息安全意识

　　【知识测评单 3-1-1】信息安全基本知识

　　【任务工作单 3-1-2】使用百度搜索网络欺诈案例，分析典型网络欺诈案例并总结出其特征

　　【任务评价单 3-1-3】使用百度搜索网络欺诈案例，分析典型网络欺诈案例并总结出其特征

　任务 2　体验信息安全技术及应用

　　【知识测评单 3-2-1】在 Windows 下设置病毒威胁与防护及防火墙出入站规则

　　【任务工作单 3-2-2】在 Windows 下设置病毒威胁与防护及防火墙出入站规则

　　【任务评价单 3-2-3】在 Windows 下设置病毒威胁与防护及防火墙出入站规则

请读者从万水书苑网站（www.wsbookshow.com）下载工单并打印。

目 录

前言

第一篇　数字技能

模块1　数字技能 2
模块导读 2
模块导图 4

任务1　数字获取技能 4
任务描述 4
技术分析及效果图 5
学习目标 5
知识链接 6
1.1.1　搜索引擎概述及分类 6
1.1.2　常用的搜索指令 8
1.1.3　专业数据库的选择 12
1.1.4　电子图书与数字图书馆 14
1.1.5　使用专业数据库检索信息 14
任务实操 16
1.1.6　"全球环境现状分析"PPT 检索 16
1.1.7　"高职院校计算机应用技术专业的课程体系构建与就业分析研究"的报告撰写 17

任务2　数字创建技能 19
任务描述 19
技术分析及效果图 19
学习目标 20
知识链接 20
1.2.1　AI生成PPT工具——讯飞智文 20
1.2.2　视频录制软件——EV录屏 21
1.2.3　视频编辑软件——EV剪辑 24
1.2.4　截图工具——FastStone Capture 26

任务实操 27
1.2.5　使用AI生成"环境问题现状"PPT 28
1.2.6　使用数字工具完善"环境问题现状"PPT 29

任务3　数字交流技能 34
任务描述 34
技术分析及效果图 34
学习目标 35
知识链接 35
1.3.1　在线协作工具——WPS分享功能 35
1.3.2　资源协同工具——百度网盘共享功能 36
1.3.3　网络协同工具——腾讯会议交流功能 38
任务实操 43
1.3.4　在线协同共享"环境问题现状"PPT 43

模块2　数字素养 48
模块导读 48
模块导图 49

任务1　数字化学习与创新 49
任务描述 49
技术分析及效果图 50
学习目标 51
知识链接 51
2.1.1　数字化学习工具——百度文库 51
2.1.2　头脑风暴工具——XMind思维导图 53
2.1.3　流程图工具——ProcessOn 57

2.1.4 数字化学习平台——智慧职教 61
任务实操 61
2.1.5 使用AI生成可视化"社区垃圾分类"调研方案 62

任务2 计算思维与编程 64
任务描述 64
技术分析及效果图 65
学习目标 66
知识链接 66
2.2.1 计算思维 66
2.2.2 计算机编程 67
2.2.3 计算机编程语言 68
2.2.4 豆包MarsCode在线AI编程工具 70
任务实操 73
2.2.5 使用AI生成"垃圾分类判断"程序 73

第二篇 数字工具

模块3 图文处理 80
模块导读 80
模块导图 81

任务1 简单文档编排 81
任务描述 81
技术分析及效果图 81
学习目标 81
知识链接 82
3.1.1 WPS文字的基本操作 82
任务实操 83
3.1.2 环保志愿者招募图文混排 84
3.1.3 手机端简单文档的编排 87

任务2 表格制作 89
任务描述 89
技术分析及效果图 90
学习目标 90
知识链接 91
3.2.1 WPS文字中表格的相关知识点 91
3.2.2 制作"环保志愿者登记表" 92

3.2.3 手机端"环保志愿者信息统计表"制作 94

任务3 长文档编辑 97
任务描述 97
技术分析及效果图 97
学习目标 97
知识链接 98
3.3.1 长文档编排的相关知识点 98
任务实操 99
3.3.2 "环境日宣传手册"长文档编排 99
3.3.3 手机端"环境日宣传手册"长文档编排 105

模块4 数据信息处理 108
模块导读 108
模块导图 108

任务1 数据输入和编辑 109
任务描述 109
技术分析及效果图 109
学习目标 109
知识链接 109
4.1.1 表格窗口的界面 110
4.1.2 工作簿的基本操作 110
4.1.3 工作表的基本操作 111
4.1.4 行和列的基本操作 114
4.1.5 单元格的基本操作 114
任务实操 118
4.1.6 制作"志愿者信息分析表" 119

任务2 数据统计 121
任务描述 121
技术分析 121
学习目标 121
知识链接 122
4.2.1 公式 122
4.2.2 函数 123
任务实操 125
4.2.3 志愿者信息统计 125

任务3 数据分析 127

任务描述 127
　　技术分析 127
　　学习目标 127
　　知识链接 128
　　　4.3.1 "插入"选项卡 128
　　　4.3.2 排序 129
　　　4.3.3 筛选 129
　　　4.3.4 分类汇总 129
　　　4.3.5 数据透视表 129
　　任务实操 130
　　　4.3.6 志愿者信息分析 130

第三篇 数字技术

模块5 大数据——挖掘数字资源 135
　　模块导读 135
　　模块导图 135
　　任务1 大数据可视化 136
　　　任务描述 136
　　　技术分析及效果图 136
　　　学习目标 137
　　　知识链接 137
　　　　5.1.1 大数据的概述 137
　　　　5.1.2 大数据在行业领域的应用 138
　　　　5.1.3 大数据的处理流程 140
　　　　5.1.4 常用数据挖掘算法 141
　　　　5.1.5 百度指数使用方法 142
　　　　5.1.6 在线数据可视化工具 144
　　　任务实操 146
　　　　5.1.7 完成企业销售数据可视化 146
　　任务2 大数据分析报告 151
　　　任务描述 151
　　　技术分析及效果图 152
　　　学习目标 152
　　　知识链接 152
　　　　5.2.1 撰写大数据分析报告的步骤 152
　　　　5.2.2 vividime BI 153
　　　任务实操 155
　　　　5.2.3 利用 vividime BI 完成市场数据分析报告 155

模块6 数字媒体——新媒体传递信息 159
　　模块导读 159
　　模块导图 160
　　任务1 数字文本处理技巧 160
　　　任务描述 160
　　　技术分析及效果图 160
　　　学习目标 161
　　　知识链接 161
　　　　6.1.1 数字媒体的基本概念 161
　　　　6.1.2 数字媒体的典型应用 162
　　　　6.1.3 数字媒体的发展趋势 163
　　　　6.1.4 数字文本处理技术 164
　　　　6.1.5 数字文本处理 164
　　　任务实操 165
　　　　6.1.6 我国数字媒体技术发展研究报告撰写 165
　　任务2 数字图像处理技术 167
　　　任务描述 167
　　　技术分析及效果图 167
　　　学习目标 168
　　　知识链接 168
　　　　6.2.1 数字图像处理的基本概念 168
　　　　6.2.2 数字图像的常见格式 169
　　　　6.2.3 数字图像的格式转换 170
　　　任务实操 170
　　　　6.2.4 手机图像处理 App——Canva 可画 171
　　　　6.2.5 Canva 的使用方法 171
　　　　6.2.6 设计制作校园文化艺术节宣传海报 172
　　任务3 数字声音处理技术 174
　　　任务描述 174
　　　技术分析及效果图 175
　　　学习目标 175
　　　知识链接 175
　　　　6.3.1 数字音频的基本知识 175
　　　　6.3.2 常见的数字音频格式 176
　　　　6.3.3 声音数字化过程的基本步骤 177

任务实操 178
　　6.3.4　手机音频剪辑 App——超级音乐
　　　　　 编辑器 178
　　6.3.5　超级音乐编辑器的功能 178
　　6.3.6　祖国赞诗歌朗诵音频录制 179
任务 4　数字视频处理技术 181
　　任务描述 181
　　技术分析及效果图 182
　　学习目标 182
　　知识链接 182
　　6.4.1　数字视频的基本知识 182
　　6.4.2　数字视频的特点 183
　　6.4.3　数字视频的文件格式 183
　　6.4.4　数字视频制作的基本步骤 184
　　6.4.5　数字视频的应用 185
　　任务实操 186
　　6.4.6　手机视频剪辑 App——剪映 186
　　6.4.7　制作大美中国宣传片 188

模块 7　人工智能——构建未来数字世界 191
　　模块导读 191
　　模块导图 192
任务 1　人工智能技术模型及应用场景 193
　　任务描述 193
　　技术分析 193
　　学习目标 193
　　知识链接 193
　　7.1.1　人工智能的基础知识 193
　　7.1.2　人工智能的技术原理 194
　　7.1.3　AI 与 AIGC 196
　　任务实操 198
　　7.1.4　使用 AI 生成人工智能学习
　　　　　 路径图 198

任务 2　AIGC 助力数字化学习办公 199
　　任务描述 199
　　技术分析 200
　　学习目标 200
　　知识链接 200
　　7.2.1　提示词及设计 200
　　7.2.2　提示词基础指令技巧 201
　　7.2.3　提示词工程实战 201
　　任务实操 204
　　7.2.4　使用 AI 编写旅游文案 204
任务 3　AIGC 赋能就业面试 208
　　任务描述 208
　　技术分析 208
　　学习目标 208
　　知识链接 208
　　7.3.1　AIGC 生成个人简历提示词 209
　　7.3.2　AIGC 生成图文混排个人简历 212
　　7.3.3　AIGC 模拟就业面试 213
　　任务实操 214
　　7.3.4　AIGC 生成简历及模拟面试 214
任务 4　AIGC 创造数字生活 216
　　任务描述 216
　　技术分析 216
　　学习目标 216
　　知识链接 216
　　7.4.1　AIGC 绘画应用 216
　　7.4.2　AIGC 视频应用 220
　　任务实操 223
　　7.4.3　使用 AI 制作校园视频 223

专题拓展 228

第一篇
数字技能

模块 1 数字技能

数字技能

模块导读

数字技能是通过云计算、人工智能、物联网等信息通信技术，生产、获取、传输信息以解决复杂问题、确保数据安全等的素养和能力。数字技能聚焦人们掌握数字技术和运用数据信息的能力，关注实操性的专业知识、实践经验和操作技能，包括使用数字工具和技术获取、使用、生产、加工、分享数据信息等能力。数字素养在涵盖专业技能外，强调人们创造性地理解、分析、评估、管理和处理数据信息的综合水平和素质底蕴。因此，"数字技能"侧重职业者的专业能力，"数字素养"侧重终身学习与修养。

本模块包括数字获取、创建和交流技能。随着数字技术的进步和数字化社会的发展，数字技能的内涵和外延在不断丰富和完善。想要有效参与数字化社会的发展，必须具备数字资源的获取、创建、交流、安全技能，这些技能依赖数字工具和数字技术。

数字获取技能。在数字化社会中，数字获取技能是数字技能的重要组成部分，要科学运用互联网精准抓取所需信息，并将信息进行二次转化。同时，要积极提高运用数字技术手段解决实际问题的能力，进一步加强运用数字技术手段管理信息和数据的能力，如熟练使用搜索引擎（如谷歌、百度等）进行关键词搜索，快速找到所需信息。

数字创建技能。数字创建技能是指利用数字工具和技术，快速有效地发现、获取、评价、整合及交流信息的综合科学技能和文化素养。其包括数据分析技能，即通过工具如 Excel、Google Data Studio 等进行数据管理和可视化分析，以识别趋势并获得洞察力；还包括数字内容创建技能，如图像处理、视频编辑、网页设计等，这些技能在多媒体和创意产业中尤为重要。

数字交流技能。数字时代，要利用数字技术与他人共享信息、数据，具有在数字世界中与人交往的能力。将数字工具和技术用于协作过程，以共同建构知识或完成协作任务，并且在运用数字技术进行交流时能了解自身行为规范和技术运用能力，能采用合适的通信策略和手段以适应特定的对象。如文档在线协作能力：将文档通过百度网盘、WPS 在线协作、腾讯会议等方式与他人协作交流。

数字安全技能。数字安全是与数字技术的发展相伴而生的，个人信息数据成为驱动社会经济发展的新动能，成为重要资产和战略资源，是大数据的核心和基础，与国家安全、社会安全、企业安全和个人安全都息息相关。要着力提高个人数字安全技能，保护个人数据安全，增强网络安全意识。如能够检测针对个人数据和设备的网络威胁，提高使用适当的安全策略和保护工具的能力，加强规避网络威胁的能力，组织网络安全管理识别、计划和实施组织网络安全防御的能力。

【岗位情境】

学生小智每次回家前都需要在手机 App 上查询和预订车票，计算机专业学生小绿经常需要运用计算机或手机搜索和整理各类编程学习资料，人事部实习生小水每天都在工作群收集公司各部门的人事资料并使用腾讯文档或 WPS 云文档编辑内容统计数据……这样的场景我们每天在经历。在数字时代，大部分人都具备运用信息技术和方法获取、甄别、处理、发布和共享信息的能力，简单来说这种能力就是数字技能。

【应用领域】

数字创建技能不仅是个人职业发展的重要基础，也是推动社会经济进步和创新发展的关键因素。通过系统的教育和培训，结合实践经验的积累，可以有效提升个人和组织的数字技能水平。数字技能可以应用在以下领域：

企业运营：数字技能在企业管理、市场营销、供应链管理等方面发挥着重要作用，帮助企业提高效率和竞争力。

科技创新：在大数据、云计算、人工智能等领域，数字技能是推动技术创新和应用的关键。

公共服务：数字技能在政府管理和公共服务中的应用，有助于提高社会治理水平和公共服务效率。

【职业能力岗位匹配】

行业数字化转型对高职学生职业知识与技能的要求有下述 4 种。

1. 数字化工具与平台的运用能力

随着企业的数字化转型，许多工作已经从传统的纸质文件处理转为数字化处理。大学生应具备运用各种数字化工具和平台的能力，比如电子邮件、办公软件、云存储等，以提高工作效率。

2. 数据分析与处理能力

数字化时代，数据成为最重要的资源之一。通过对数据的分析和处理，可以帮助企业做出更准确的决策。因此，大学生需要具备数据分析和处理的能力，包括数据建模、数据挖掘和数据可视化等。

3. 信息安全与隐私保护能力

随着数字化转型的加速推进，维护信息安全和隐私保护的难度也在增加。大学生需要掌握信息安全的基本知识，如网络攻防、数据加密等，并且要具备解决相关问题的能力。

4. 新兴技术的应用能力

数字化转型带来了许多新兴技术，如人工智能、区块链、物联网等。大学生应该关注并学习这些新技术，了解其应用场景，并尝试在实践中应用这些技术，以提高工作效率和创新能力。

模块导图

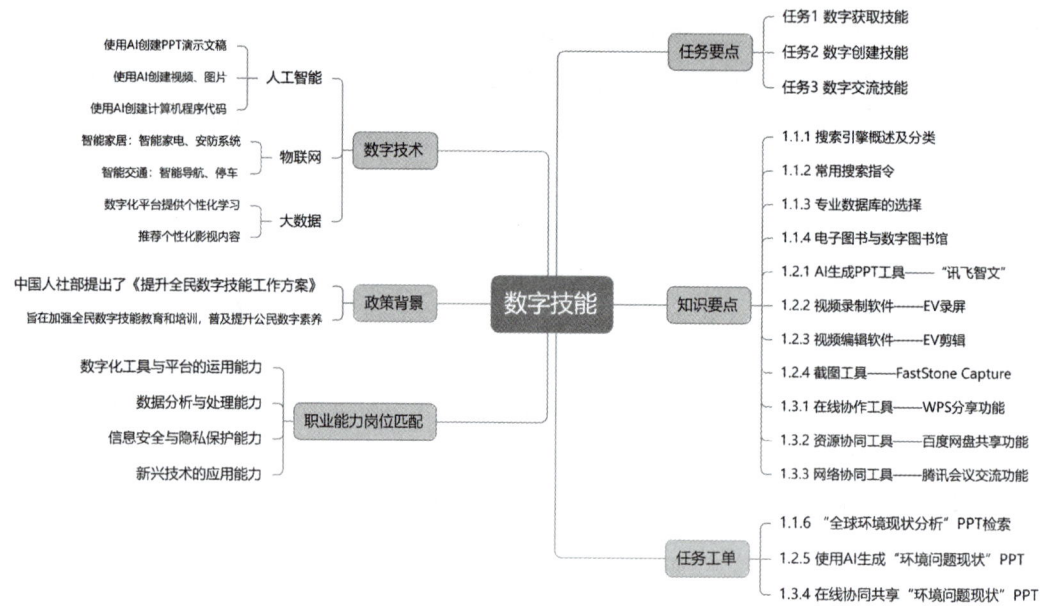

任务 1　数字获取技能

任务描述

近期学院开展"世界环境日"主题活动，老师鼓励大家上网搜索关于全球环境现状分析的 PPT 资源，刘同学制定了一个简单的策略，选定以百度为检索工具，以"全球环境现状"为检索关键词，但实施检索后他发现结果五花八门，有广告、新闻报道，还有一些不太符合要求的模板，并没有适用的 PPT 资源。咨询老师后，他学会了使用限定搜索指令快速完成检索。请帮助刘同学制定检索策略，利用搜索引擎一键完成该主题的 PPT 资源搜索和用专业的数据库检索关于计算机就业分析研究。本次任务的技能点是：提高数字信息获取能力，通过常用的搜索引擎技巧和专业数据平台高效完成检索。

任务主题：2023 年 6 月 5 日是第 50 个世界环境日，主题是"减塑捡塑"，旨在提高人们对塑料污染的危害认识，鼓励人们减少使用一次性塑料制品，并促进循环使用。2024 年，我国世界环境日的主题是"全面推进美丽中国建设"，旨在深入学习宣传贯彻习近平生态文明思想，引导全社会牢固树立和践行绿水青山就是金山银山的理念，动员社会各界积极投身建设美丽中国，实现人与自然和谐共生的现代化的伟大实践。

技术分析及效果图

- 搜索引擎的基本类型。
- 常用搜索引擎的自定义搜索方法。
- 搜索引擎的高级搜索功能。
- 常用的中文数据库。
- 专利与标准文献检索工具。
- 电子图书与数字图书馆。

最终效果如图 1-1 所示。

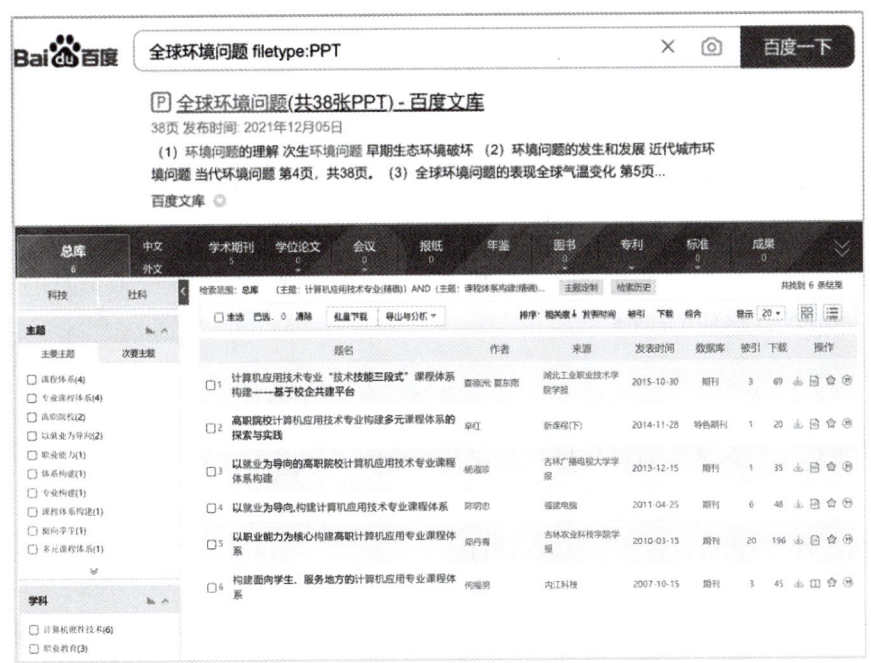

图 1-1　检索效果图

学习目标

- 了解搜索引擎的基本类型。

- 掌握常用搜索引擎的自定义搜索方法。
- 掌握搜索引擎的高级搜索功能。
- 理解使用专业数据库的意义。
- 了解常用专业数据库的类型与作用。
- 掌握通过学术期刊、专利、商标等专业数据库进行信息检索的方法。

知识链接

本节可以自行学习,通过预习知识链接,完成知识测评单1-1-1。扫码观看视频,了解搜索引擎的基本类型和自定义搜索方法,以及高级搜索功能。

学习箴言:人生一年之春、一日之晨就是我们的大学时代!

1.1.1 搜索引擎概述及分类

搜索引擎

搜索引擎是一种检索技术,它依托于多种技术,如网络爬虫技术、检索排序技术、网页处理技术、大数据处理技术、自然语言处理技术等,为用户提供快速、高相关性的信息检索服务。搜索引擎技术的核心模块一般包括爬虫、索引、检索和排序等,同时可添加其他一系列辅助模块,以为用户创造更好的网络使用环境。

1. 搜索引擎的基本概念

搜索引擎是指根据一定的策略、运用特定的计算机程序从互联网上采集信息,在对信息进行组织和处理后,为用户提供检索服务,将检索的相关信息展示给用户的系统。搜索引擎是工作于互联网上的一门检索技术,它旨在提高人们搜集获取信息的速度,为人们提供更好的网络使用环境。

2. 搜索引擎的工作原理

搜索引擎的整个工作过程分为三个部分:一是搜索引擎会像蜘蛛在网上爬行一样在互联网上"爬行"和抓取网页信息,并存入原始网页数据库;二是对原始网页数据库中的信息进行提取和组织,并建立索引库;三是根据用户输入的关键词,快速找到相关文档,对结果进行排序,并将查询结果返回给用户。

3. 搜索引擎的基本类型

搜索引擎是目前最常用的信息检索工具之一,一般情况下只要输入简单的词语,便能找到答案,非常便捷,因而深受人们的喜爱。搜索方式是搜索引擎的一个关键环节,大致可分为四种:全文搜索引擎、垂直搜索引擎、目录搜索引擎和元搜索引擎,它们各有特点并适用于不同的搜索环境。所以,灵活选用搜索方式是提高搜索引擎性能的重要途径。

（1）全文搜索引擎。全文搜索引擎是利用爬虫程序抓取互联网上所有相关文章并予以索引的搜索方式，全文搜索引擎适用于一般用户。这种搜索方式方便、简捷，容易获得所有相关信息，但搜索到的信息过于庞杂，因此用户需要逐一浏览并甄别出所需信息。尤其在用户没有明确检索意图的情况下，这种搜索方式非常有效。

全文搜索引擎是目前应用最为广泛的搜索方式，如百度、搜狗、必应、360、有道、中国搜索等搜索引擎都使用了这种方式。搜索引擎能识别的关键词范围非常广泛，其内容可以是人名、网站、新闻、小说、软件、游戏、星座、工作、购物、论文……，其形式也可以是任何中文、英文、数字，或中文、英文与数字的混合体，如"元宇宙""杭州亚运会""华为 Mate 60"等。对于关键词的数量，可以是一个或多个词，也可以是一句话，如"数字人""Web3.0""哈利波特全集""君不见，黄河之水天上来"等。例如，在百度搜索引擎中输入"全球环境现状分析"，检索结果如图 1-2 所示。

图 1-2　使用百度搜索引擎检索"全球环境现状分析"

（2）垂直搜索引擎。垂直搜索引擎是对某一特定行业内数据进行快速检索的一种专业搜索方式。垂直搜索引擎专注于特定的搜索领域和搜索需求，适用于有明确搜索意图的检索。例如，机票搜索、旅游搜索、生活搜索、小说搜索、视频搜索、音乐搜索、图片搜索、微信搜索、房产搜索等，是全文搜索引擎的细分和延伸，对网页库中的某类专门信息进行整合。与全文搜索引擎的无序化海量信息相比，垂直搜索引擎显得更加专注、具体和深入。

这类搜索引擎网站也有很多，如淘宝（搜索商品信息）、优酷（搜索视频信息）、盘搜搜（搜索网盘信息）、鸠摩搜书（搜索电子书信息）、去哪儿网（搜索旅游信息）、博客搜索（搜索博客信息）、12306（搜索列车信息）等。例如，图 1-3 展示了在去哪儿网搜索引擎中检索长沙飞往北京机票的情况，检索结果将该商品在各个航空公司的机票价格信息进行列表展示，便于用户进行直观的比较。

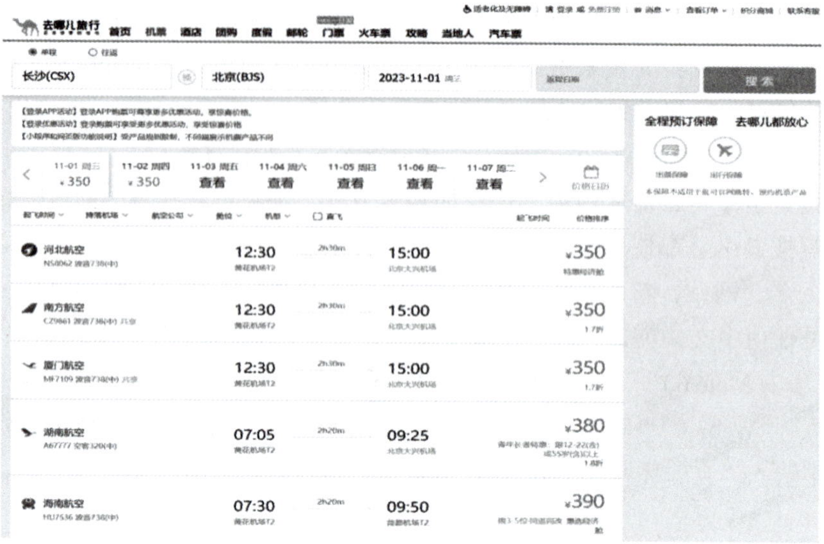

图 1-3　在去哪儿网比较各航空公司机票情况

（3）目录搜索引擎。目录搜索引擎是依赖人工收集处理数据并置于分类目录链接下的搜索方式。

目录搜索引擎是网站内部常用的检索方式。目录索引是将网页的内容按其网址分配到相关分类主题目录不同层次的类目之下，用户根据网站提供的主题分类目录，层层单击进入，直到找到所需内容。其缺点在于用户需预先了解网站内容，并熟悉其主要模块构成。由此观之，目录搜索方式的适应范围非常有限，且需要较高的人工成本来支持维护。这一类搜索引擎也很多，如新浪、搜狐、网易等。搜狐搜索引擎的分类目录如图1-4所示。

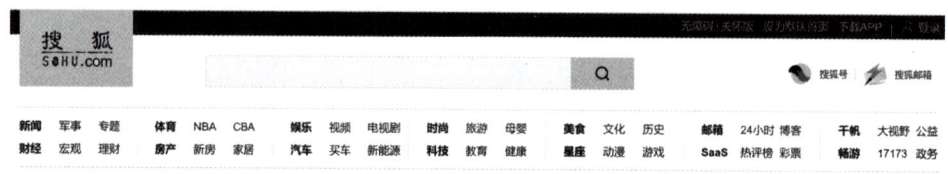

图 1-4　搜狐网分类目录

（4）元搜索引擎。元搜索引擎是基于多个搜索引擎结果并对之整合处理的二次搜索方式。元搜索引擎适用于广泛、准确地收集信息。不同的全文搜索引擎由于其性能和信息反馈能力差异各有利弊。元搜索引擎的出现恰恰解决了这个问题，有利于各基本搜索引擎间的优势互补，有利于对基本搜索方式进行全局控制，引导全文搜索引擎的持续改善。

1.1.2　常用的搜索指令

搜索引擎是最常用的检索工具之一，但检索结果存在广告干扰、高排名结果相关度低，甚至搜不到等问题，这时使用一些常用的搜索指令，就可以快速排除一些不相关的信息，使检索效率提升很多，达到事半功倍的效果。常用的搜索指令主要有以下几个。

（1）site 指令。site 指令的作用是限定在某个网站中进行检索，具体用法是：关键词＋空格＋site＋英文冒号＋搜索范围所限定的网站。这里要注意，网站前不用加 http 或者 www。例如，要在知乎网站中搜索"头脑风暴"的信息，在搜索引擎（如百度）中直接输入"头脑风暴 site:zhihu.com"，如图 1-5 所示。从中可以看到，所有结果都直接源于知乎网站，没有其他来源的干扰。

图 1-5　在百度中使用 site 指令检索

（2）filetype 指令。filetype 指令的作用是限制检索结果为某种特定的文件类型，具体用法是：关键词＋空格＋filetype＋英文冒号＋文件类型。这个指令在搜索专业文档资料时非常好用。例如，想查找一些 Word 文档形式的计算机二级真题试卷，在搜狗搜索引擎中输入"计算机二级真题 filetype:doc"，如图 1-6 所示，可以看到，所有的检索结果都是关于计算机二级真题的 Word 文档，没有其他的信息干扰。

（3）intitle 指令。intitle 指令的作用是限制在标题中进行检索，具体用法是：intitle＋英文冒号＋需要限定的关键词。例如，想检索智能机器人的信息，在搜索引擎中输入"intitle: 智能电话"，查看返回的结果网页，发现其标题中均包含"智能电话"，如图 1-7 所示。

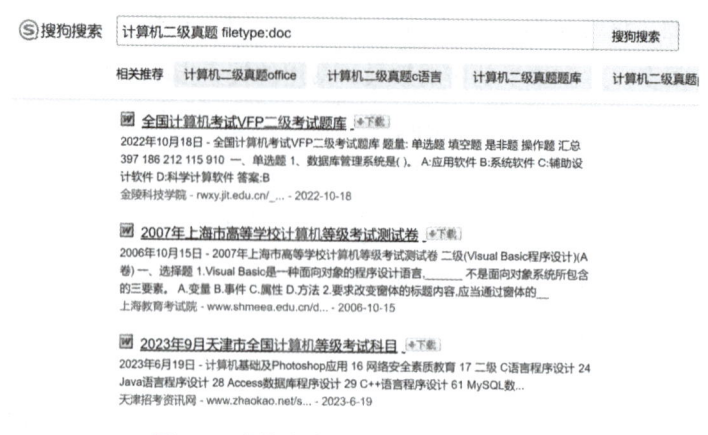

图 1-6　在搜狗中使用 filetype 指令检索

图 1-7　在百度中使用 intitle 指令检索

（4）inurl 指令。在万维网（Word Wide Web，WWW）上，每一个信息资源都有统一且唯一的网址，该地址称为统一资源定位符（Unitied Resource Location，URL），因此，inurl 指令的作用是限定关键词出现在搜索结果的网址中，具体用法是：inurl+ 英文冒号 + ×××（××× 可以为任意字符串）。此命令表示查找 URL 中包含 ××× 的网页。inurl 指令有时可以取代 site 指令，但 site 后面接的是网站全名，如果不清楚或者记不清网站全名，用 inurl 指令就可以解决。例如，想要了解各个大学对大数据专业的介绍，但大学众多，且不清楚各个学校的网址，而大学属于教育机构，其网址中一般都会带有 edu，因此，可以在搜索引擎中输入"intitle: 大数据专业介绍 inurl:edu"进行搜索。如图 1-8 所示，这几个检索结果分别来自山东女子学院、广东科技学院、中国地质大学计算机学院、广东工业大学自动化学院的网站。

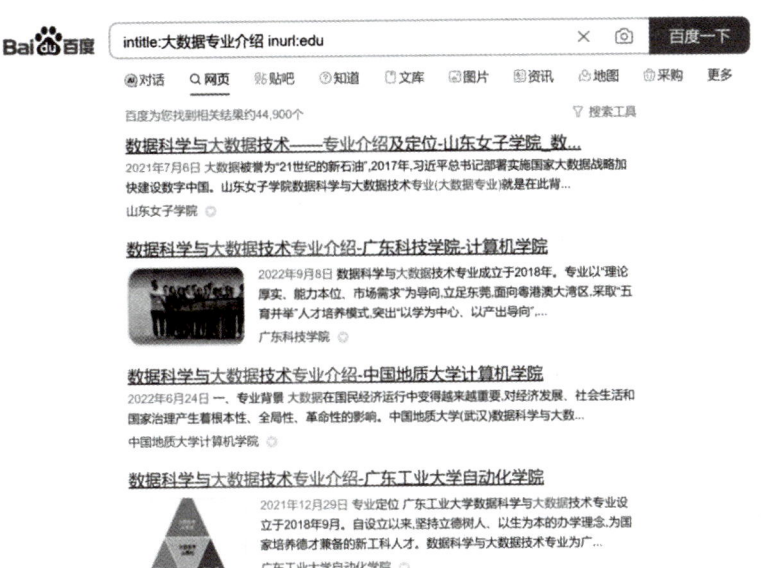

图 1-8　在百度中使用 inurl 指令检索

在上面的示例中，实质上表达了两个检索意图，一是要求检索结果的标题中包含大数据专业介绍，二是要求检索结果来自大学的网站。这两个检索意图之间，是 and 的关系，即要求同时满足，这里使用了信息检索技术中的"逻辑与"技术。

一般情况下，在搜索引擎中直接输入关键词便能实现一定程度的检索，但如果对搜索指令或搜索技术的使用不太熟悉，也可以采用搜索引擎的高级检索功能，同样可以实现检索效率的提升。如图 1-9 所示，在百度的"高级搜索"界面中，可以对关键词之间进行布尔逻辑关系组配，对搜索结果的时间范围、文档格式、来源网站等进行限定，从而更加精确地检索想要的信息。

图 1-9　百度"高级搜索"界面

日常使用的很多搜索引擎都具有高级搜索功能。观察一下自己经常使用的搜索工具的"高级搜索"界面，并尝试使用高级搜索功能来提高检索效率。

1.1.3 专业数据库的选择

随着信息技术的发展，互联网突破了时间和空间的限制，逐渐成为信息搜索的重要渠道，移动智能设备增加了信息搜索的多样性，使信息搜索行为发生了深刻改变。在大数据、人工智能、社会化网络等技术的助推下，信息搜索技术得到极大的提升，搜索范围更广泛，信息资源也更加丰富。

网络上除大量的公众性、开放性信息外，还有诸如专业数据、学术期刊、学位论文、专利文献等专业性较强的信息资源，这一类资源利用搜索引擎往往无法直接获得；在进行诸如学术研究、专题调研等深度分析时，以及获取专利、标准、企业数据等精准信息时，所需要的往往是某一专题综述性的或专业性较强的信息，此时，应借助专业的数据库。

1. 常用的专业数据库

专业数据库具有强大的数据采集能力，海量的信息资源，涵盖多种数据与文献类型，是人们进行专业性信息检索的重要工具。网络上专业数据库数量庞大，例如中国知网、万方数据知识服务平台、维普中文期刊服务平台等。

（1）中国知网（CNKI）。中国知网是国家知识基础设施的重要组成部分，始建于1999年6月，是以实现全社会知识资源传播共享与增值利用为目标的信息化建设项目，为全社会知识资源共享提供数字化知识信息资源。

中国知网是采用现代信息技术，以建设社会化的知识基础设施为目标的国家级大规模信息化工程，它是由《中国学术期刊（光盘版）》电子杂志社和同方（知网）技术有限公司共同创办的网络知识平台，包括学术期刊、学位论文、工具书、会议、报纸、标准、专利等内容。

（2）万方数据知识服务平台。万方数据知识服务平台是在原万方数据资源系统的基础上，经过不断改进、创新而成的，它集高品质信息资源、先进检索算法技术、多元化增值服务、人性化设计等特色于一身，是国内一流的品质信息资源出版、增值服务平台。

万方数据知识服务平台整合数亿条全球优质知识资源，集成期刊、学位、会议、科技报告、专利、标准、科技成果、法规、地方志、视频等十余种知识资源类型，覆盖自然科学、工程技术、医药卫生、农业科学、哲学政法、社会科学、科教文艺等全学科领域，实现海量学术文献统一发现及分析，支持多维度组合检索，适合不同用户群研究。

（3）维普中文期刊服务平台。维普中文期刊服务平台以中文科技期刊数据库为基础，由重庆维普资讯有限公司出版，拥有自然科学、工程技术、农业、医药卫生、经济、教育和图书情报等学科的期刊数据。

常用专业数据库/信息检索系统的类型、代表性系统和其主要功能见表 1-1。

表 1-1　常用专业数据库/信息检索

数据库/信息检索系统类型	代表性数据库/信息检索系统	主要功能
图书信息检索系统	◆ 中国高等教育文献保障系统（联合目录公共检索系统） ◆ 各高等院校及公共图书馆馆藏目录检索系统，如中国国家图书馆	检索图书信息。通过目录系统了解图书的标题、著者、出版时间、主要内容、馆藏情况等信息
期刊与学位、会议论文信息检索系统	◆ 中国知网学术期刊库 ◆ 万方中国学术期刊库 ◆ 维普期刊资源整合服务平台 ◆ 国家哲学社会科学学术期刊数据库 ◆ 博看人文期刊库	检索期刊信息。通过期刊检索系统了解期刊刊名、发行情况、收录文章信息（作者、篇名、全文等），并获取文章全文
	◆ 中国学术会议文献数据库 ◆ 中国知网学位论文库	检索学位论文或会议论文信息。通过论文系统了解论文主题、作者、发表机构、时间等，并获取论文全文
专利信息检索系统	◆ 中国国家知识产权局 ◆ 中国专利信息中心 ◆ 世界知识产权组织	检索专利、商标等知识产权信息。通过专利检索系统了解专利名称、专利号、专利技术说明、专利权人、专利期限等，并获取专利文献
标准信息检索系统	◆ 国家标准全文公开系统 ◆ 万方中外标准数据库 ◆ 中国知网标准数据库	检索标准信息。通过标准检索系统了解标准名称、标准号、标准级别、应用范围等，并获取标准文献
网络学术信息检索系统	◆ 百度学术搜索 ◆ 搜狗学术搜索 ◆ 国家图书馆文津搜索	检索互联网平台上免费的学术信息，包括图书、古文献、论文、期刊报纸、多媒体、缩微文献、文档、词条、图谱等多种类型
通识学习资源数据库系统	◆ 学习强国 ◆ 爱迪科森网上报告厅 ◆ 网易公开课 ◆ 起点考试网	网络上的学习资源库，包括各类学科、讲座、试题等多种学习资源
经济信息数据库检索系统	◆ 中国经济信息网（中经网） ◆ 国务院发展研究中心信息网（国研网） ◆ EPS 数据平台	提供经济数值型数据资源检索服务

2. 专利和国内专利文献检索工具

专利是受法律保护的发明创造（发明、实用新型或外观设计），是指专利申请人向国家知识产权局提出专利申请，经依法审查合格后，被授予的在规定时间内对该项发明创造享有的专有权。

目前，互联网上关于中国专利文献检索的网站有很多，但并不是所有的数据库都能够获得免费的专利文献。国家知识产权局的网站提供免费中国专利全文，是目前较为常用的获取专利全文的数据库之一。

3. 标准文献和国内标准文献检索工具

标准文献又称标准化文献，是指记录标准的一切物质载体。具体地说，标准文献是指按照规定程序制定并经权威机构批准的，在特定范围内执行的规格、规程、规则、要求等技术性文件。我国的标准文献检索工具主要有印刷型、光盘型和网络型 3 种形式。

印刷型的标准文献检索工具主要有《中华人民共和国国家标准目录及信息总汇》《中国标准化年鉴》《中国标准导报》《GB 中国国家标准汇编》《中国机械工业标准汇编》。

1.1.4 电子图书与数字图书馆

1. 电子图书

电子图书又称数字图书，是随着电子出版、互联网及现代通信电子技术的发展而产生的一种新的图书形式，是以数字化电子文件形式存储在各种磁性或电子介质中的图书，需使用联网计算机或便携式阅读终端进行下载或在线阅读。

2. 数字图书馆

数字图书馆，是用数字技术处理和存储各种图文文献的图书馆，实质上是一种多媒体制作的分布式信息系统。它把各种不同载体、不同地理位置的信息资源用数字技术存储，以便于跨越区域、面向对象的网络查询和传播。它涉及信息资源加工、存储、检索、传输和利用的全过程。

1.1.5 使用专业数据库检索信息

下面以万方数据知识服务平台为例，介绍其使用方法。

万方数据知识服务平台首页的一框式检索可以实现海量多渠道多种类资源的一站式检索和发现，如图 1-10 所示。检索框左侧可以选择资源类型（如期刊、学位、会议、专利、标准等），实现分类型检索。在检索框中直接输入检索词进行检索，操作十分便捷。例如，直接输入检索词"课堂革命"，便可获取相关的文献。平台还支持跨语言检索。例如，在检索框中输入检索词，检索出的结果包括中文、英文、日文、朝文、德文、法文等多个语种的检索结果，并实现混合排序。在"结果"页面选择需要的语种，即可筛选出对应的文献资源。

单击首页的"高级检索"超链接，进入"高级检索"界面。这里可限定主题、题名、关键词、作者等检索途径，检索词之间可以进行与、或、非的逻辑组配，同时还可以确定文献类型、发表时间等限制条件，以提高检索精度，如图 1-11 所示。

如果对检索结果不满意，可以进行二次检索，或者对检索结果进一步筛选，如图 1-12 所示。

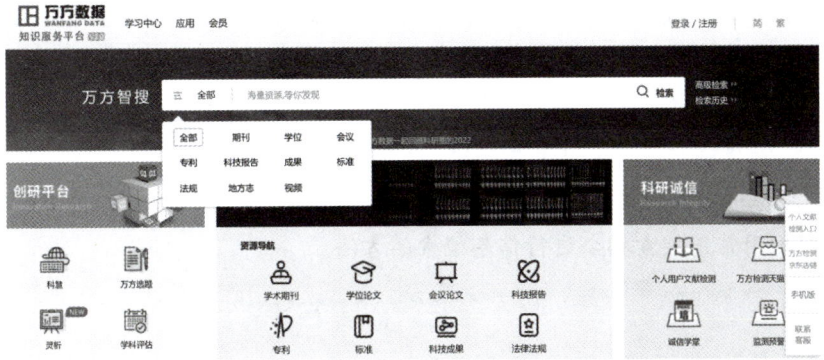

图 1-10　万方数据知识服务平台首页一框式"简单检索"界面

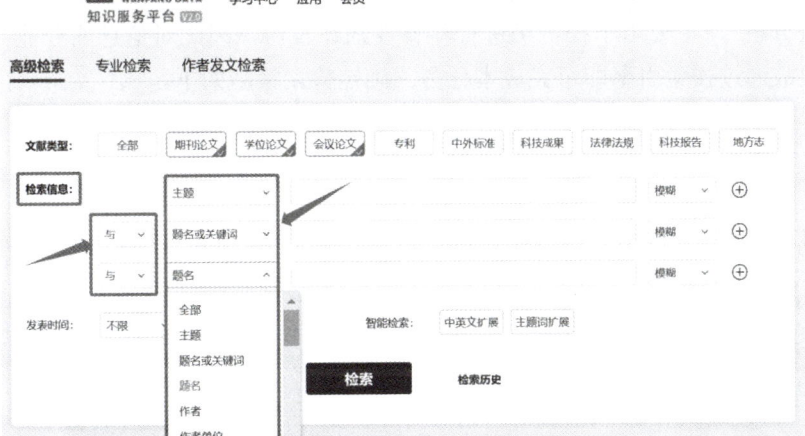

图 1-11　万方数据系统"高级检索"界面

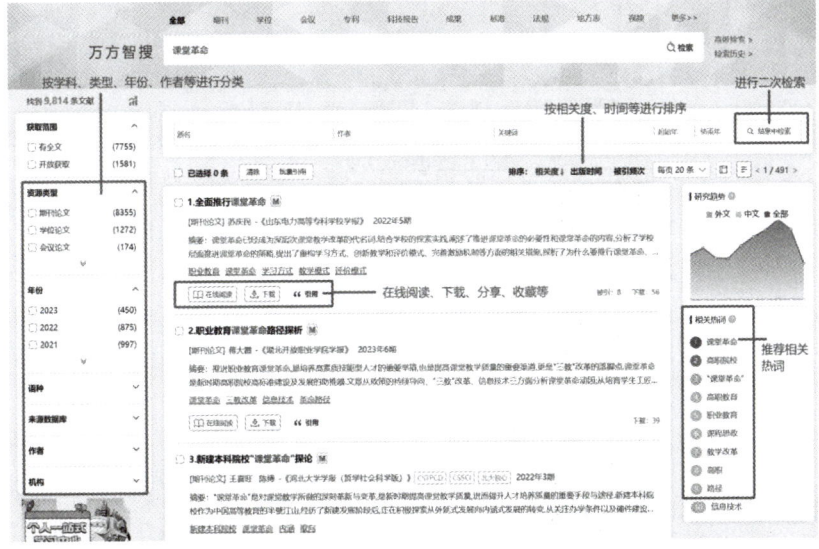

图 1-12　万方数据系统"检索结果"界面

对于检索结果，如果用户单位购买了相关子数据库，则可在指定网段内免费使用，直接阅读下载；如未购买，可以通过支付宝、银联支付等网络付费方式按篇付费。

任务实操

> 阅读本节知识内容，完成任务工作单 1-1-2。扫码观看视频，掌握搜索引擎的应用技巧，掌握运用常用搜索指令进行信息检索的方法。

1.1.6 "全球环境现状分析"PPT 检索

根据信息需求分析，本任务为检索某一特定格式（PPT）的信息，信息内容的主题为"全球环境现状分析"，主要用于在班级进行科普性知识宣讲，因此对信息的专业精度、深度要求不高，故通过搜索引擎即可完成本任务。确定检索策略如下。

步骤 1：确定检索关键词为"全球环境问题"。
步骤 2：确定所需信息的格式为 PPT。
步骤 3：确定检索工具为百度搜索引擎。
步骤 4：确定检索方式，使用搜索指令 filetype，以此限定检索结果的格式。
步骤 5：实施检索。在百度的检索框中输入"全球环境问题 filetype:PPT"，实施检索并查看检索结果，如图 1-13 所示。

图 1-13 使用百度搜索引擎检索全球环境问题的相关 PPT

1.1.7 "高职院校计算机应用技术专业的课程体系构建与就业分析研究"的报告撰写

根据信息需求分析,本任务为检索信息专业性较强、深度要求较高的学术研究信息,信息内容的主题为"高职院校计算机应用技术专业的课程体系构建与就业分析研究",如果使用搜索引擎进行检索,无法直接获取专业性较强的信息资源,因此可通过中文数据库进行信息检索。本任务以中国知网作为主要信息搜索平台,确定检索策略如下。

"高职院校计算机应用技术专业的课程体系构建与就业分析研究"的报告撰写

步骤1:分析检索课题。

本任务实质为检索计算机应用技术专业的课程体系构建与就业分析研究的专业性学术研究信息,信息的专业度要求较高。

步骤2:选择检索工具。

根据初次检索情况,使用百度检索出大量非相关性信息,需要进一步选择专业性较强的数据库作为检索工具,这里选择万方数据库作为首选数据库。

步骤3:拟定检索词并确定检索表达式。根据检索模式的不同,检索表达式也不同。

- 直接检索:计算机应用技术专业的课程体系构建与就业分析研究。
- 高级检索:使用逻辑"与"。
- 专业检索:"主题:(计算机应用技术专业) and 课程体系构建 and 就业"。

步骤4:实施检索并查看检索结果。

在检索框中输入检索表达式"主题:(计算机应用技术专业) and 课程体系构建 and 就业",实施检索。查看检索结果,左侧可对结果进行分类,符合要求的检索结果可直接阅读或下载,如图1-14和图1-15所示。

图1-14 使用万方数据库进行专业检索

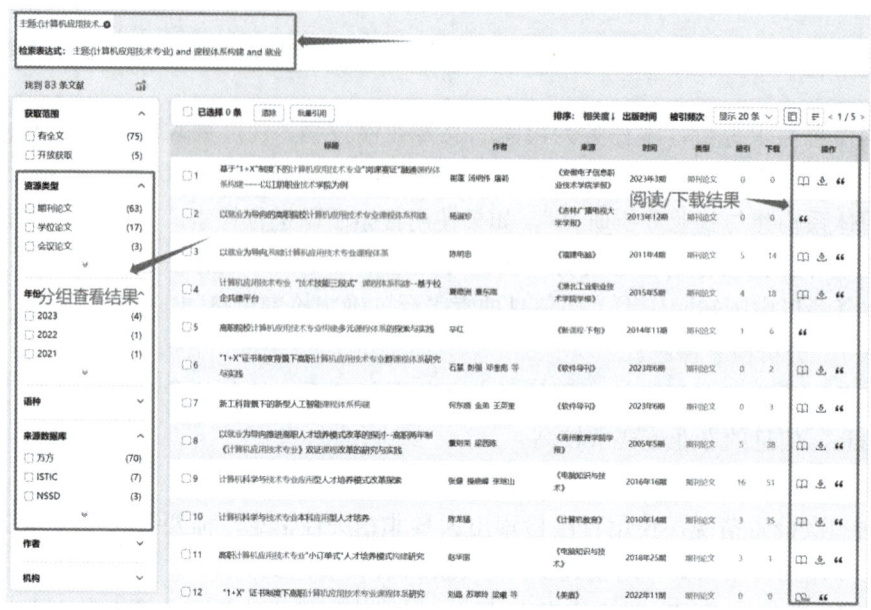

图 1-15　使用万方数据库进行专业检索的结果

步骤 5：更换数据库，进一步检索。

以中国知网为工具进一步进行检索，并分组查看学术期刊、会议、专利、标准等不同类型的相关信息，如图 1-16 所示。

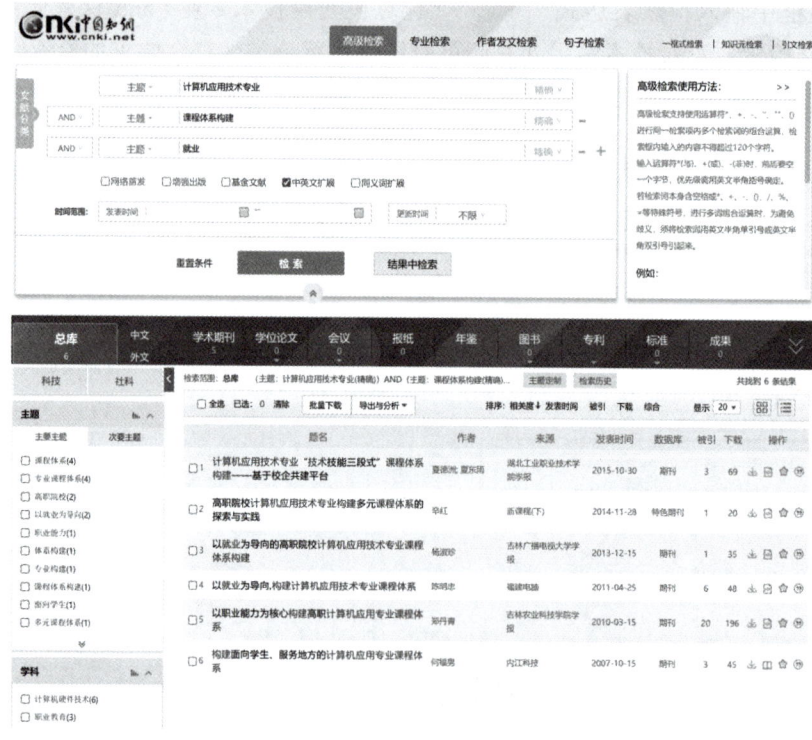

图 1-16　使用中国知网进行高级检索的结果

步骤6：整理检索结果，确定是否需要调整检索策略，继续实施新一轮检索。

任务❷ 数字创建技能

任务描述

数字时代，每个人都可以成为数字内容的创建者，人们会根据需要浏览、检索、查询相关信息，进而完成主题内容的编辑和二次创作，比如将主题文字整理成文档、制作成演示文稿，录制编辑音频视频，将其整合为符合主题要求的数字作品。数字内容是以数字形式存在的文本、图像、声音等内容，它可以存储在如光盘、硬盘等数字载体上，并通过网络等手段传播。它可以是一篇文档、一张图片、一段视频或音频、一份演示文稿等。我们可以灵活使用数字工具完成工作或学习中数字内容的创建，进行数字作品展示和共享。

李同学通过搜索引擎和专业数据库平台搜索数字资源时，发现很多资源都要注册成为会员才能正常下载。他想免费下载关于"全球环境问题"的PPT资源及文档、图片、音视频资料，快速完善作品。咨询老师后，了解到通过AI生成PPT工具可以快速生成PPT，还可以使用录屏软件EV、截图工具FastStone Capture等工具完成视频数字内容的加工。

在第1PPT网中可以搜索环保类主题PPT,选择适当风格的绿色主题模板，并免费下载，同时还可以搜索全球环境问题内容PPT，可以借助AI自动生成PPT内容大纲，结合两者完善自己的PPT。通过百度搜索引擎、AI生成PPT、录屏软件EV、截图工具FastStone Capture等工具完成数字信息的加工。

> 任务主题：世界环境日为每年的6月5日，反映了世界各国人民对环境问题的认识和态度，表达了人类对美好环境的向往和追求，是联合国鼓励全世界对环境的认识和行动的主要工具，也是联合国促进全球环境意识、提高对环境问题的注意并采取行动的主要媒介之一。

技术分析及效果图

- 搜索引擎——百度——检索"讯飞智文"。
- 视频录制软件——EV录屏——录制"环境问题"视频。
- 视频编辑软件——EV剪辑——剪辑"环境问题"视频。
- 截图工具——FastStone Capture——屏幕区域截图。
- 演示文稿编辑——WPS——完善"全球环境问题PPT"内容。

最终效果如图1-17所示。

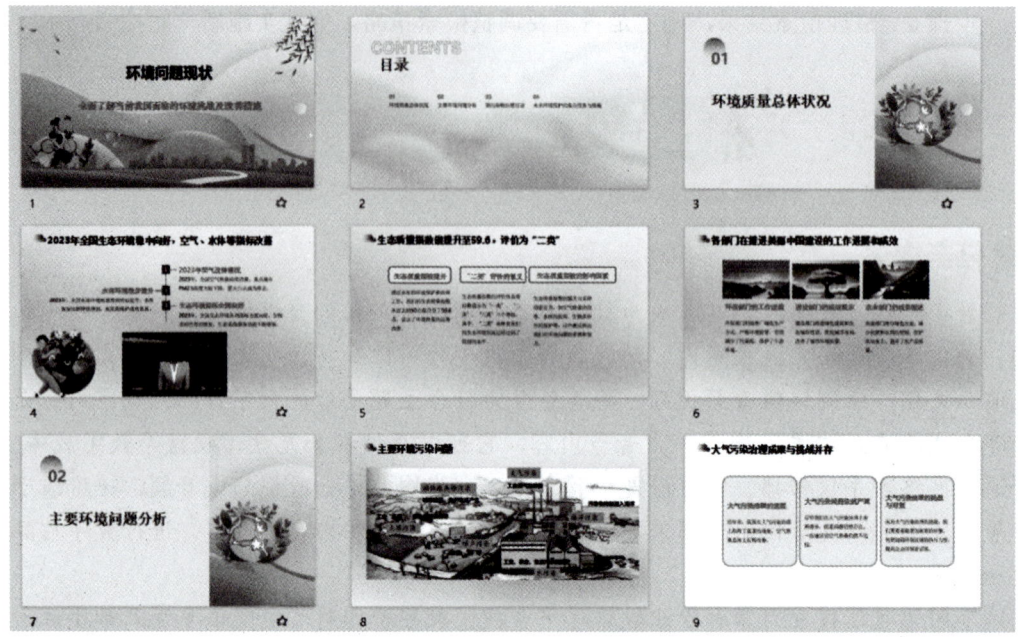

图 1-17　全球环境问题现状 PPT 效果图

学习目标

- 了解使用搜索引擎检索免费资料的方法。
- 掌握 EV 录屏、EV 剪辑的使用方法。
- 掌握 FastStone Capture 截图工具的使用方法。
- 掌握演示文稿工具基本编辑方法。

知识链接

读者可以自行学习本节，通过预习知识链接，完成知识测评单 1-2-1。扫码观看视频，了解数字信息加工工具视频软件、截图工具等。

学习箴言：中国正在大力建设"数字中国"，在"互联网+""人工智能"等领域收获一批创新成果！

1.2.1　AI 生成 PPT 工具——讯飞智文

讯飞智文 AI 工具介绍

讯飞智文，如图 1-18 所示，是科大讯飞股份有限公司旗下的 AI 一键生成 PPT、Word 的网站平台，主要功能有 AI 撰写助手、AI 自动配图、多语种文档生成、模板切换等功能。

（1）AI 撰写助手：支持多达十几种 AI 文本编辑操作，快速完善生成后内容，提升改写效率。

（2）AI 自动配图：根据文本内容，自动生成 AI 文生图提示词，只需要单击一次，即可生成多张 AI 图片供选择。

（3）多语种文档生成：支持英、俄、日、韩等 10 种外语文本生成，多语种文本互译，无缝衔接翻译功能。

（4）演讲备注：基于 PPT 内容自动生成备注。

（5）模板切换：内容排版及模板配色随时可切换，快速美化 PPT 页面的版式。

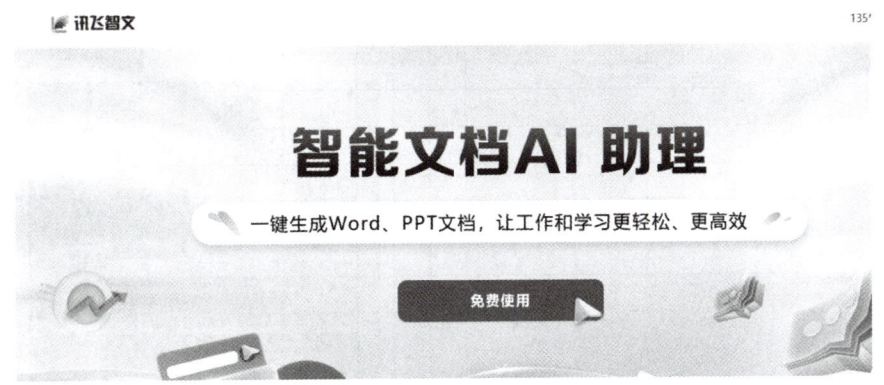

图 1-18　讯飞智文平台

1.2.2 视频录制软件——EV 录屏

EV 录屏软件基本操作

EV 录屏是一款国产视频录制工具和直播推流工具，它可免费使用（在使用过程中不收取任何费用），无广告界面，输出视频文件体积极小，下面以 1.7.1 版本为例介绍 EV 录屏使用方法。

1. 录制视频

EV 录屏软件录屏简单容易操作，可以按照图 1-19 中①②③的顺序设置录制参数后，再单击④处按钮录制视频。

（1）下载 EV 录屏。可以访问官方网站下载软件，并安装运行。EV 录屏分为本地录制和在线直播两种模式，如果是录制自己电脑屏幕上的内容（如录制网课）一定要选择"本地录制"，录制完视频单击"停止"按钮后才会保存在本地电脑中。在"选择录制区域"中，可以选择以下四种模式：

- 全屏录制：录制整个电脑桌面。
- 选区录制：录制自定义区域（录制完成后，要去除选区桌面虚线，只需再选择"全屏录制"选项）。
- 摄像头录制：选择摄像头（添加时，如果添加摄像头失败，请尝试选择不同大小画面）。
- 不录视频：录制时只有声音，没有画面，一般用于录制 MP3 格式音频。

录制音频包括如下四种模式，可以根据需要选择：
- 仅麦克风：声音来自外界，通过麦克风录入。
- 仅系统声音：计算机系统本身播放的声音，XP 系统不支持录制。
- 麦和系统声音：麦克风和系统的声音同时录入视频，既有系统播放的声音也有通过麦克风录制的声音。
- 不录音频：录制时只有画面，没有声音。

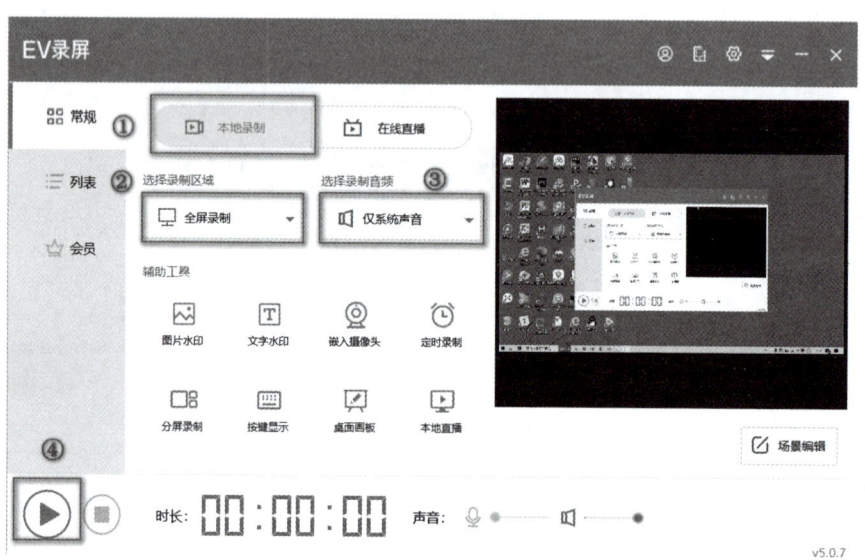

图 1-19　EV 录屏—参数设置

（2）录制开始、停止。如果选择"选区录制"模式，上方显示的 1920×1080 表示即将录制的视频尺寸，拖动蓝色矩形边角可任意调节录制的视频范围。如图 1-20 所示，单击 ▶ 按钮或按 Ctrl+F1 组合键（默认）开始录制；再单击 ● 按钮或按 Ctrl+F2 组合键结束录制；在录制过程中如需暂停，可单击 ⏸ 按钮，再次单击该按钮则继续录制。注意事项：如果录制的视频画面每一秒都变得特别快，建议帧率设到 20 以上；录制 PPT 网课时，帧率设为 10 左右即可。

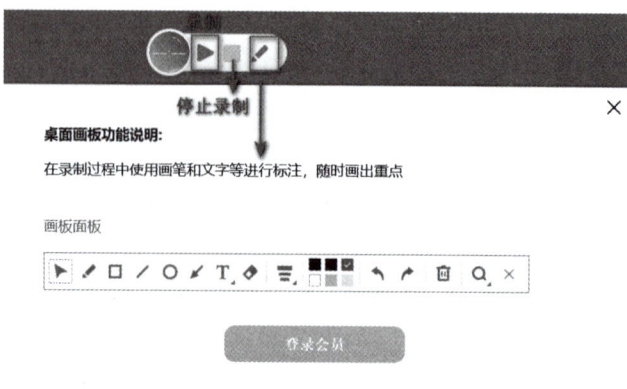

图 1-20　EV 录屏—开始、停止设置

（3）查看视频。选择"列表"打开视频列表，双击视频文件即可播放视频；如图1-19所示，单击⊖按钮打开快捷菜单，单击"文件位置"可快速定位到文件在计算机中的位置。单击"重命名"项可修改视频文件名字。

图1-21　EV录屏—文件位置

2. 录制音频

EV录屏支持的录音种类有四种：录制电脑系统播放的声音、录制麦克风（话筒）声音、同时录制电脑声音和麦克风声音、不录声音。如图1-22所示，单击主界面上的"选择录制音频"下拉按钮，然后按需求选择。如果录音依然有问题，建议更新声卡驱动或更换设备。

图1-22　EV录屏—录音设置

开始录制后，声音波形条左右波动，说明录到声音，波动越大，音量越大。如果没有波动，则没有声音，需要修改声音设置，如图1-23所示。

图1-23　EV录屏—声音设置

1.2.3 视频编辑软件——EV 剪辑

EV 剪辑软件
基本操作

EV 剪辑是一款视频剪辑软件，这款软件使用非常简单，可免费使用。EV 剪辑安全，功能界面简洁，操作上手快，不需要复杂的技巧即可剪辑，可以添加视频、图片水印等。

（1）添加素材。如图 1-24 所示，单击"添加"按钮打开素材文件所在的位置，可以将不同媒体形式的素材拖动到轨道进行编辑。

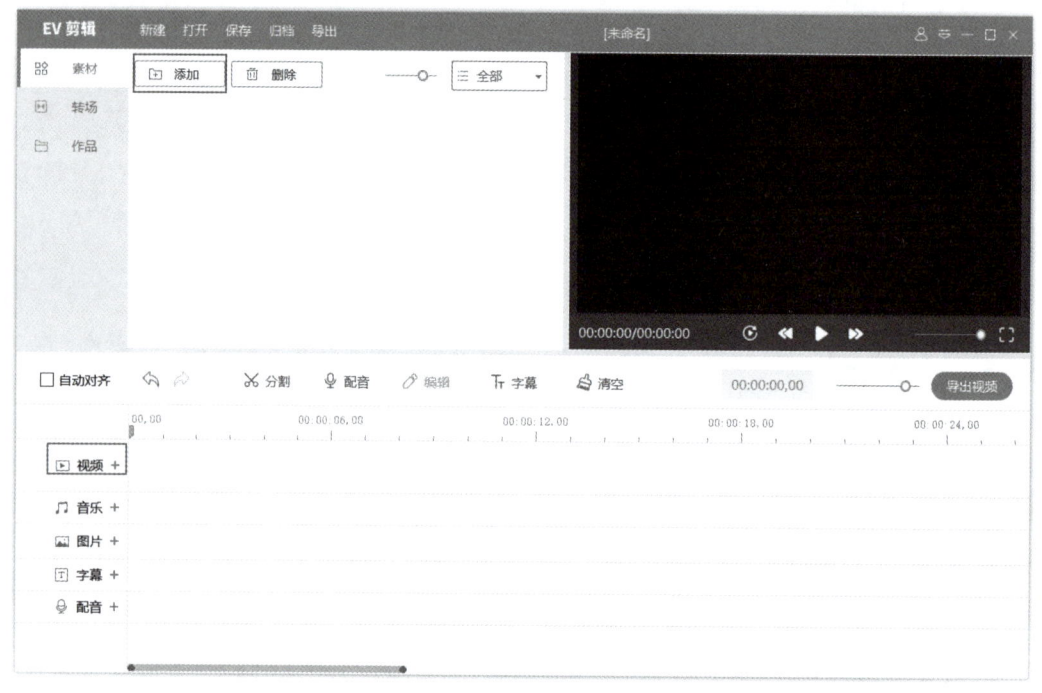

图 1-24　EV 剪辑—添加素材

（2）编辑素材。如图 1-25 所示，单击"分割"按钮，当鼠标指针在轨道上变为剪刀形状时单击，实现分割。在视频播放的过程中，按下空格键能够定格在某一帧，此时单击，整段视频被分为两部分，重复操作即可将视频分为三部分、四部分等。

当使用"分割"工具后，一段视频已经被成功切分为几部分。对于自己不需要的部分，首选选中，然后右击，在快捷菜单中选择"删除"项，就能够将不需要的部分删除。

当删除不需要的部分后，轨道上出现空白，这时候一定要拖动视频将所有部分无缝衔接起来，轨道不留白、导出后才没有黑屏，导出之前按 Ctrl+Enter 组合键从头播放一遍，确认无误再导出。

（3）画中画。EV 剪辑通过展开多个轨道能够实现画中画，即一个大的画面和一个小的画面在同一时刻开始同时开始播放。如图 1-26 所示，具体步骤如下：

- 打开 EV 剪辑软件，导入所有需要的素材。

- 单击视频轨道的"+"按钮，增加一条轨道，把两段视频分别放在两条不同的轨道上。
- 在两条视频轨道上分别调整两个视频的大小和位置。视频在轨道上的长度代表播放的时长，如果两个视频需要一直同步播放，就需要两段视频的长度一样。

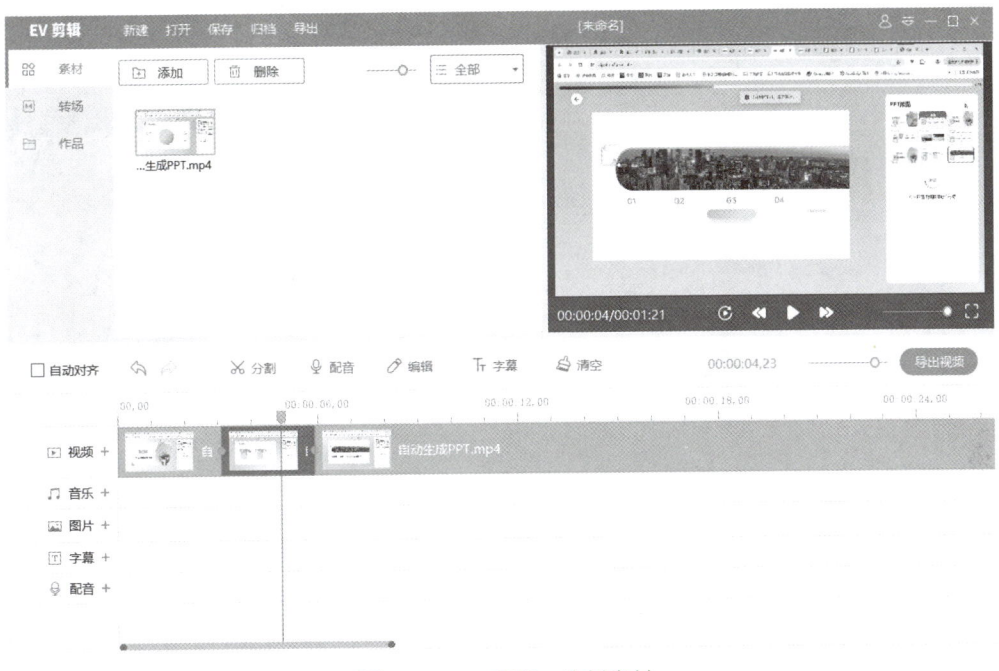

图 1-25　EV 剪辑—分割素材

图 1-26　EV 剪辑—画中画

（4）导出视频，如图 1-27 所示，单击"导出视频"按钮后打开"导出视频"窗口，可在其中设置相关选项。设置码特率时可以在"选择"和"自定义"中任意选择一项，一般推荐使用"选择"。软件在"选择"中提供三种选择：推荐、体积最小、画质最优，推荐兼顾体积与画质，体积最小与画质最优侧重点不同，用户可以根据自己的需求选择其中一项。

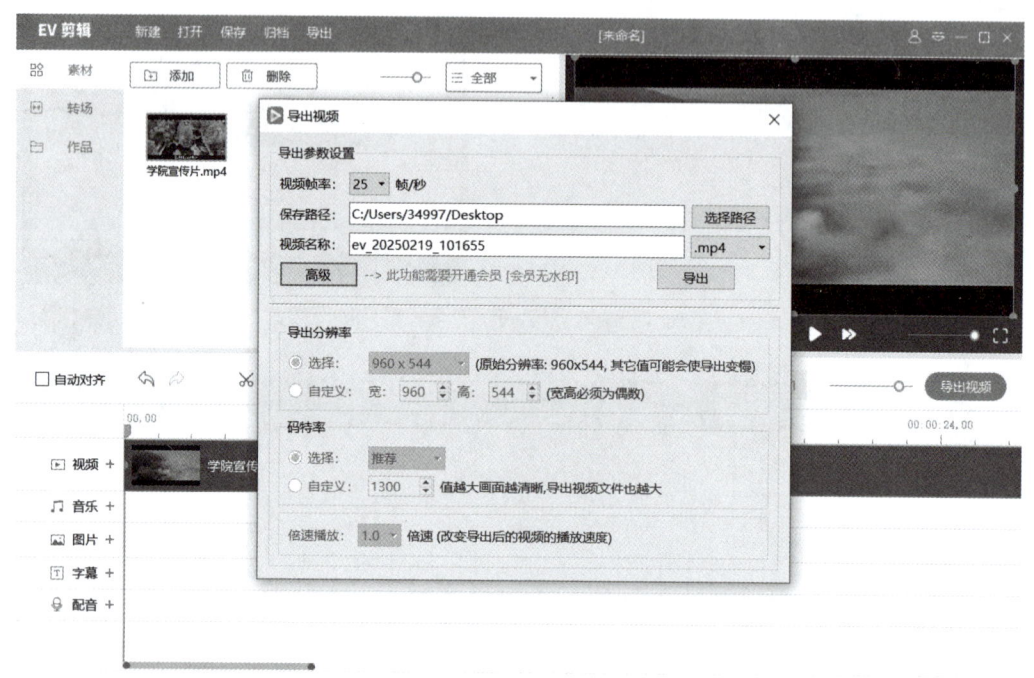

图 1-27　EV 剪辑—导出视频

1.2.4　截图工具——FastStone Capture

FastStone Capture 是一款功能强大的屏幕捕捉工具，可以帮助用户快速截取屏幕内容并进行编辑和保存。进入官网 / 下载 FastStone Capture 后双击安装程序，根据安装向导的提示完成安装。双击桌面上的 FastStone Capture 图标启动程序，程序主界面如图 1-28 所示。

FastStone Capture 截图工具

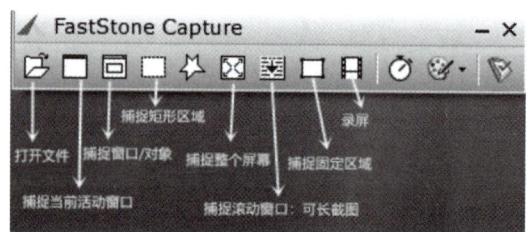

图 1-28　FastStone Capture 主界面

（1）屏幕截图。单击工具按钮可以完成屏幕、指定窗口、矩形区域、滚动截图。

1）截取整个屏幕：按下 Print Screen 键或在 FastStone Capture 主界面单击"全屏捕捉"按钮。

2）截取指定窗口：在 FastStone Capture 主界面单击"指定窗口捕捉"按钮。鼠标指针变为十字线样式，单击需要捕捉的窗口。

3）截取矩形区域：在 FastStone Capture 主界面单击"矩形区域捕捉"按钮。鼠标指针变为十字线样式，按住左键拖动以选择需要截取的区域。

4）截取滚动窗口：在 FastStone Capture 主界面单击"滚动窗口捕捉"按钮。打开需要捕捉的窗口，并确保内容需要滚动。单击"开始"按钮，FastStone Capture 会自动捕捉并拼接整个窗口的截图。

选定截取区域后，设置截图保存路径和文件名，单击"保存"按钮。

（2）编辑截图，添加文本和标注。在 FastStone Capture 主界面单击"编辑"按钮打开截图编辑器，如图 1-29 所示。单击"文本"工具按钮，在截图上拖动鼠标以创建文本框。在文本框中输入所需文本，并调整字体、颜色等属性。

图 1-29　FastStone Capture 编辑界面

选择"标注"工具按钮，使用鼠标绘制箭头、线条、矩形等形状，调整标注的颜色、线条粗细等属性。单击"保存"按钮保存编辑后的截图。

任务实操

本节可以跟着示范操作，完成任务工作单 1-2-2。可以扫码观看操作步骤视频演示，提升专业技能！

1.2.5 使用 AI 生成"环境问题现状"PPT

使用 AI 生成"环境问题现状"PPT

打开讯飞智文网站,注册登录账号,如图 1-30 所示。单击"主题创建"按钮,输入 PPT 创作主题"环境问题",一键生成标题和大纲,如图 1-31 所示。可以细化主题关键词,如输入"环境问题现状"重新生成大纲,再单击"下一步"按钮。如图 1-32 所示,选择适合的模板配色风格,生成"环境问题"PPT。最后,下载到本地或者保存到个人空间。

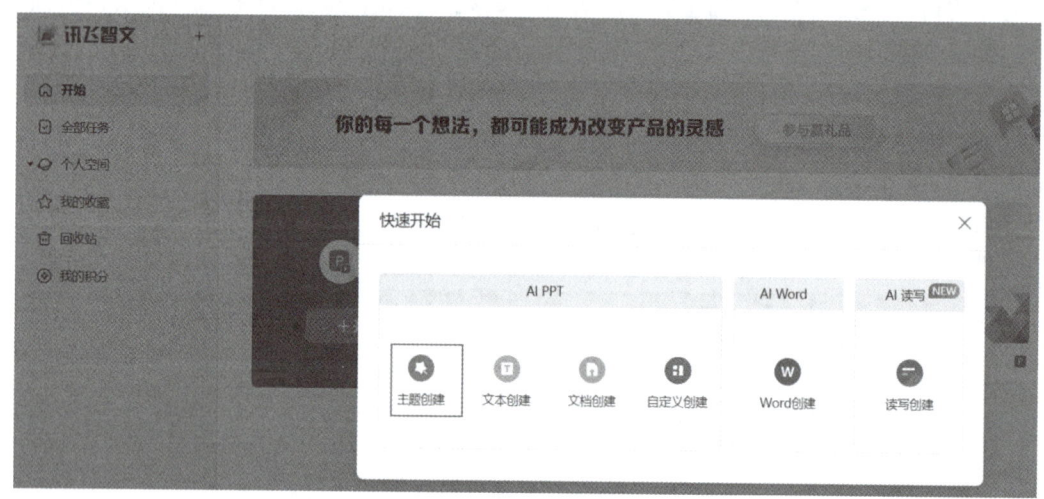

图 1-30　讯飞智文—快速创建

图 1-31　讯飞智文—AI 生成主题 PPT

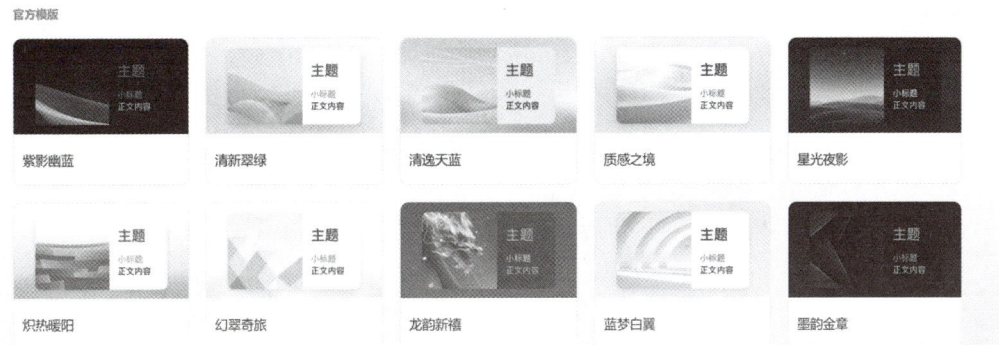

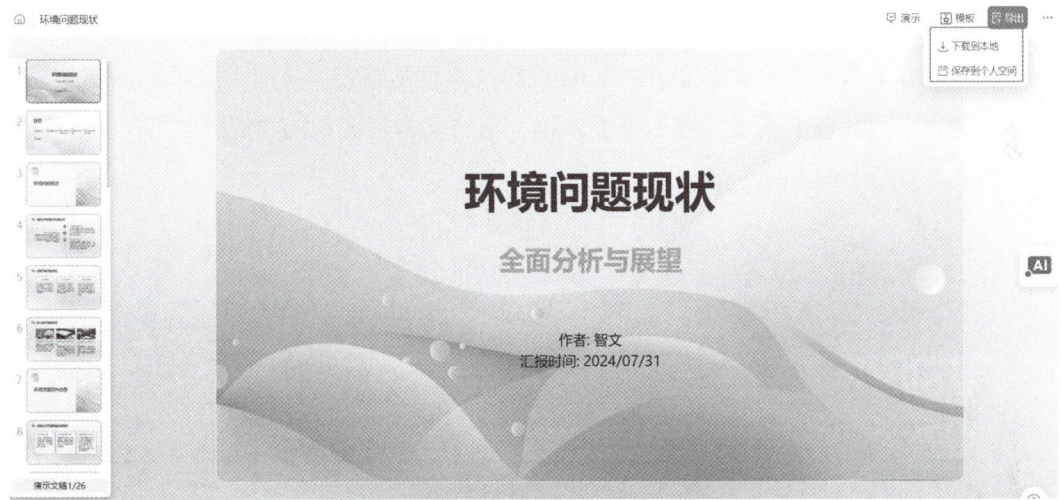

图 1-32　讯飞智文—AI 模板配色和导出

1.2.6　使用数字工具完善"环境问题现状"PPT

打开"环境问题现状"PPT 文件，李同学发现幻灯片中的文字和排版与需求有些差异，另外需要添加图片、视频等素材丰富演示文稿。咨询老师后，他自学了 EV 录屏、视频编辑软件、截图工具、WPS 中演示文稿基本的操作，发现都非常容易上手，并且能现学现用，从而完善了自己的 PPT。

使用数字工具完善"环境问题现状"PPT

1. WPS 演示文稿基本操作

（1）设置字体。单击"开始"选项卡单击设置相应字体，如图 1-33 所示，选中标题，字体设置为"微软雅黑"，修改副标题文字并设置"华文中宋"。删除作者和汇报时间，可以按 Shift 键同时选中，再按 Delete 键删除。

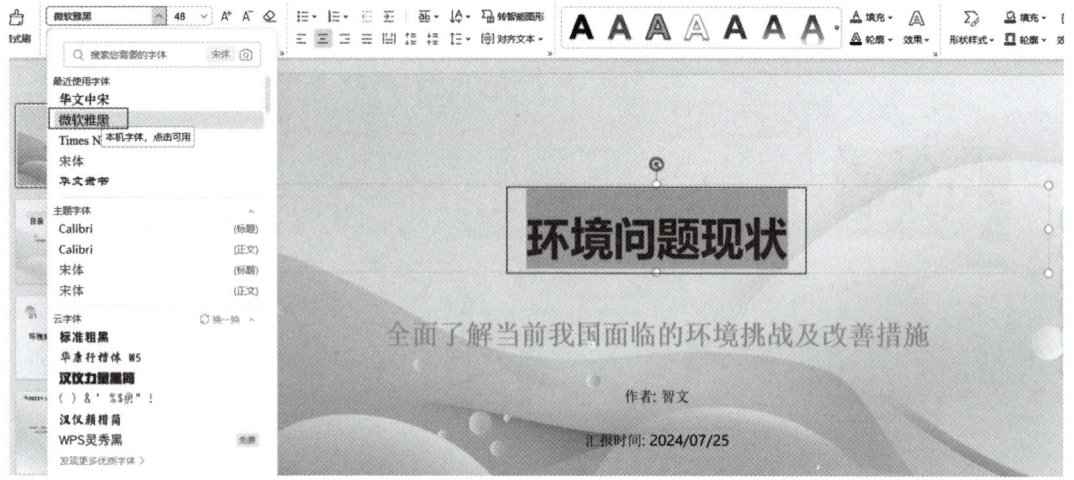

图 1-33　WPS 演示文稿—文字设置

（2）对齐文本。由于第 2 张幻灯片 04 内容文本框文字较多，放大文本框后没有与前面三个对齐，因此需要同时选中四个文本框，单击文本对齐中的"底端对齐"按钮实现对齐效果，如图 1-34 所示。

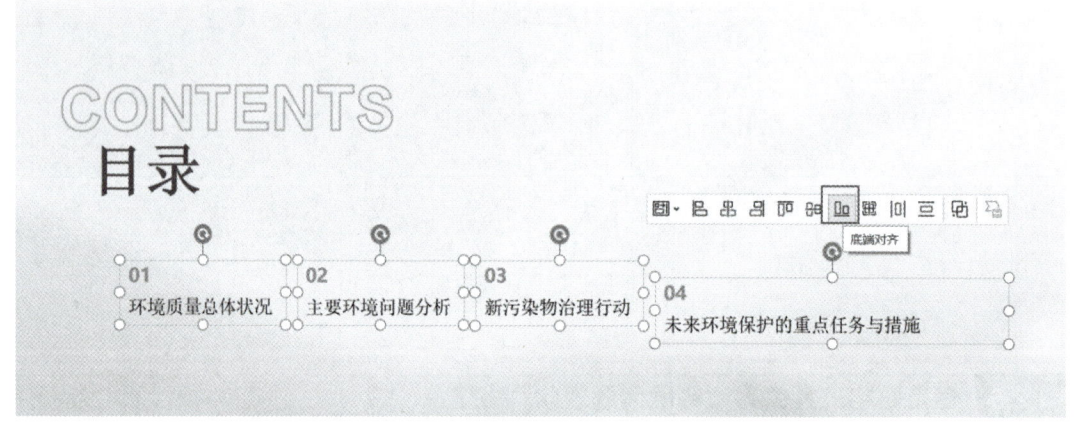

图 1-34　WPS 演示文稿—文本对齐

（3）插入图片视频。AI 生成的 PPT 中每张幻灯片都比较单调，没有匹配相应的图片和视频，这样很难吸引观众，因此李同学运用搜索引擎检索到的免费 PPT 模板网站下载相应的模板和主题内容 PPT，整合模板中的图片到"环境问题现状" PPT 中，高效完善演示文稿，做到事半功倍。

在"插入"选项卡中选择"图片"按钮，插入相应图片并放到幻灯片合适位置，如图 1-35 所示，在第 1 张标题幻灯片中插入柳条和任务图片，在第 3、第 7、第 12、第 16 张幻灯片中插入地球图片，在第 4 张幻灯片中插入环境污染状况视频。

图 1-35　WPS 演示文稿—插入图片和视频

2. 多媒体数字工具编辑素材

（1）打开第 1PPT 网站，如图 1-36 所示，在搜索框中输入"环保"，单击"搜索"按钮即可以获得环保主题类的所有模板。再选择低碳出行模板下载，在浏览器下载文件夹中可以看到模板文件。还可以搜索"人类面临的主要环境问题 PPT"找到已经做好主题内容的模板，参考模板内容修改完善"环境问题现状"PPT。

图 1-36　检索 PPT 模板

（2）在下载的"人类面临的主要环境问题"PPT 中截取相关图片，由于 PPT 中部分图片做了文字标注，李同学希望在图片上保留文字，于是使用 FastStone Capture 截图工具的"矩形区域截图"功能保留图中文字，将环境污染的主要问题通过图片形象说明，如图 1-37 所示。

图 1-37　截图工具截图

（3）录制视频，获得视频可以通过 EV 录屏软件完成。打开视频网址 https://tv.cctv.com/2024/07/30/VIDEVjtvv6QqcdQfQ6cS8RFI240730.shtml，单击全屏播放视频。如图 1-38 所示，设置 EV 录屏软件录屏参数：全屏录制，仅系统声音。单击"悬浮球"录制，录制时可以隐藏悬浮球，再按 Ctrl+F2 组合键结束录制。

图 1-38　EV 录屏—参数设置

如图 1-39 所示，通过视频列表的"重命名"及"文件位置"选项，复制文件到 PPT 文件夹同一目录。

图 1-39　EV 录屏—文件位置及重命名

（4）剪辑视频。由于网络上的视频资源在录制时无法同步停止，可能会录制到不需要的资源，因此需要通过 EV 剪辑软件的"分割"工具将不需要的视频部分分开并删除。李同学打开 EV 剪辑软件，如图 1-40 所示，通过"添加"按钮导入环境状况素材视频，拖动素材到视频轨道，播放视频找到分割的时间点，再单击"分割"工具进行分割，按 Delete 键删除不需要的视频片段。最后设置导出文件位置及文件名称导出视频。

图 1-40　EV 剪辑软件操作

任务 ❸　数字交流技能

任务描述

在互联网中，在线交流成为人们的主要交流方式，这就要求每个人要熟练使用即时通信工具，完成与他人的在线交流。要利用数字技术与他人共享信息、数据，具有在数字世界中与人交往的能力。将数字工具和技术用于协作过程，共同建构知识或完成协作任务，并且在运用数字技术进行交流时能了解行为规范和自身技术运用能力，能采用合适的通信策略和手段以适应特定的对象。还要能够理解数字交流的本质和后果，负责任地管理数字交流过程中留下的足迹，并积极建立良好的数字声誉。

李同学完成"全球环境问题"PPT 后，想与本组同学在线协同编辑修改，完成后上传到百度网盘，与班级同学分享交流作品。咨询老师后，李同学接下来需要掌握 WPS 办公软件在线编辑与共享、百度网盘中上传和分享文件夹、腾讯会议进行直播分享屏幕并录制视频。

> **任务主题**：每年 6 月 5 日为世界环境日，它的设立在于提醒全世界注意地球状况和人类活动对环境的危害，呼吁人们维护和改善人类生存环境，为保护美好的地球家园共同努力。那么，当今世界正面临哪些环境问题？一起了解下！

技术分析及效果图

- 在线协作工具——WPS 分享——修改幻灯片内容或格式。
- 资源协同工具——百度网盘——上传文件并分享。
- 网络协同工具——腾讯会议——直播交流"全球环境问题"PPT。

最终效果如图 1-41 所示。

"环境问题现状"PPT

图 1-41　在线协同交流

学习目标

- 了解 WPS 在线协作工具共享方法。
- 掌握使用 WPS 手机端编辑演示文稿的方法。
- 掌握使用百度云工具上传、共享、下载和分类整理文件。
- 能正确使用腾讯会议进行数字资源的共享和互动、录制和保存文件。

知识链接

本节可以自行学习，通过预习知识链接，完成知识测评单 1-3-1。扫码观看视频，了解百度网盘、腾讯会议等数字在线协同交流工具。

学习箴言：分享经济、网络零售、移动支付等新技术新业态新模式不断涌现，深刻改变了中国老百姓生活！

1.3.1 在线协作工具——WPS 分享功能

WPS Office 提供了多人在线协作功能，允许用户同时编辑 Word、Excel 和 PPT 文档，实现数据实时保存和共享，这一功能使得团队合作更加高效便捷。用户可以通过简单的操作开启多人协作模式，让多个用户同时编辑同一份文档，实时同步更新，大大提高了工作效率。

1. 电脑端 WPS Office

在文档界面，选择需要多人协作的文档，登录 WPS 后分享文档，如图 1-42 所示，需要上传至云文档才能产生分享链接，打开"和他人一起查看/编辑"开关并将链接分享给他人，邀请参与协作。可以通过微信或 QQ，以二维码形式分享链接。

图 1-42　电脑端云同步功能使用

2. 手机端 WPS Office

在首页选择需要多人协作的文档，点击右侧的"更多"或"分享"按钮，如图 1-43 所示，选择"和好友一起查看 / 编辑"或通过社交媒体分享链接，邀请他人参与协作。

图 1-43　手机端云同步功能使用

通过 WPS Office 的多人在线协作功能，团队成员可以实时查看和更新文档内容，无需反复沟通和确认，大大减少了沟通和协调的工作量，提高了工作效率和准确性。同时，"隐私保护"功能也让团队成员可以放心地共享信息，确保信息安全。

1.3.2　资源协同工具——百度网盘共享功能

云盘是一种专业的互联网存储工具，是互联网云技术的产物，它通过互联网为企业和个人提供信息的储存、读取、下载等服务，具有安全稳定、海量存储的特点。

百度网盘是一个云存储和文件共享平台，由百度公司运营。它允许用户将文件存储在云端，并与他人共享。百度网盘适用于多种场景，如存储和备份重要文件、与他人分享文档、图片或视频、在线播放媒体文件等，提高协作办公效率。

1. 百度网盘上传下载资源

百度网盘的主要功能是文件存储，用户可以将文件（包括文档、图片、视频等）上传到百度网盘，随时随地访问。用户可以在客户端、网页端、手机端三种平台进行操作。以客户端为例，用户下载安装百度网盘客户端软件，单击"百度网盘"图标，注册登录百度网盘账号，以便上传和下载资源。

（1）上传资料。单击"上传"按钮选择文件资源上传，或者单击"上传文件"按钮上传资源，如图 1-44 所示。

图 1-44　电脑端上传资料

（2）下载资料。选中需要下载的文件（文件夹），单击文件上方的"下载"按钮，或者右击文件，如图 1-45 所示，在弹出的对话框中选择"下载"项，就可以下载需要的文件了。

图 1-45　电脑端下载资料

（3）整理资料。如图 1-46 所示，在百度网盘中如果需要对文件进行分类整理，就需要新建文件夹，复制、移动文件到指定的文件夹中。可以通过单击文件上方的"新建文件夹"按钮创建新文件夹，可以右击文件夹，通过快捷菜单中的"移动到"指令将文件移动到相应位置，还可以使用"重命名"功能实现文件夹的更名。

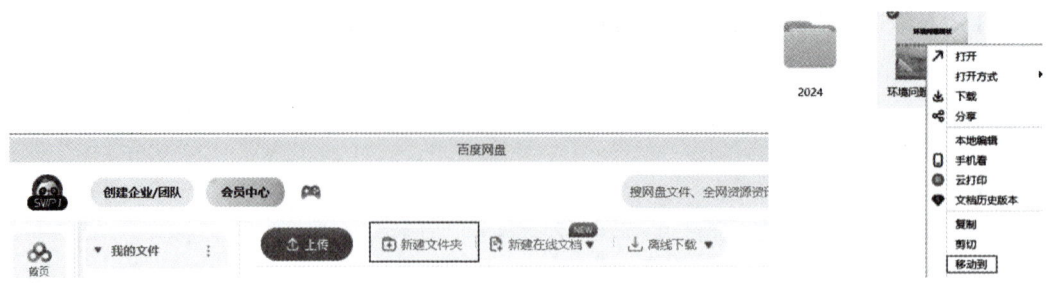

图 1-46　电脑端整理资料

2. 百度网盘共享编辑资源

百度网盘可以进行文件共享。用户可以创建共享链接，将文件分享给其他人。右击需要分享的文件或文件夹，在弹出的对话框中选择"分享"项，就可以创建链接，设置分享形式、访问人数和有效期，生成链接和提取码，发送给好友，如图 1-47 所示。

图 1-47　百度网盘分享资源方式

1.3.3　网络协同工具——腾讯会议交流功能

网络会议系统是网络协同交流的主要形式，它以网络为媒介，完全打破了地域的限制，使身处异地的人员可以实现实时的会议通信，可以随时随地解决问题，实现数据共享，如实现演示文稿同步、程序共享、文件传输、虚拟打印等会议辅助功能。

腾讯会议支持 100 人免费在线会议、全平台一键接入、音视频智能降噪、美颜、背景虚化，有锁定会议、屏幕水印等功能。该软件支持实时共享屏幕、在线文档协作，满足用户日益增长的云上办公需求。

1. 腾讯会议共享会议

腾讯会议支持在手机端、客户端进行操作。会议主持人可以通过"快速会议"或"预定会议"功能开启网络会议，生成会议号和邀请信息。

（1）快速会议。如图1-48所示，单击客户端主界面"快速会议"旁的下拉三角，勾选"使用个人会议号"复选框。单击"快速会议"按钮即可发起会议。单击个人会议号右侧三角图标，可选择"复制会议号"、"复制邀请信息"和"个人会议号设置"。

图1-48　客户端—快速会议

手机端以安卓系统为例。在App主界面点击"快速会议"，完成会前设置后，点击"进入会议"按钮即可发起快速会议，如图1-49所示。

图1-49　手机端—快速会议

（2）预定会议。在客户端主界面单击"预定会议"，填写会议信息并设置相关权限，完成设置后单击"预定"按钮即可，如图1-50所示。完成预定后该会议将显示在主界面的会议列表中，支持"查看详情""修改会议""取消会议""复制邀请信息"。

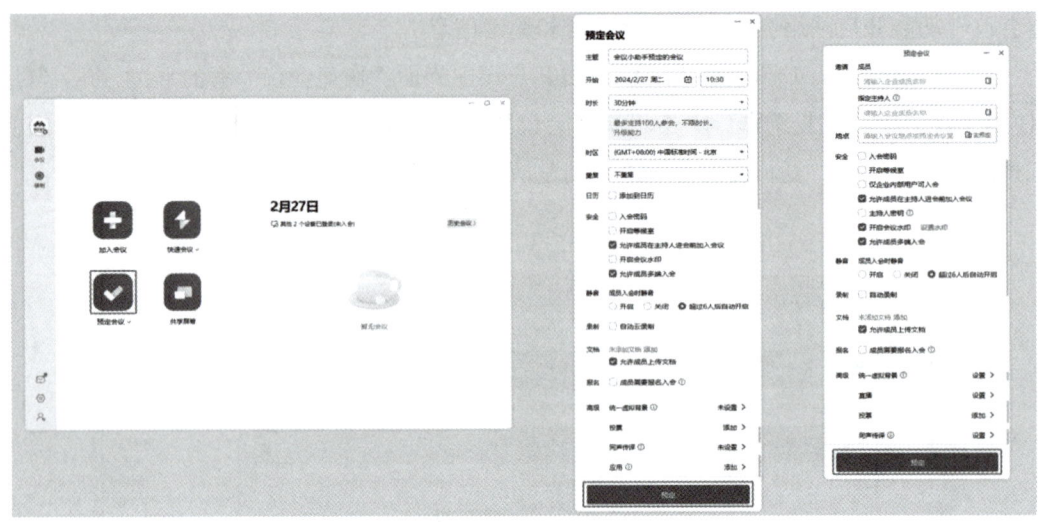

图 1-50　客户端—预定会议

手机端操作：在 App 主界面点击"预定会议"，选择"常规会议"，填写会议信息并设置相关权限，完成设置后点击"完成"按钮即可，如图 1-51 所示。完成预定后该会议将显示在主界面的会议列表中，并弹出"分享会议邀请"窗口，支持多种分享方式，会议邀请更便捷。

图 1-51　手机端—预定会议

（3）加入会议。

1）通过会议号入会。打开腾讯会议客户端，单击"加入会议"按钮。输入会议号及用户名称，并设置开启/关闭摄像头和麦克风选项，单击"加入会议"按钮即可成功入会。若设置了入会密码，则须输入正确的密码，再单击"加入"按钮即可成功入会，如图 1-52 所示。

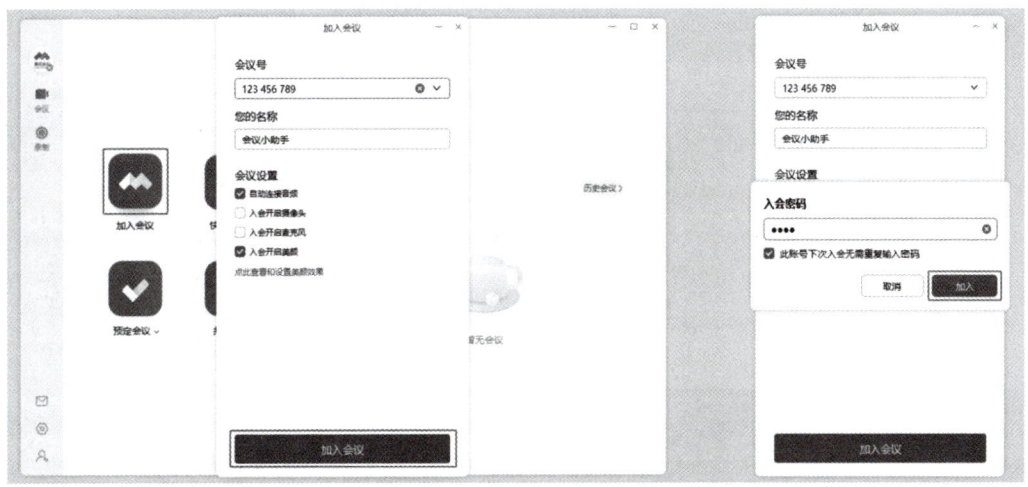

图 1-52　客户端—加入会议

手机端操作：打开腾讯会议 App，点击"加入会议"按钮，输入会议号并设置参数，点击"加入"按钮即可成功入会，如图 1-53 所示。

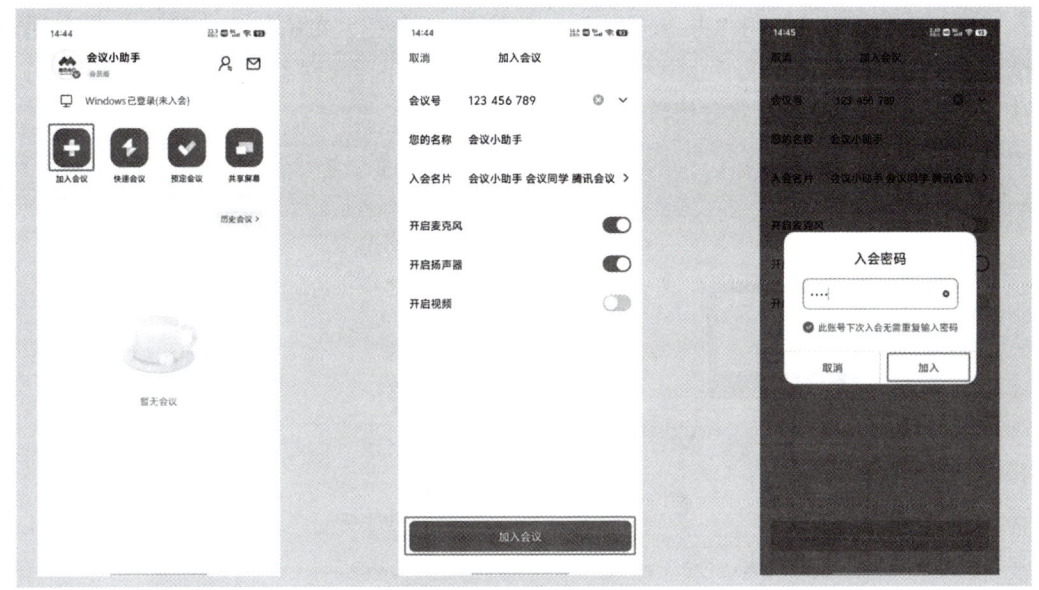

图 1-53　手机端—加入会议

2）通过分享链接入会。当用户收到邀请链接时，则可以打开邀请链接，验证身份后单击"加入会议"按钮即可直接进入会议。

3）通过微信分享入会。当用户收到微信邀请时，则可以单击邀请卡片，验证身份后单击"加入会议"按钮即可直接进入会议。

4）通过邀请海报/二维码入会。当用户收到邀请海报/二维码时，则可以识别海报/二维码，验证身份后点击"加入会议"按钮即可直接进入会议。

如果受邀的会议类型为预定会议，则会显示"添加到我的会议"，用户可以点击将该会议添加到会议列表，防止后续入会时忘记会议号，如图1-54所示。

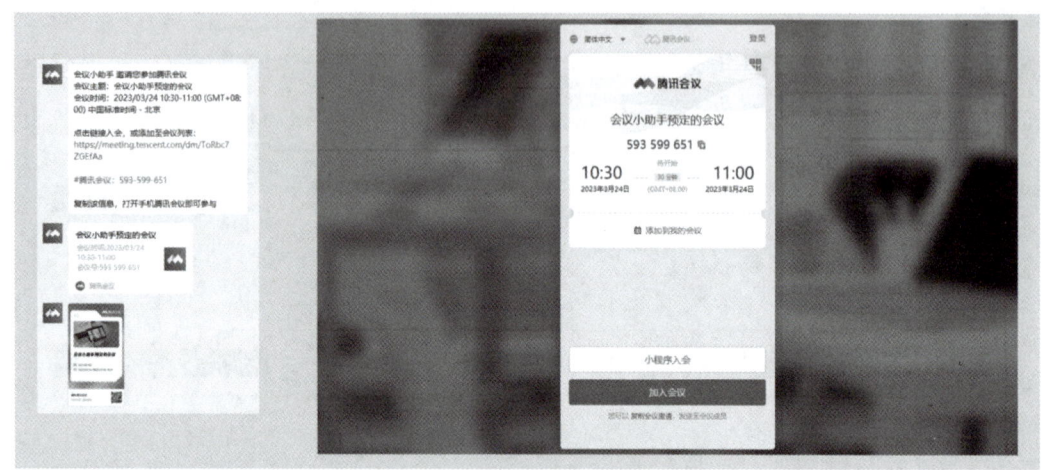

图1-54 手机端—分享链接加入会议

2. 共享录制

会议主持人可以使用"共享屏幕"功能将放映的演示文稿共享给参会人员。通过"设置"功能，可以更改文件保存位置及录制参数。如果需要对参与人员进行分组，可以使用"分组讨论"功能设置分组参数，如图1-55所示。

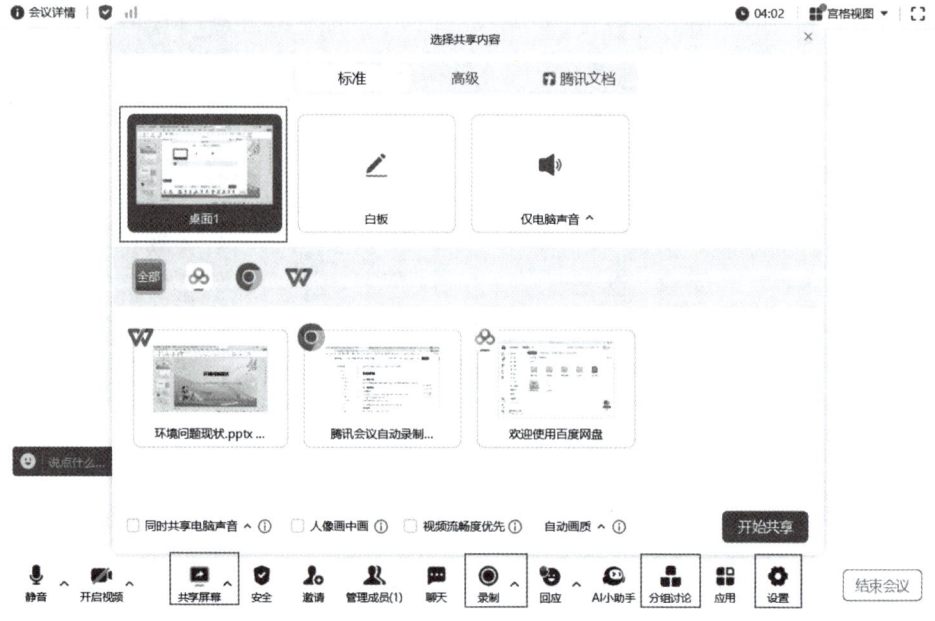

图1-55（一） 客户端—共享录制会议

模块 1　数字技能

图 1-55（二）　客户端—共享录制会议

🖱 任务实操

> 本节可以跟着示范操作，完成任务工作单 1-3-2。可以扫码观看操作步骤视频演示，提升专业技能！

1.3.4　在线协同共享"环境问题现状"PPT

在线协同共享"环境问题现状"PPT

打开"环境问题现状"PPT，在 WPS 演示文稿选项卡右侧进行分享操作，同组人员可以在手机端进行演示文稿协作编辑，李同学将最终定稿文件上传至百度网盘保存并分享资源。最后，李同学将演示文稿通过腾讯会议进行小组展示，录制分享过程便于收集关于"环境问题现状"演示文稿的建议。

1. 使用 WPS 分享编辑演示文稿

（1）文档分享。如图 1-56 所示，在"环境问题现状"PPT 中依次单击"分享"→"和他人一起查看/编辑"→"立即上传"，可以进入协作模式，复制链接发送给同组协作者，就可以共同编辑修改文件。

（2）协作编辑。如图 1-57 所示，小组成员可以通过手机端微信或者 QQ 扫码参与协作，进入编辑模式，同组胡同学想完善第 11 张幻灯片，添加图片补充说明土地污染对食品安全的影响。用手机 QQ 或微信扫描二维码进入金山文档，可以看到"环境问题现状"PPT。

43

图 1-56　在 WPS 中分享演示文稿

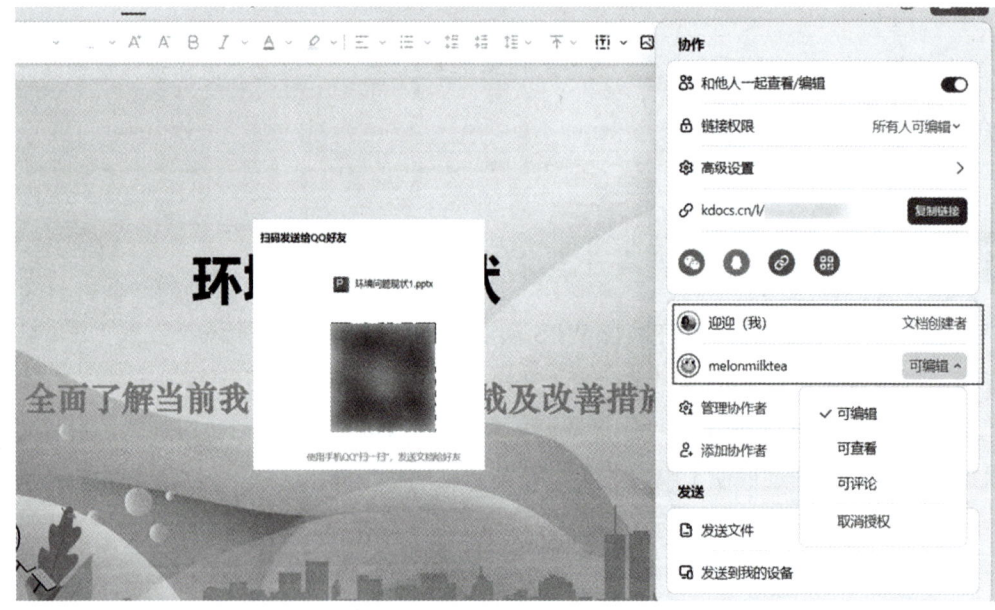

图 1-57　在 WPS 中扫码协作

点击左下角的"编辑"标签可以进入编辑模式，如图 1-58 所示，选中第 11 张幻灯片，点击底部工具栏中的 + 号标签，选择图片，在手机相册中可以选择要添加的两张图片。图片添加完成后可以通过左下角句柄进行拖动，右下角箭头进行缩放，调整图片大小以及位置。完成编辑后点击"√"即可，同时查看电脑端文件，发现第 11 张幻灯片中已经添加两张图片。

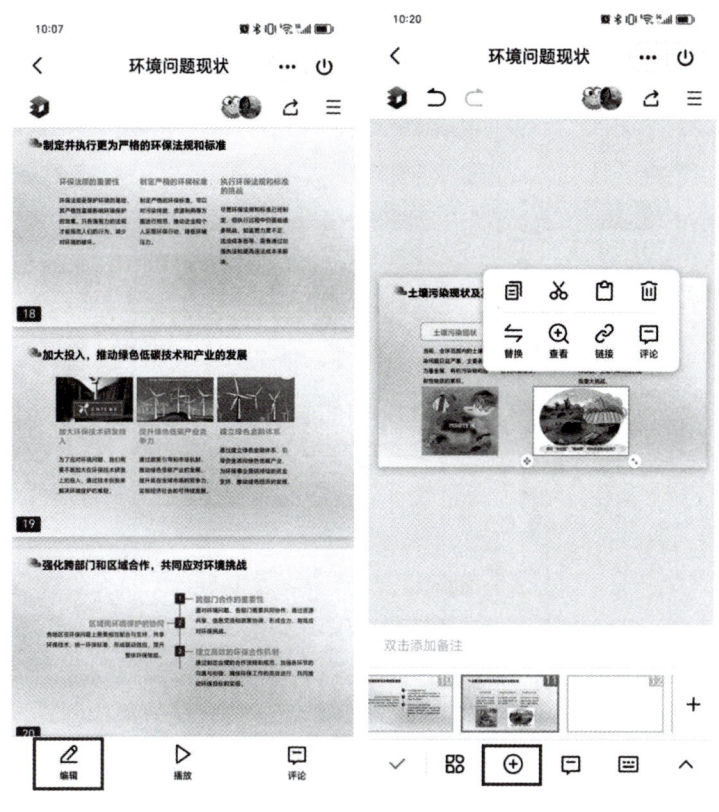

图 1-58　在手机端 WPS 中编辑演示文稿

（3）保存文件。由于共享演示文稿是在云文档中编辑完成的，如果需要保存到本地更新原始文稿，如图 1-59 所示，单击"协作"窗格中的"发送文件"项，在弹出的"另存为"对话框中，选择文件路径，修改文件名为"环境问题现状"。

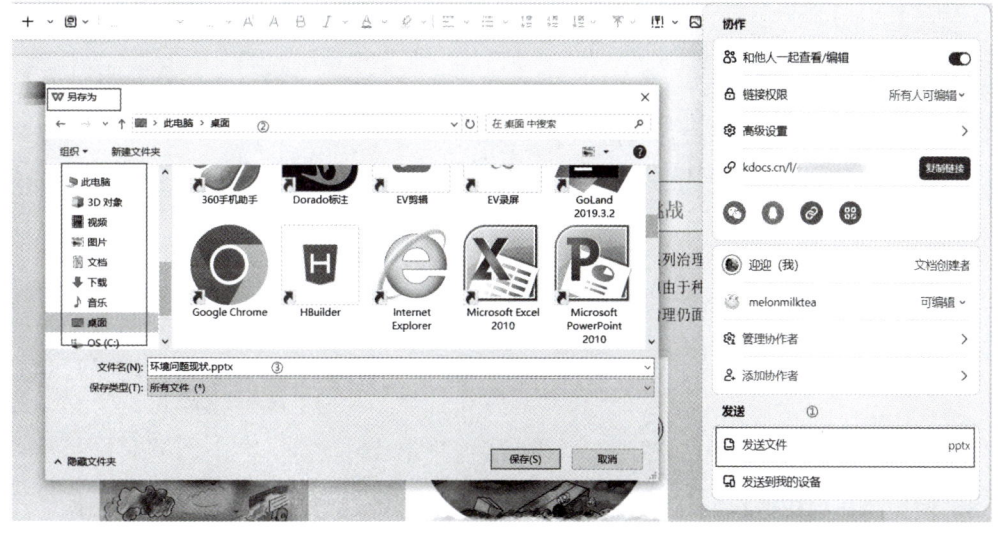

图 1-59　协作文档本地保存

2. 使用百度网盘共享演示文稿

登录百度网盘,单击"上传文件"按钮,找到"环境问题现状"PPT 所在的文件位置,如图 1-60 所示,单击"存入百度网盘"按钮即可。

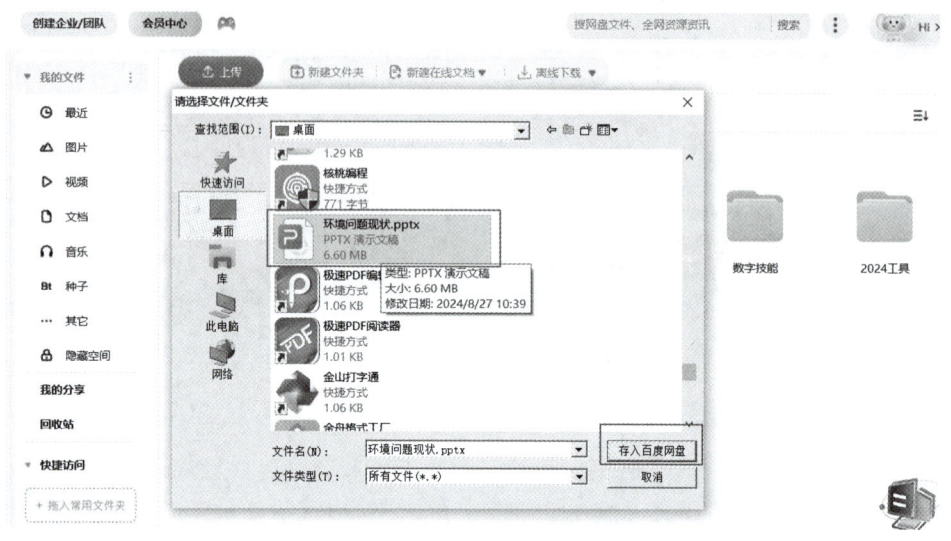

图 1-60　百度网盘—上传文件

如图 1-61 所示,选中文件"环境问题现状"PPT,单击上方的"分享"按钮,弹出"分享文件"对话框,设置分享形式等参数,最后单击"创建链接"按钮,生成链接及提取码,复制生成的链接,发送给同组成员。

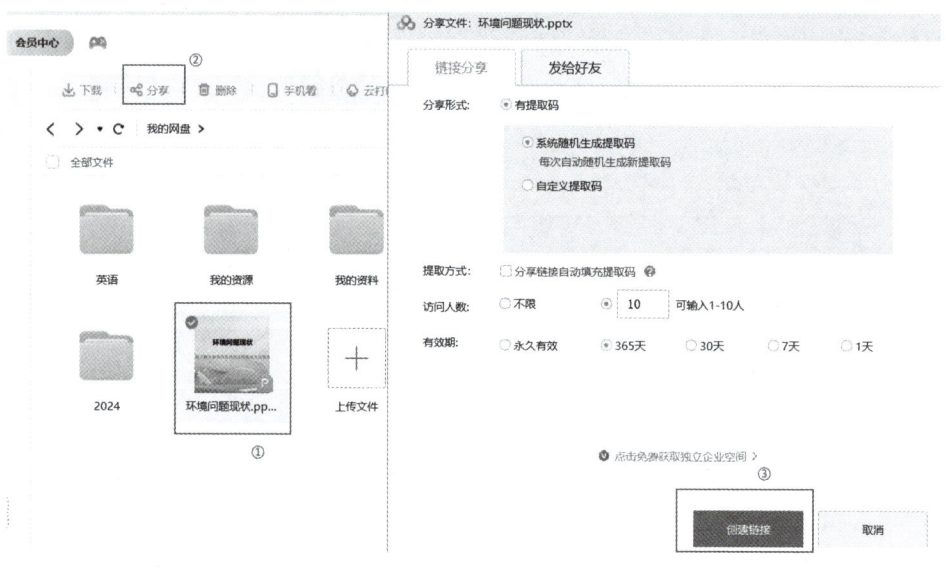

图 1-61　百度网盘—共享资源

3. 使用腾讯会议进行网络协同交流

李同学与同组成员完成了"环境问题现状"PPT 的协作共享,需要将本组成果进行预演展示分享，由于本组成员假期不在学校，因此他们选择使用腾讯会议进行演示。

打开腾讯会议，选择快速会议或预定会议，在"快速会议"模式下，如图1-62所示，可以单击"邀请"按钮生成会议号和链接，单击"复制会议号和链接"按钮，将复制的会议信息发送给组员。单击"共享屏幕"按钮选择演示文稿界面后单击"开始共享"按钮，即可将"环境问题现状"进行展示，组长边讲解边演示幻灯片内容。演示结束后，同组成员还可以在线讨论，完善演示文稿。

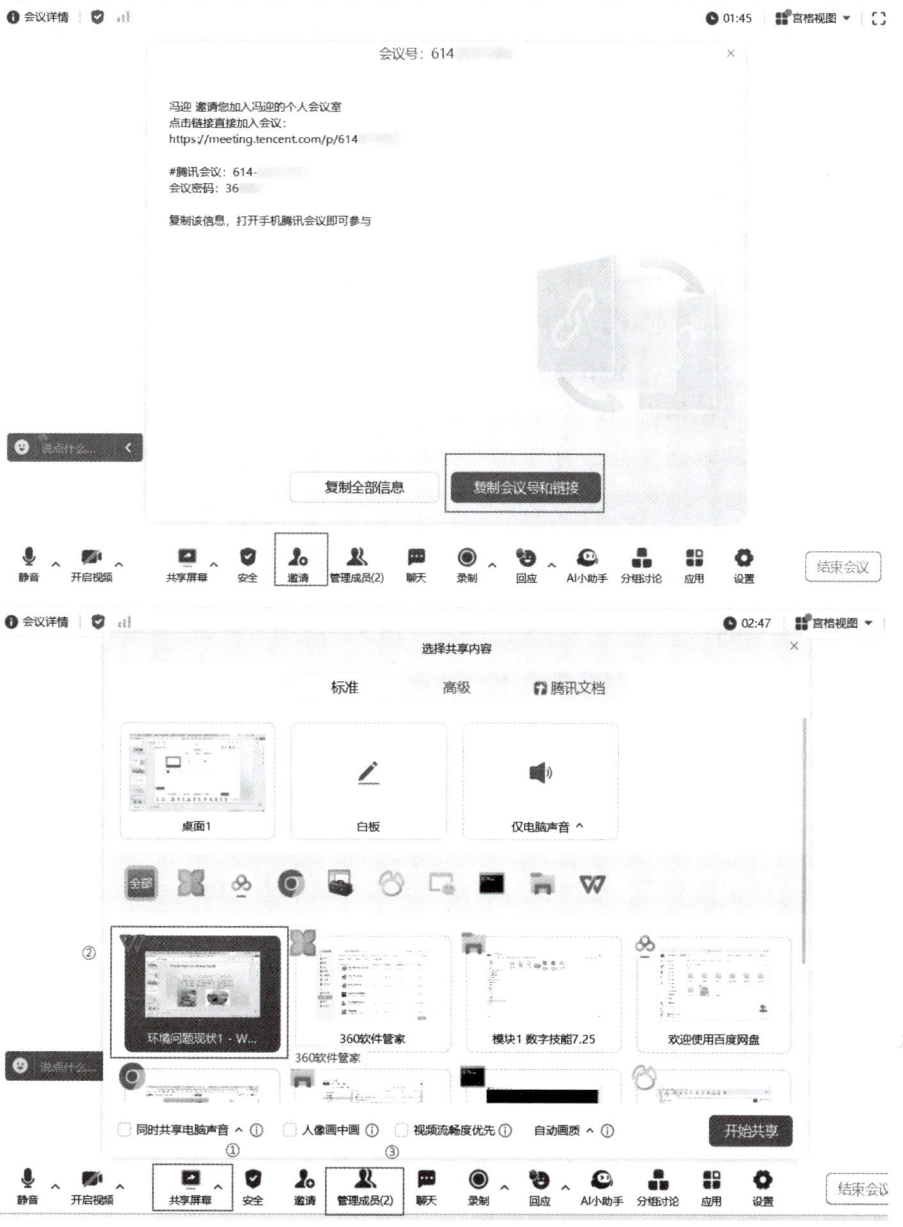

图1-62 腾讯会议—网络协同交流

模块 2 数字素养

数字素养

模块导读

中央网络安全和信息化委员会印发的《提升全民数字素养与技能行动纲要》指出，数字素养是数字社会公民学习工作生活应具备的数字获取、制作、使用、评价、交互、分享、创新、安全保障、伦理道德等一系列素质与能力的集合。具体来看，数字素养包括数字意识、计算思维、数字化学习与创新、数字社会责任。

数字意识是指个体在数字化时代中对数字技术、数字信息和数字环境的认知、理解和应用能力。具体技能体现为五个方面，内化的数字敏感性：能够敏感地察觉数字环境中的变化和趋势，及时调整自己的行为和策略；真伪和价值判断：能够识别和评估数字信息的真伪及其价值，避免被虚假信息误导；主动发现和利用数据：具备主动寻找和利用真实、准确的数字信息的动机和能力；协同学习和工作：能够在团队中分享真实、科学、有效的数据，促进协同合作；维护数据安全：具备保护个人和组织数据安全的意识和方法。

计算思维（Computational Thinking）是指利用计算机科学的基本原理进行问题解决、系统设计以及理解人类行为的一种思考方式。它不仅仅是编程或者计算机操作的技能，还是一种解决问题的策略和方法论。

数字化学习是指利用数字技术工具和资源进行教学和学习的过程。它包括在线课程、虚拟实验室、电子书籍等多种形式。创新则是指在原有基础上提出新的想法、方法和解决方案，以满足不断变化的需求和挑战。

数字社会责任是指个体、组织和国家在数字化环境中应遵循的道德规范和行为准则。数字社会责任对于维护网络安全、保护个人隐私、促进公平正义以及推动可持续发展具有重要意义。

【岗位情境】

小云从事市场营销工作，他需要使用工具（如 Google Analytics）来跟踪网站流量、用户行为等，从而优化营销策略和提高转化率。通过对数据的深入分析，可以识别出最有效的营销渠道和目标受众，提升营销效果。小智是软件开发人员，他需要具备扎实的编程技能和对新技术的快速学习能力，还需要熟悉各种编程语言和开发工具，能够高效地构建、测试和维护软件系统。此外，了解版本控制系统（如 Git）也是开发过程中必不可少的一部分，有助于团队协作和代码管理。

【计算机编程语言】

计算机编程语言是计算机科学领域的重要组成部分，它为软件开发、数据分析、网络编程等领域提供了强大的支持。计算机编程语言可以分为多种类型，包括面向过程的语言（如 C 语言）、面向对象的语言（如 Java、Python）以及函数式编程语言（如 Haskell）等。每种语言都有其独特的特点和应用场景。

随着人工智能和机器学习技术的不断发展，计算机编程语言在人工智能与机器学习领域的应用也越来越广泛。例如，Python 已经成为机器学习领域的首选语言之一。

【职业能力岗位匹配】

企业管理：在企业管理领域，数字素养可以帮助管理者更好地利用信息系统进行决策支持和资源管理。例如，通过数据分析工具，管理者可以更准确地了解市场动态和客户需求。

市场营销：在市场营销领域，数字素养可以帮助营销人员更有效地利用数字渠道进行产品推广和品牌建设。例如，通过社交媒体平台，营销人员可以与目标客户建立更紧密的联系。

科研与教育：在科研和教育领域，数字素养可以帮助研究人员和教师更好地获取和分享知识。例如，通过在线数据库和学术搜索引擎，研究人员可以更快地找到所需的学术资料。

模块导图

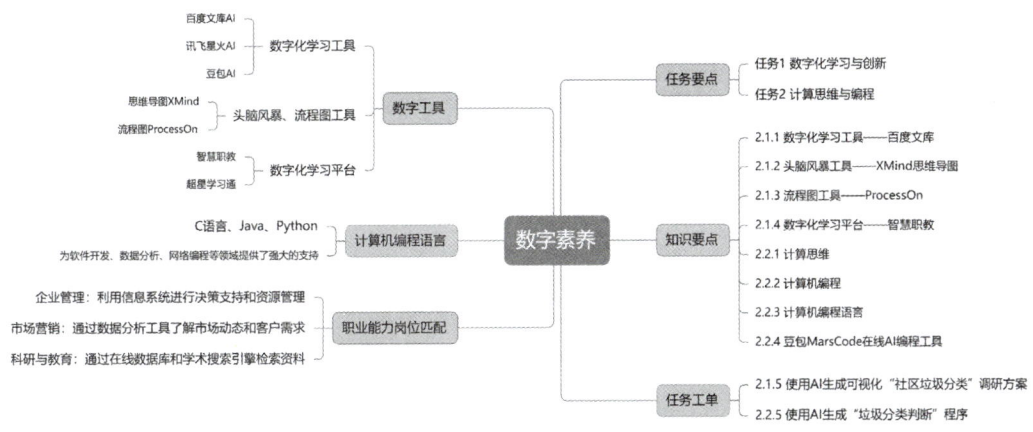

任务 1 数字化学习与创新

任务描述

数字化学习与创新是指个体在日常学习和生活中通过选用合适的数字设备、平台和资源，有效管理学习过程与学习资源，开展探究性学习，创造性地解决问题。具备数字化学习与创新能力的学生，能养成利用信息科技开展数字化学习与交流的行为习惯，能根据学习需求，利用信息科技获取、加工、管理、评价、交流学习资源，开展自主学习和合作探究。在日常学习与生活中，具有创新创造活力，能积极主动运用信息科技高效地解决问题，并进行创新活动。

李同学想开展环境污染垃圾分类问题调研，在调研之前需要通过思维导图拟定提纲，通过百度文库 AI 工具生成"社区环保垃圾分类调研"方案。李同学为了更直观地展示垃圾分类调研活动方案，采用头脑风暴 XMind 工具拟定社区垃圾分类调研大纲，采用流程图确定实施计划。在数字化学习平台上学习信息技术基础知识，将采集到的数据可视化、数字化。

任务主题：2019 年 6 月 25 日，《中华人民共和国固体废物污染环境防治法》修订草案初次提请全国人大常委会审议。草案对"生活垃圾污染环境的防治"进行了专章规定。垃圾分类的目的是提高垃圾的资源价值和经济价值，减少垃圾处理量和处理设备的使用，降低处理成本，减少土地资源的消耗，具有社会、经济、生态等几方面的效益。

技术分析及效果图

- 数字化学习工具——百度文库 AI——搜索关键词生成方案。
- 头脑风暴工具——XMind——生成"垃圾分类调研"思维导图大纲。
- 流程图工具——ProcessOn——制定方案实施流程。
- 数字化学习平台——智慧职教——学习信息技术课程知识。

最终效果如图 2-1 所示。

制作"垃圾分类调研"思维导图

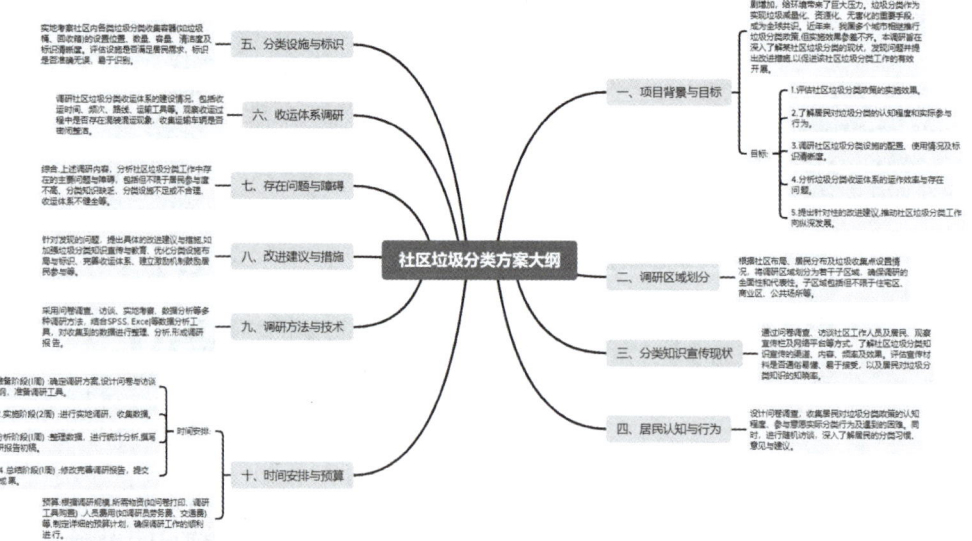

图 2-1 "垃圾分类调研"思维导图

学习目标

- 了解数字化学习工具 AI 生成内容的方法。
- 掌握生成大纲式思维导图的方法。
- 掌握在线流程图工具生成流程图的方法。
- 能正确使用数字化平台查找专业知识并整理成学习笔记。

知识链接

本节可以自行学习,通过预习知识链接,完成知识测评单 2-1-1。扫码观看视频,了解数字化学习工具等。

学习箴言:青年处于人生积累阶段,需要像海绵汲水一样汲取知识!数字化创新,改变未来格局。

2.1.1 数字化学习工具——百度文库

百度文库是中国最大的一站式智能写作、文档资源集合平台,是包括文档查找,AI 内容生成、编辑,资料管理等功能的办公学习平台。百度文库的文档由用户上传,需要经过审核才能发布。

百度文库是"一站式 AI 内容获取和创作平台",如图 2-2 所示。目前文库已支持的生成内容类型包括 PPT、思维导图、研究报告、文案等,可快速生成满足学习、工作、休闲等多场景写作需求。同时文库还支持对文档内容的智能总结与问答,精准提炼文章要点,充分理解和学习文章内容做出个性化回答,辅助润色美化文案,支持一键扩写、续写或改写内容。

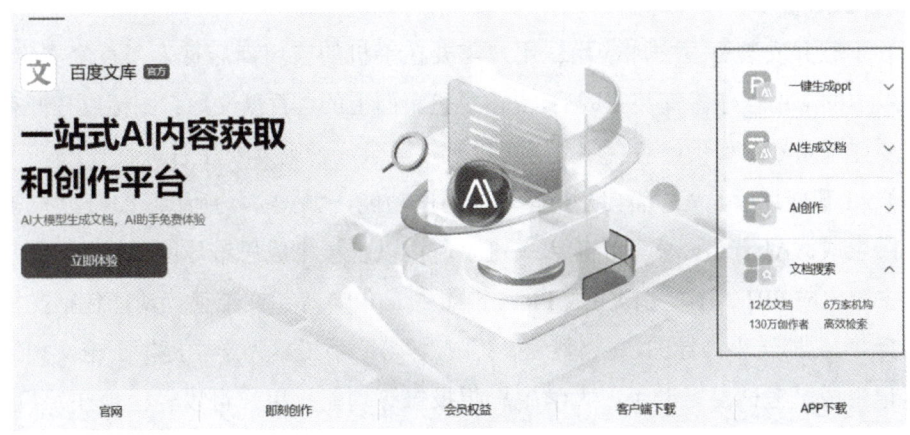

图 2-2　百度文库界面

1. 电脑版百度文库

百度文库界面清晰简洁，主要包括搜索框、文档分类、用户中心等部分。其中，搜索框便于用户快速查找所需文档；文档分类则帮助用户按照领域、类型等筛选合适的资料；用户中心则提供了上传、下载、浏览、收藏等功能，方便用户管理自己的文档和资料。

在搜索引擎中搜索"百度文库"或 baiduwenku，然后单击搜索结果中的百度文库官方网站链接，打开百度文库官方网站。使用百度文库前，需要先注册一个账号。注册后，用户可以登录并使用收藏夹、同步设备等功能。登录后，用户可以随时随地访问自己的文档和资料，方便学习和工作。

如图 2-3 所示，单击"新建"按钮可以选择"AI 帮你写""头脑风暴""撰写大纲"等方式生成关于关键字的文档内容。

图 2-3 百度文库—AI 生成文档

2. 手机版百度文库

（1）下载并安装百度文库应用。用户需要在手机的应用商店搜索"百度文库"并安装最新版本的应用程序。安装完成后，点击手机桌面上的"百度文库"图标以打开客户端。用户需要登录账号，如果已有百度账号可以直接登录，否则需要注册新账号。

（2）AI 智能助手。AI 智能助手有文档创作功能，如图 2-4 所示，如研究报告生成、思维导图生成、AI 有声画本等，输入关键字，可以直接生成思维导图。智能 PPT 功能包括输入主题生成 PPT、上传文档生成 PPT、拍照生成 PPT 等。文档速读功能包括文档总结、多文档合并、文档转思维导图、文档整理。其中，学习助手工具为学生提供了论文大纲生成、学习笔记生成、考试复习助手、大学生思想报告等功能。用户可以轻松地在手机端使用百度文库，无论是学习、工作还是创作，都能找到所需的学习资料和创作灵感。

图 2-4　手机端百度文库—学习助手

2.1.2 头脑风暴工具——XMind 思维导图

XMind 思维导图
基本操作

思维导图是一种将思维进行可视化的头脑风暴工具。用一个中心关键词，去发散并引发相关的想法，再运用图文结合的技巧把各级主题的关系表现出来，把中心关键词与图像、颜色等建立记忆链接，最终将想法用一张图有重点、有逻辑地表现出来。

1. XMind 思维导图作用

XMind 是一款全功能的思维导图和头脑风暴软件，为激发灵感和创意而生。作为一款有效提升工作和生活效率的生产力工具，其可视化功能可以让思维清晰可见，有效分清主次，使用户发现和理清想法间的关联。XMind 思维导图的功能分类如图 2-5 所示。

（1）全功能思维导图和头脑风暴工具。XMind 具备思维导图制作、项目管理、工作报告撰写等多种功能，能够满足用户在不同场景下的需求。

（2）多样化的骨架和结构样式。XMind 内置了 54 种骨架样式和 10 种结构样式，用户可以根据不同的需求选择合适的样式，快速统一思维导图的整体风格，包括结构布局和视觉元素，使思维导图在视觉上更加协调一致。

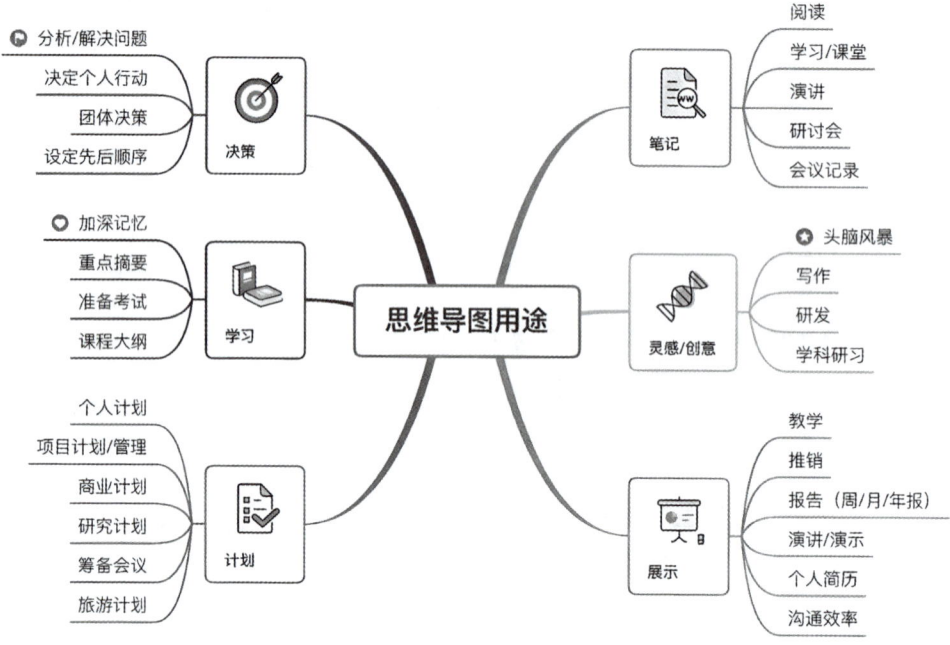

图 2-5 思维导图用途

（3）高效的项目管理和报告撰写。通过使用 XMind，用户可以高效完成项目管理、工作报告等任务。例如，利用"ZEN 模式"和"仅显示该分支"功能，可以更专注、更高效地完成工作报告。

（4）激发灵感与创意。XMind 的模块化、可移动、可修改的主题节点，提供了更大的自由度，让用户可以不断地打乱、重组和排序关键词，激发无限灵感与创意。

（5）多种视图模式。XMind 支持在大纲视图和思维导图模式中自由切换，适应不同场景下的需求，帮助用户高效梳理思路。

（6）个性化定制。XMind 提供了一键应用配色方案，用户可以更换视觉风格或个性化定制样式细节，使思维导图更加符合个人喜好和工作需求。

（7）高级功能和安全性。XMind 包括局域网共享、下钻、多页打印、合并图、智能截图、高级过滤、高级搜索、录音、密码保护等功能，可保障文件安全，满足用户多样化的需求。

2. XMind 思维导图操作

打开 XMind 客户端，默认进入"新建"页面，如图 2-6 所示，有七种类型可以选择。作为初学者可以先选择思维导图类型中的主题，再单击"创建"按钮即可进入思维导图操作界面。

单击"中心主题"文本框可以编辑文字，各个分支主题可以通过工具栏上的子主题添加。如图 2-7 所示。

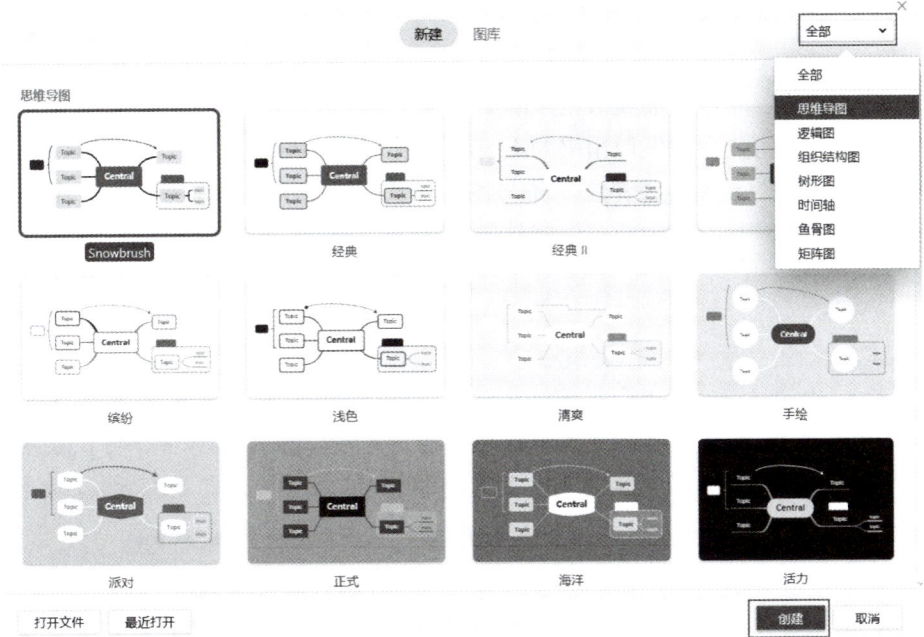

图 2-6　XMind—新建文件

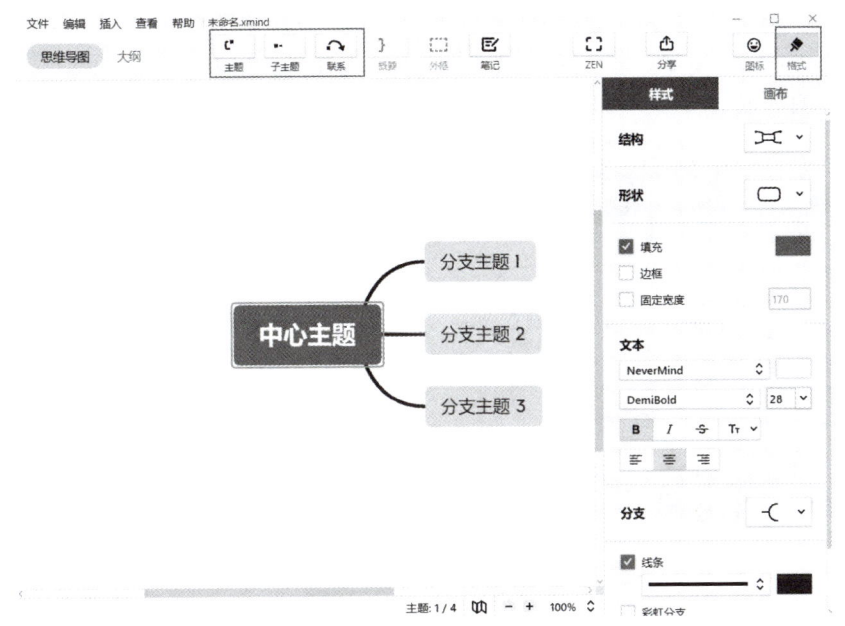

图 2-7　XMind—编辑主题

　　XMind 中有四种不同类型的主题形式，分别是中心主题、分支主题、子主题和自由主题，如图 2-8 所示。在右侧格式工具栏中可以设置思维导图的主题样式，如结构、形状、填充颜色、文本字体类型和大小、对齐方式以及分支线条的颜色等。

　　（1）中心主题。中心主题是这张思维导图的核心，也是画布的中心，每一张思维导图有且仅有一个中心主题。保存思维导图时，文件会默认以中心主题命名。新建导图即自动创建，不能被删去。

（2）分支主题。中心主题发散出来的第一级主题为分支主题。

（3）子主题。分支主题发散出来的下一级主题为子主题。

（4）自由主题。自由主题是在思维导图主结构外独立存在的主题，可以作导图结构外的补充。自由主题拥有极大的自由度和可玩性，可以用来创建花式导图。

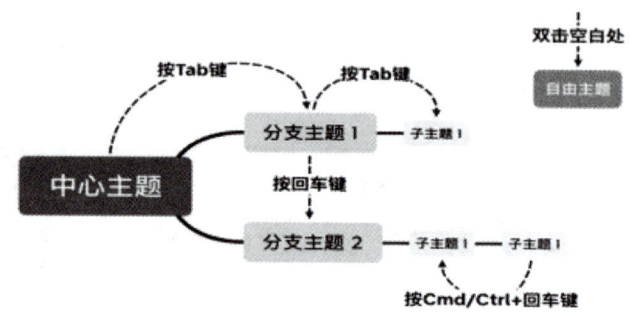

图 2-8　XMind 主题形式

3. XMind 思维导图逻辑要素

XMind 工具中常用的 3 个逻辑元素是中心主题、分支主题和子主题，在 XMind 中可以添加超链接、任务信息、批注和附件等，如图 2-9 所示，可以为某个分支主题添加概要、外框，在右侧标记工具栏中可以添加标签、优先级等图例标记。

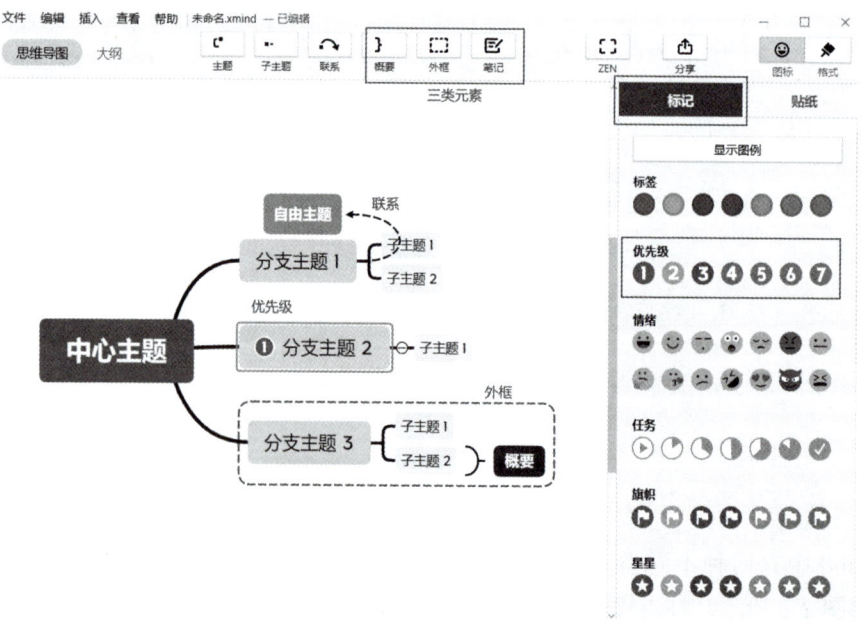

图 2-9　XMind—逻辑要素

（1）添加联系。选中一个主题，在工具栏中单击"联系"按钮，再单击另一个主题即可成功添加。

（2）添加概要。选中一个或者多个主题后，在工具栏中单击"概要"按钮进行添加。

（3）添加外框。选中一个或者多个主题后，在工具栏中单击"外框"按钮进行添加。

新建和编辑的常用快捷键：Tab 键用于在当前分支主题中新建子主题；Enter 键用于新建同样结构的分组主题或者子主题；Shift +Enter 组合键用于内容换行输入。

2.1.3 流程图工具——ProcessOn

ProcessOn 是在线智能思维导图、流程图工具，是一个面向垂直专业领域的作图工具和社交网络，是基于云服务的免费流程梳理、创作协作工具，可用于绘制思维导图、流程图、UML、网络拓扑图、组织结构图、原型图、时间轴等，用户可与同事和客户协同设计、实时创建和编辑文件，并可以实现更改的及时合并与同步。2023 年 3 月 15 日，流程图思维导图工具 ProcessOn，正式上线 AIGC 功能，如图 2-10 所示，成为国内首发 AIGC+ 流程图的平台，流程图思维导图领域正式迈入与 AI 生成内容融合的崭新阶段。

Process On 流程图工具基本操作

图 2-10　ProcessOn 界面

1. 流程图设计

在 ProcessOn 官方首页界面单击"进入我的文件"，如图 2-11 所示，单击"新建"→"流程图"进入新建的文件页面，用 AI 助手快速生成关于某个主题的流程图，AI 助手提问框下方可以进行风格美化，在工作区左侧"图形库"和"风格"选项能修改图形形状和风格。

如果想要应用已有模板，可以从模板新建文件，在全部模板中选择"流程图"分类，筛选出所有流程图模板，选择合适的流程图模板类型进行编辑。单击"立即使用"按钮进入文件编辑页面，选中工作区"图形库"中的图形拖动到工作区添加图形，或者双击已有图形修改文字与图形，还可以通过工作区上方的命令选项操作，如图 2-12 所示。

2. 思维导图设计

ProcessOn 支持绘制思维导图，操作简单高效，还有海量优质的模板供用户使用，让学习者轻松绘制思维导图。

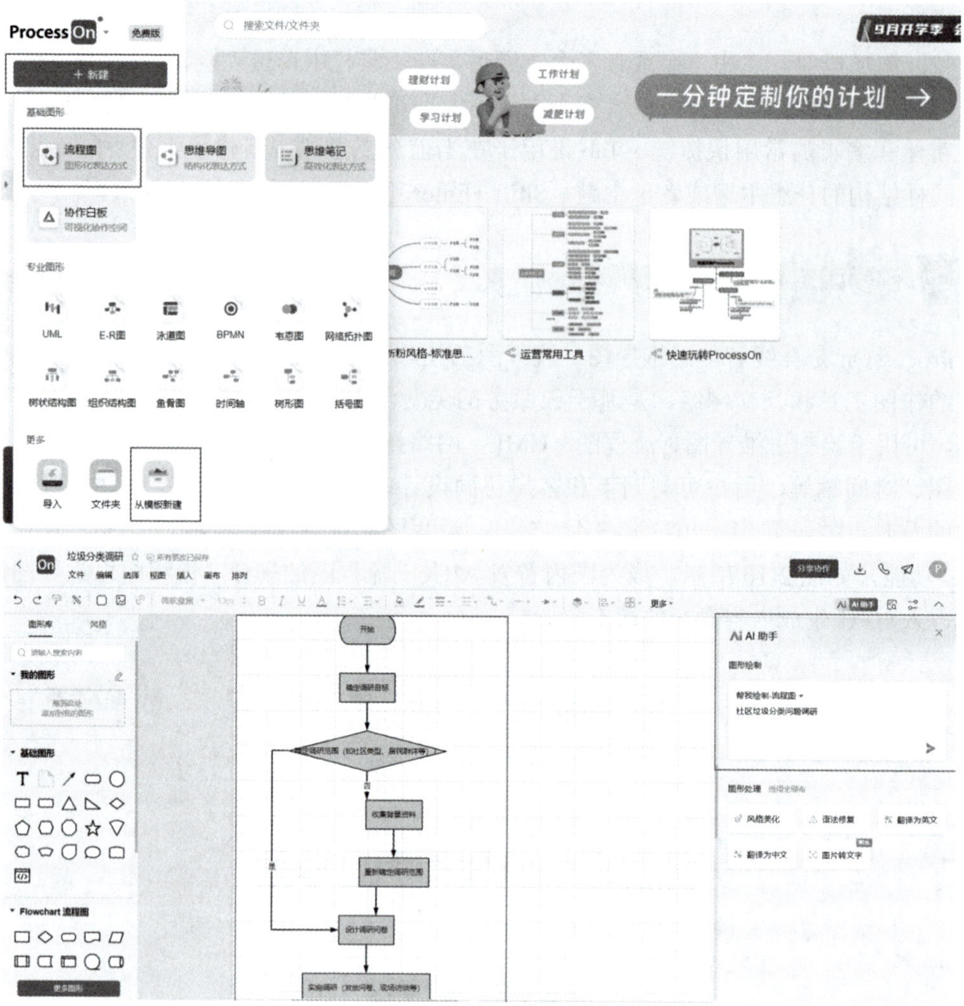

图 2-11　ProcessOn—编辑 AI 生成流程图

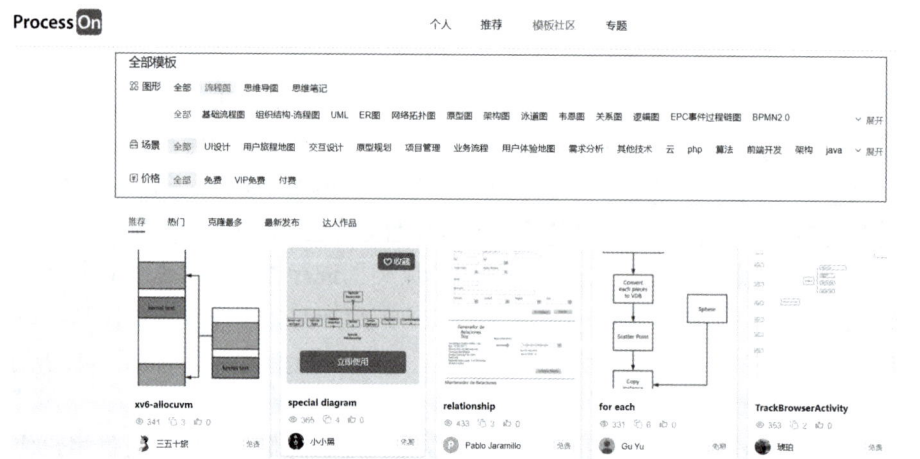

图 2-12（一）　ProcessOn—编辑模板生成流程图

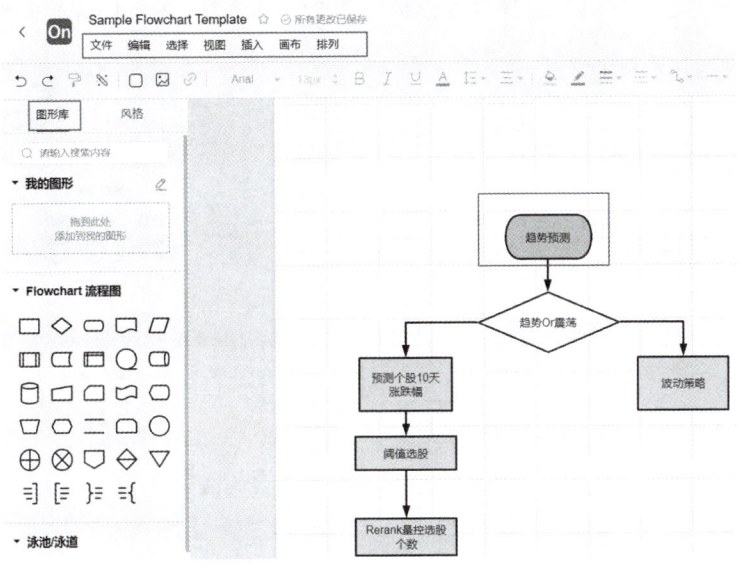

图 2-12（二）　ProcessOn—编辑模板生成流程图

在 ProcessOn 首页"产品"中有三类，如图 2-13 所示，即流程类、脑图类、笔记类，脑图类是学习者使用最频繁最喜欢的一类。究其原因，由于思维导图符合人脑的认知规律，人们使用该工具通过线条、符号、词汇和图像将零散的信息、想法等融会贯通，形成一个有高度组织性的图，这有助于改善思维并表现出更强的创造力。

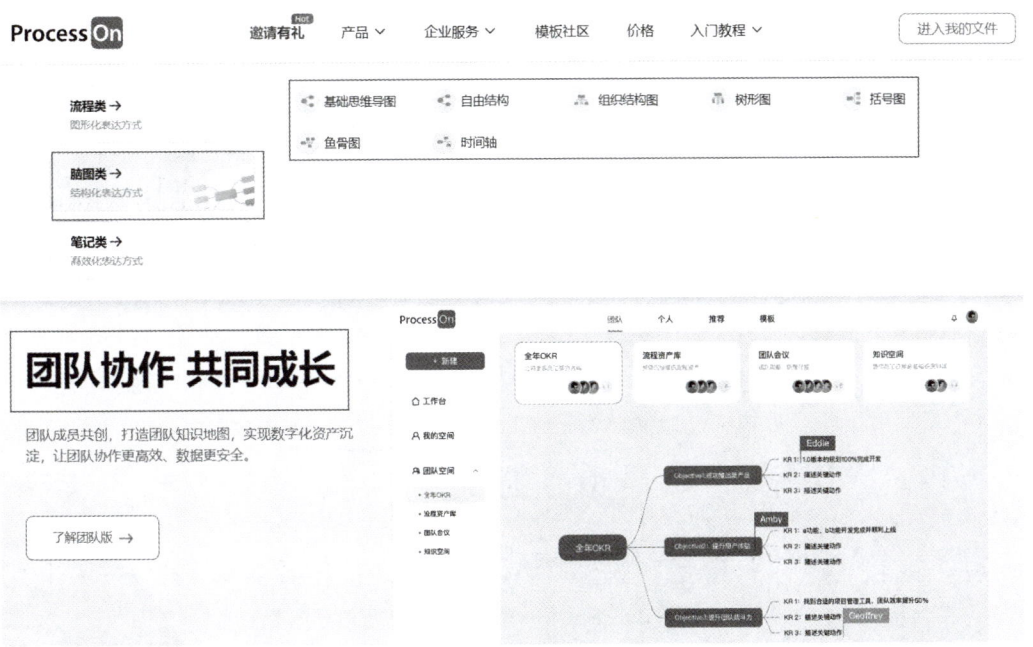

图 2-13　ProcessOn—脑图类界面

学习者单击"脑图类"→"基础思维导图"进入"在线思维导图"页面，或者在"进入我的文件"→"思维导图",选择推荐模板中的"学习提纲"为一门课程制作知识点大纲。如图 2-14 所示。

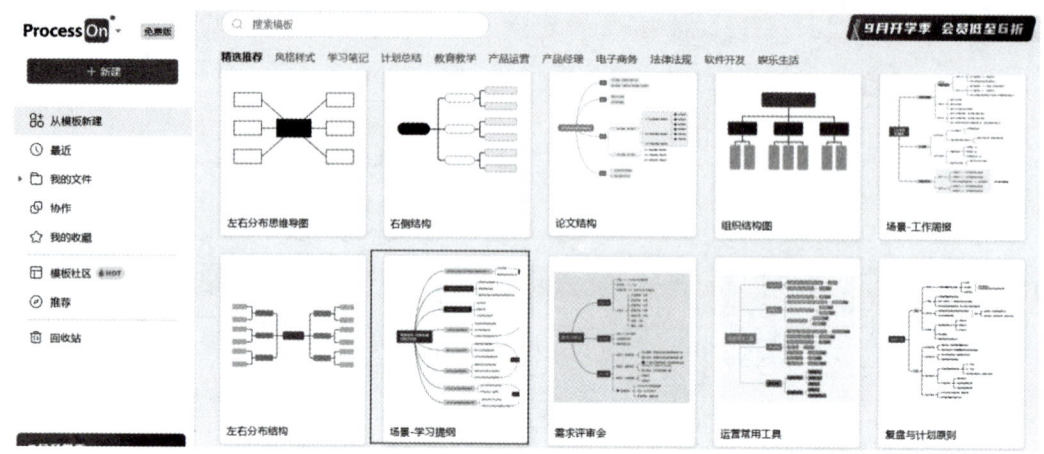

图 2-14　ProcessOn—编辑模板生成思维导图

在文件中,通过图 2-15 中①所标注的工具进行 AI 创建和结构风格切换(如图 2-15 中②所示),如可以换成树形图、鱼骨图、组织结构图、时间轴图等。单击"AI"图标下方的"样式"按钮可设置文本样式,支持修改横向/竖向显示、对齐方式、字体、字号、颜色、加粗、倾斜、下划线、删除线。主题的边框样式,支持修改边框线条、颜色、宽度、弧度。主题的填充样式,支持修改填充色。主题的连线样式,支持修改与父主题之间的连线宽度和颜色。支持几种预置主题风格样式,并可初始化恢复。

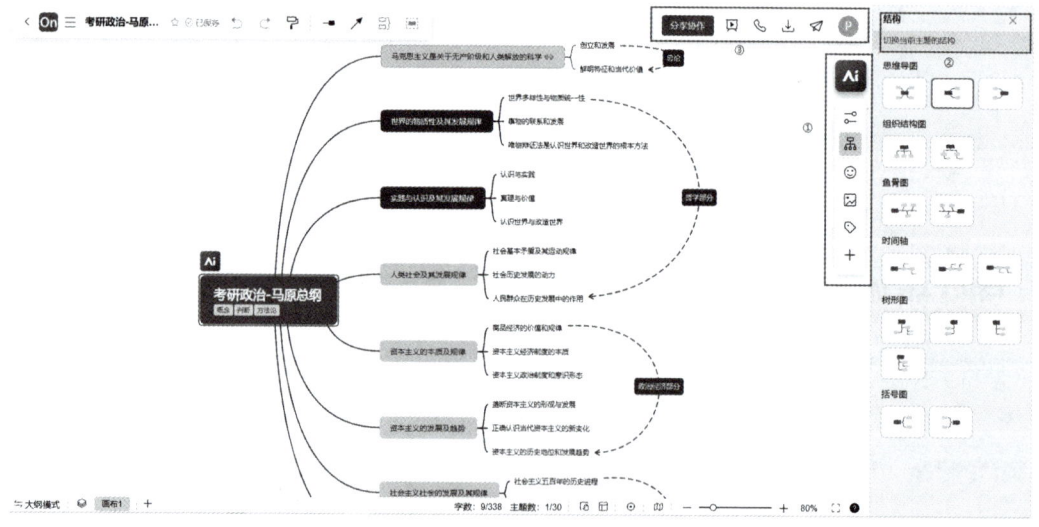

图 2-15　ProcessOn—编辑模板生成思维导图

在图 2-15 中③所示的选项区域可完成"分享协作""演示""发布""下载"。单击"分享协作"按钮,开启分享后,即可分享免登录链接或二维码给朋友查看,还支持给浏览链接添加访问密码和有效期。若想取消该链接或二维码的浏览权限,可选择关闭公开分享功能。邀请协作可以通过输入对方的邮箱/手机号后,按 Enter 键确认账号,进行邀请,可添加多个账号。还支持通过链接或二维码的方式批量邀请协作,邀请链接支持修改时效。可设置协作对象的权限为编辑者或查看者;编辑者可以直接编辑内容;查看者只能查看内容。

2.1.4 数字化学习平台——智慧职教

数字化学习平台是利用信息和通信技术提供在线学习和教学的网络应用,为学生和教师提供在线学习和教学的环境,整合了丰富的学习资源,提高了交互和沟通,能够实时评估学生的进步。在数字化时代,数字化学习将成为学习的新常态。数字化学习平台将课程视频、音频、作业评价、模拟实验等丰富的学习资源进行整合,它是一个虚拟的教室,改变了学习资源获取与沟通方式,无时无刻不在重塑我们的学习路径。

智慧职教致力提供高质量的职业教育资源,为教师和学生创建了一个便捷、高效、互动的教育环境。平台涵盖了多种职业课程,满足了不同职业学生的学习需求。同时,通过云计算技术,实现了教育资源的共享,提高了职业教育的质量和效率。登录智慧职教首页,单击"资源库"标签打开智慧职教的资源库,可以搜索课程名称找到对应学习资源。如图 2-16 所示,登录注册账号参与课程学习。

图 2-16 智慧职教首页

🖐 任务实操

本节可以跟着示范操作,完成任务工作单 2-1-2。可以扫码观看操作步骤视频演示,提升专业技能!

学习箴言:青年要勇于创新,敢闯新路,敢创新业!

2.1.5 使用 AI 生成可视化"社区垃圾分类"调研方案

使用 AI 生成可视化"社区垃圾分类"调研方案

1. 使用百度文库 AI 生成"社区垃圾分类"调研方案

打开百度文库官网，在右侧"智能助手"区域输入关键词"社区垃圾分类调研方案"，得到回答后可以复制文本到本地文档中保存，如图 2-17 所示。如果不能直接复制，可以用截图工具截图后提取文字。QQ 截图中就有提取文字功能，打开 QQ 对话窗口，按 Ctrl+Alt+A 组合键截图，提取文字。

图 2-17　百度文库—AI 生成调研方案

2. 使用 XMind 生成"垃圾分类调研"思维导图

（1）设置文档大纲标题级别。在"社区垃圾分类方案大纲 .docx"文档中设置标题样式，一级标题用"标题 1"样式、二级标题用"标题 2"样式，依次为每一级标题添加样式，如图 2-18 所示，保存文档。

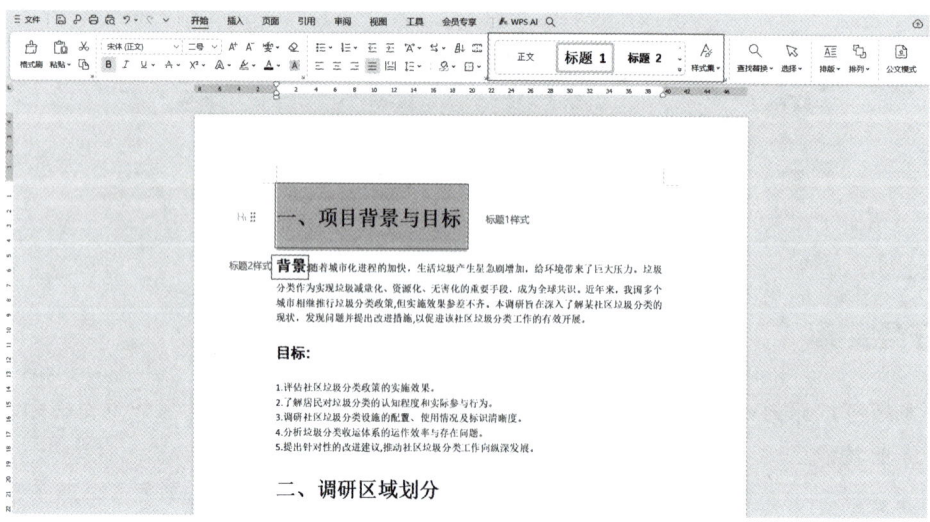

图 2-18　在 WPS 中设置标题级别

（2）一键生成思维导图。如图 2-19 所示，打开 XMind 工具，单击"文件"→"导入"→"Word（仅 DOCX）"，可以一键生成不同主题级别的思维导图大纲。

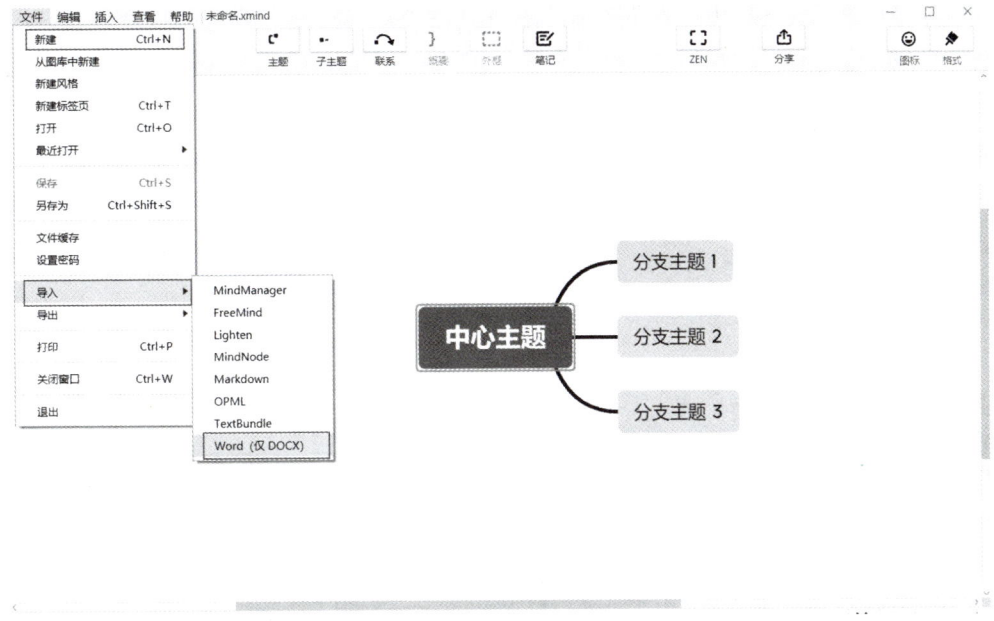

图 2-19　在 XMind 中导入文档

3. 使用 ProcessOn AI 生成"社区垃圾分类调研"实施流程图

打开 ProcessOn 官网，在右侧"AI 助手"区域输入关键词"社区垃圾分类调研"，如图 2-20 所示，AI 可一键生成流程图。工作区上方工具栏可以进行风格和图形设置，选择"风格"左侧黄色黑底的风格，在"文件"中导出，可以单击"分享协作"按钮与其他用户分享流程图，在线编辑完善。

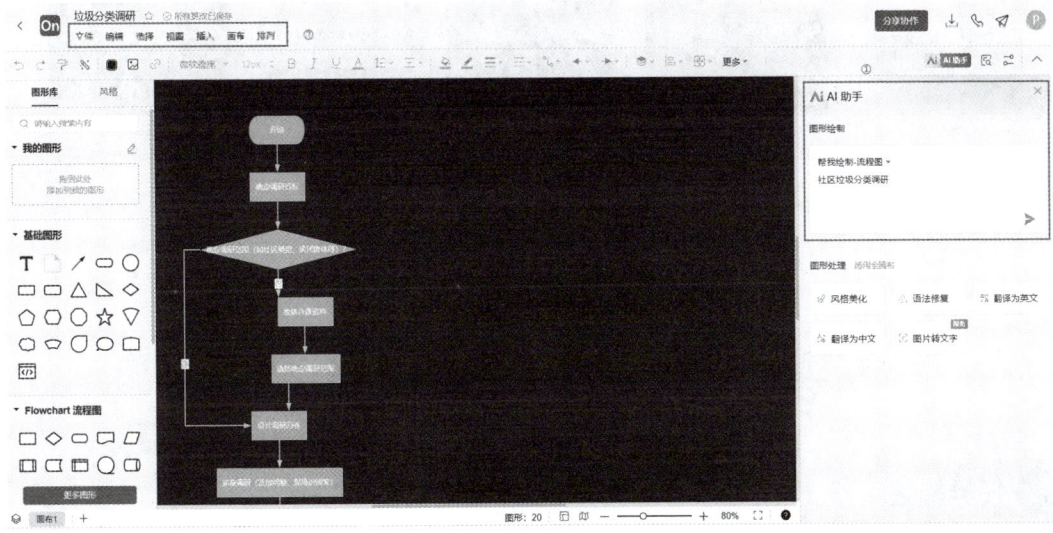

图 2-20　ProcessOn—在线 AI 生成流程图

4. 智慧职教 MOOC 在线学习

登录智慧职教平台首页，进入 MOOC 学院，在右侧搜索框中搜索关键词，如"环境、计算机"等，如图 2-21 所示，可以筛选出符合要求的省级、国家级精品课程，在课程主页可以将课程加入学习列表。采用思维导图工具做好课程学习笔记，分享交流专业知识。

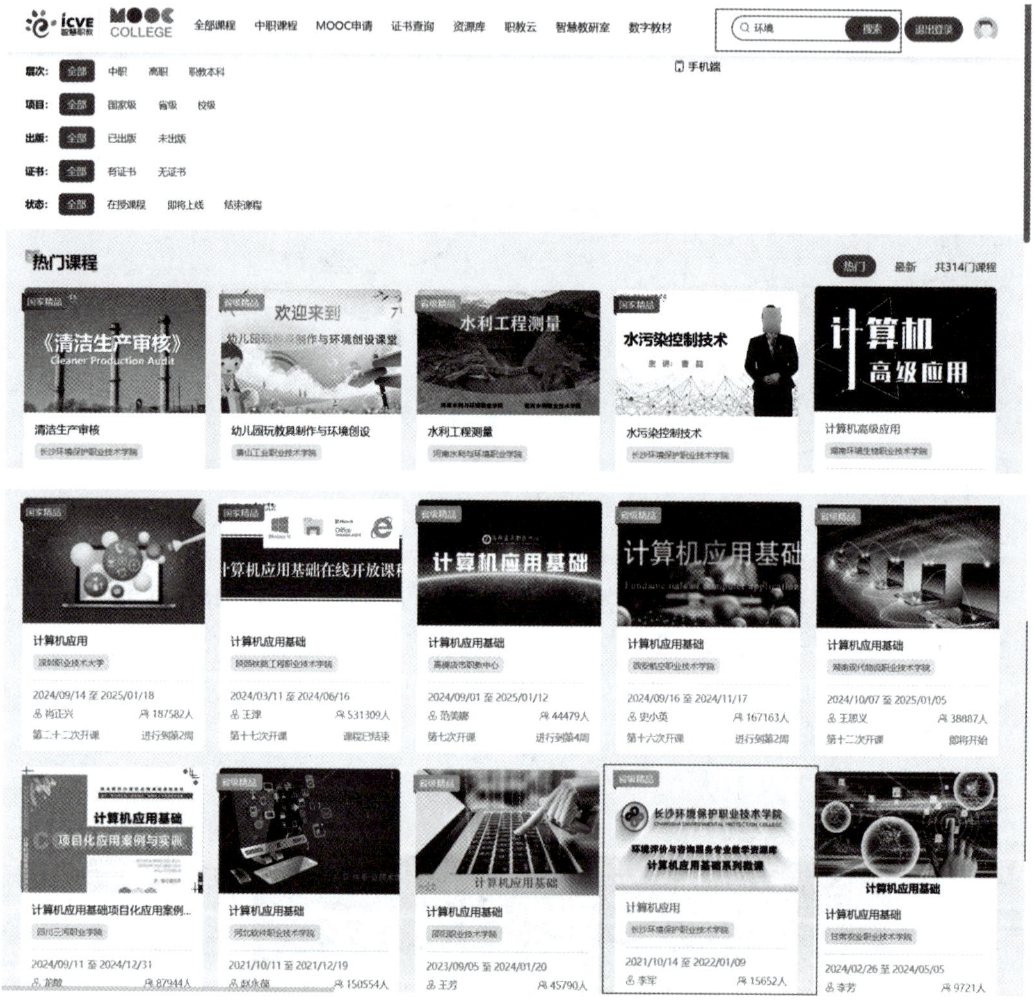

图 2-21 智慧职教 MOOC 学院

任务 ② 计算思维与编程

任务描述

2006 年，华裔计算机学家周以真（Jeannette M. Wing）教授在论文《计算思维》

（Computational Thinking）写到：计算思维指运用计算机科学的基本理念，进行问题求解、系统设计以及人类行为理解。它能为问题的有效解决提供一系列的观点和方法，可以更好地加深人们对计算本质以及计算机求解问题的理解，而且还能克服学科之间的"知识鸿沟"。

李同学对计算机编程非常感兴趣，想要写一个垃圾分类判断程序，但又不知道该如何入门，咨询了计算机老师，老师告诉他可以用豆包在线编程工具完成编辑，AI 助手在线生成代码，还可以用 AI 检索代码实现原理提升计算思维。

> **任务主题**：垃圾分类（Garbage Classification），一般是指按一定规定或标准将垃圾分类投放、收集、运输和处理，从而转变成公共资源的一系列活动的总称。2019 年 9 月，为深入贯彻落实习近平总书记关于垃圾分类工作的重要指示精神，推动全国公共机构做好生活垃圾分类工作，发挥率先示范作用，国家机关事务管理局印发通知，公布《公共机构生活垃圾分类工作评价参考标准》，并就进一步推进有关工作提出要求。

技术分析及效果图

- AI 工具——讯飞星火——搜索垃圾分类知识。
- 编程工具——豆包 MarsCode——AI 生成代码。
- 编程电子书——菜鸟教程——查询 Python 语法。
- 编程工具——豆包 MarsCode——完善代码。

最终效果如图 2-22 所示。

豆包 MarsCode—AI 生成代码

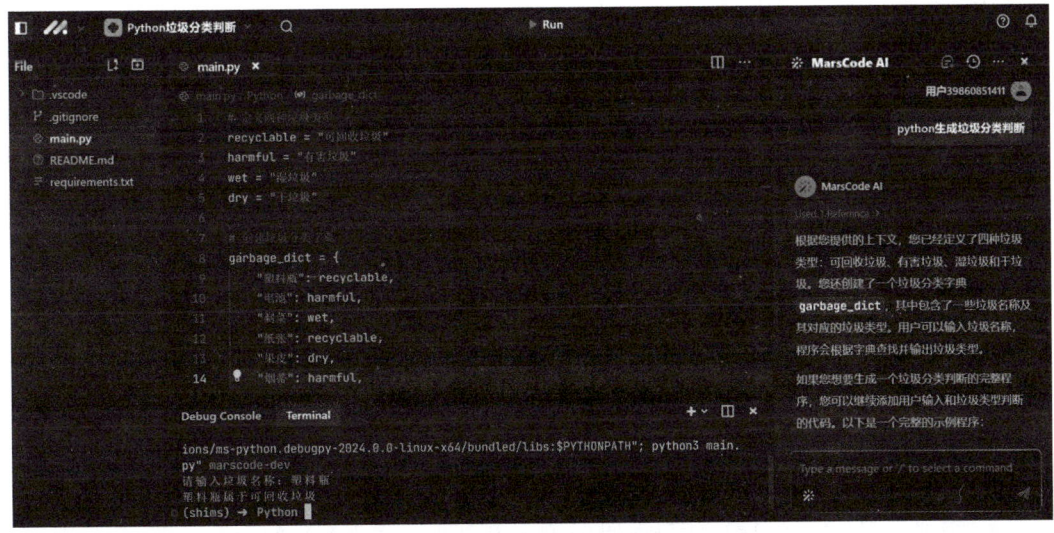

图 2-22　豆包 MarsCode—AI 生成代码

数字技能基础

学习目标

- 了解计算思维的概念。
- 理解计算思维与编程的关系。
- 了解计算机编程语言分类及应用。
- 能正确使用豆包 MarsCode 在线 AI 编程。

知识链接

本节可以自行学习，通过预习知识链接，完成知识测评单 2-2-1。扫码观看视频，了解计算思维与计算机编程语言。

学习箴言：梦想从学习开始，事业靠本领成就。

2.2.1 计算思维

计算思维（Computational Thinking）是一种通过抽象、分解、算法设计等方式，将复杂问题转化为可计算步骤的思维方式。它不仅是计算机科学的核心，更是一种适用于多领域的通用问题解决方法论，强调"如何通过计算手段解决问题"，而非单纯编写代码。

计算思维将渗透每个人的生活，到那时诸如算法和前提条件这些词汇将成为每个人日常语言的一部分。类似日常生活中的事例：当早晨准备去学校时，你把当天需要的东西放进背包，这就是预置和缓存；当弄丢手套时，你沿走过的路寻找，这就是回推；在什么时候停止租用充电宝而为自己买一个呢？这就是在线算法；在超市付账时，应当去排哪个队呢？这就是多服务器系统的性能模型。

计算思维也改变了其他学科，如统计学、生物科学，它使科学家能够在海量序列数据中搜索寻找模式规律，数据结构和算法作为计算机科学中对问题求解的抽象与方法，能够通过类比、建模和计算模拟等方式，与蛋白质结构的研究形成深刻关联。计算博弈理论正改变着经济学家的思考方式，纳米计算改变着化学家的思考方式，量子计算改变着物理学家的思考方式。一个人可以主修计算机科学，接着从事医学、法律、商业、政治，以及任何类型的科学和工程，甚至艺术工作。大学生应该积极接触计算的方法和模型，传播计算机科学的快乐、崇高和力量，致力使运用计算思维成为常识。

目前，计算思维被广泛地定义为一种认知技能和解决问题的过程。如图 2-23 所示，它有四个核心：

- 拆解思维：将复杂的问题拆分为更小更易解决的问题，化繁为简。
- 模式识别：发现问题之间及问题内部的相似性，建立解决问题的模式。
- 抽象思维：提取问题要点，找出解决问题的关键。

- 算法思维：设计一套严谨的分步解决方案，或是针对这类问题的准则。

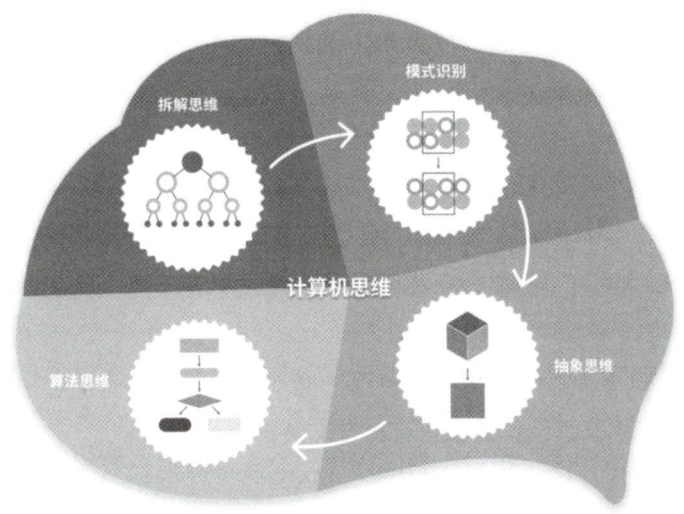

图 2-23　计算思维的四个核心

2.2.2 计算机编程

计算机编程是培养计算思维的方式之一，它指使用不同的计算机语言，遵守计算机的规则，在计算机的世界里解决问题。计算思维是人大脑的一种思维方式，编程则是人输入计算机的一种语言运算方式。编程是实现计算思维的具体的语言和数据的运算方式。

- 分解：老师通过简单的方式定义问题和确定一些成功标准，来培养学生的"分解"能力。
- 规划：引导学生确定问题后，让学生找寻不同的解决方案，然后制定一份详细的计划来执行其中一种方案。
- 尝试：每个学生都要完成他们的解决方案。在学生对自己的想法进行编程的过程中，将培养他们的计算思维。
- 修改：学生要根据自己的程序和模型是否符合成功标准来评估自己的解决方案。他们要利用自己的评估技能，确定是否需要更改、调整或改善程序的某些部分。
- 交流：学生要向同学们展示自己的最终解决方案，并解释自己的解决方案为何符合成功标准。在详略得当地解释解决方案的过程中，将培养他们的抽象化能力和沟通技能。
- 自我评估：每个实验都要求学生制作记录来总结他们的工作，完成每个实验后，学生应对自己的工作进行反思。过程中老师会提供反馈，也会鼓励同学间互相分享自己的记录，通过交流彼此的科学发现，激发学生对学习的浓厚兴趣。

计算思维是学生需要具备的一种基本素养，不仅体现在编程或者某种信息技术的掌握上，而是能够运用这种思维方式解决具体的问题。编程是培养计算思维的一个重要工具，学生使用计算机编程来解决问题、搜集和分析数据、进行科学探究和思想表达，这些都是计算思维的重要组成部分。

当今世界经济发展的核心动力就是计算机科学与技术，人工智能、大数据、物联网等，这些新兴技术的核心都是计算，因此，在未来，计算思维一定会成为人人需要掌握的能力。

2.2.3 计算机编程语言

1. 计算机编程语言分类

利用计算机编程语言能够实现人与机器之间的交流和沟通，而计算机编程语言主要包括机器语言、汇编语言以及高级语言。

（1）机器语言。这种语言主要是利用二进制编码进行指令的发送，能够被计算机快速地识别，其灵活性相对较高，且执行速度较为可观，机器语言与汇编语言之间的相似度较高，但由于机器语言具有局限性，所以在使用上存在一定的约束。

（2）汇编语言。该语言主要是以缩写英文作为标识符进行编写的，运用汇编语言进行编写的一般都是较为简单的小程序，其在执行方面较为便利，但在程序方面较为冗长，所以有较高的出错率。

（3）高级语言。所谓的高级语言，其实是多种编程语言的总称，它可以对多条指令进行整合，将多条指令变为单条指令完成输送，在操作细节指令以及中间过程等方面都得到了适当的简化，所以整个程序更为简便，具有较强的操作性，而这种简化，使得相关人员从事计算机编程所需的专业水平要求不断放宽。

2. 计算机编程语言时代

第一台计算机是在二十世纪四十年代发明的，当时的计算机在操作便利性方面存在严重不足，经过多年的发展，相关人员提出了利用编程语言来控制计算机的构想，当时的编程模式还不够完善，这种构想对计算机编程语言的发展产生了巨大的推动作用。计算机编程语言时代如图 2-24 所示。

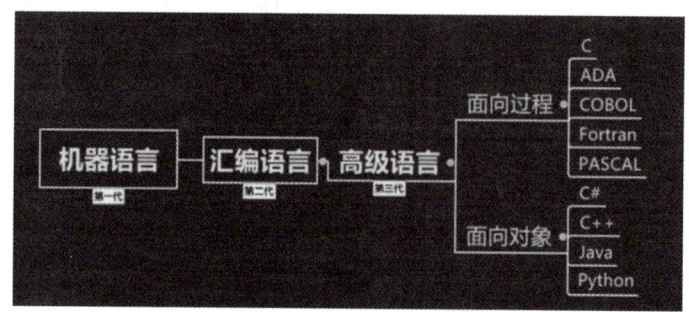

图 2-24　计算机编程语言时代

（1）低级语言时代（1946—1953 年）。低级语言时代主要使用被称为"天书"的机器语言以及汇编语言。

1）机器语言。计算机工作基于二进制，从根本上说，计算机只能识别和接收由 0 和 1 组成的指令。这些指令的集合就是机器语言。机器语言包括的缺点有难学、难写、难记、难检查、难修改、难推广。因此初期只有极少数的计算机专业人员会编写计算机程序。

2）汇编语言。由于机器语言的难以理解，莫奇莱等人开始想到用助记符来代替 0、1 代码，于是汇编语言出现了。

（2）高级语言时代（1954 年至今）。随着世界上第一个高级语言 fortran 的出现，新的编程语言开始不断涌现出来。数十年来，出现了 2500 种以上高级语言，一些流行至今，一些则逐渐消失。

（3）面向对象时代（90 年代初至今）。面向对象程序设计（Object-Oriented Programming，OOP）如今在整个程序设计中十分重要，其最突出的特性为封装性、继承性和多态性。

1）Java。Java 是由 Sun Microsystem 公司于 1995 年推出的高级编程语言。进入 21 世纪，Java 企业级应用飞速发展，主要被运用于电信、金融、交通等行业的信息化平台建设。Java 是一个普遍适用的软件平台，具有易学易用、平台独立、可移植、多线程、健壮、动态、安全等主要特点。

2）Python。近几年来，Python 语言上升势头比较迅速，其主要原因在于大数据和人工智能领域的发展，随着产业互联网的推进，Python 语言未来的发展空间将进一步得到扩大。Python 是一种高层次的脚本语言，目前应用于 Web 和 Internet 开发、科学计算和统计、教育、软件开发和后端开发等领域，且有着简单易学、可移植、可扩展、可嵌入等优点。

3. 计算机编程语言应用

目前应用较为广泛的编程语言包括 PHP、Java、C++、Python、VB、C 语言等，不同的编程语言在应用优势方面各不相同，所以，在具体应用期间，需要结合自身需求，选择具有较高适应性和针对性的编程语言，以此来确保所选编程语言的优势，如图 2-25 所示。

图 2-25 计算机编程语言应用

（1）PHP。从本质上来讲，PHP 计算机编程语言是 HTML 内嵌式语言之一，它在动态网站编程语言中属于较为主流的编程语言，但具体应用时，需要与 HTML、CSS、JS

等语言进行有效配合才能构建一个较为完善的网站，这种语言的主要功能就是对 HTML 的文档信息进行有效执行，并通过与多种编程语言的有效融合来满足用户的计算机操作需求和控制需求，如 Perd、Java 以及 C 语言等，除此之外，应用 PHP 还能实现动态网页的有效构建。

（2）Java。Java 是一种以对象为基础的编程语言，其关注的重点在于数据应用和操纵的具体算法。Java 作为分布式语言的一种，是高性能互联网架构的重要组成部分。其具有诸多优势，如语法简洁、内存能够进行自动化管理、可以进行跨平台移植、异常处理可靠性高以及字节码具有完善的安全机制。

Java 在信息化时代中具有较为广泛的应用范围，特别是在互联网、游戏控制以及多媒体等方面具有至关重要的作用，而且在软件以及网站建设方面的应用也非常广泛，最为典型的就是在安卓 App 中的应用。除此之外，在电脑端中的一些办公软件同样是应用 Java 语言编写的，如 Excel 和 Word 等。Java 技术在政府网站建设中的应用采取分布式设计，网站架构分为 3 层，分别为业务层、数据层和表现层，在相应层次上对相关软件进行集成，同时也可借助产品应用开发接口完成开发工作。

（3）C++。目前我们所接触到的网络游戏大部分都是以 C++ 为基础开发的，并且在计算机中较为常见的操作系统内核都是使用 C 语言进行编写的，如 Windows、Linux 等，以 C 语言为基础进行持续优化的 C++ 语言，相比于 C 语言在应用期间具有明显的优势，它能够对程序语言的运行状态进行有效优化，而且 C++ 使得 C 语言的完善性得到了进一步提升，特别是它的稳健性及简洁性，从而受到了程序员的青睐，所以在程序编写方面的应用较为广泛。除此之外，C++ 具有较强的绘图能力和数据处理能力，移植的灵活性也相对较强，所以被普遍应用于图形处理、系统软件、游戏以及手机软件等方面，人们熟知的俄罗斯方块就是 C++ 语言的典型应用。

2.2.4 豆包 MarsCode 在线 AI 编程工具

豆包 MarsCode
基本操作

豆包 MarsCode 是字节跳动基于豆包大模型打造的智能开发工具。豆包 MarsCode 提供了编程助手和集成开发环境（Integrated Development Environment，IDE）协助用户完成编程任务。豆包 MarsCode 编程助手是豆包旗下的 AI 编程助手，提供以智能代码补全为代表的 AI 功能。它支持主流的编程语言和 IDE，在开发过程中提供单行代码或整个函数的编写建议。此外，它还支持代码解释、单测生成和问题修复等功能，提高了开发效率和质量。

（1）进入工作台。打开豆包在线编程工具官网，单击 MarsCode IDE 中的"打开网页立即体验"，如图 2-26 所示，进入编程环境，可创建不同编程语言的项目，以 Python 为例介绍操作过程。

（2）创建 Python 项目。单击 Python 选项创建项目并命名为"Python 九九乘法表"，如图 2-27 所示，进入 Python 编程工作环境。

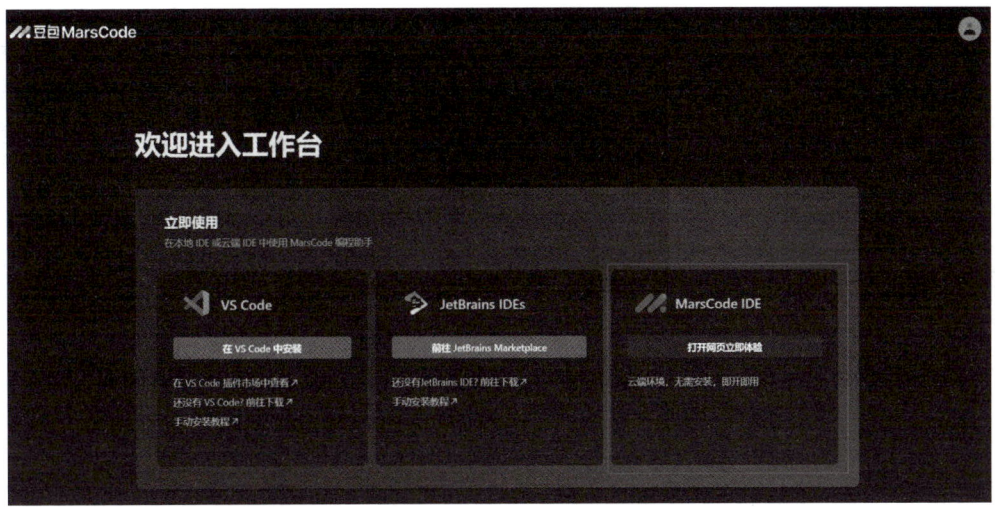

图 2-26　豆包 MarsCode IDE 集成环境

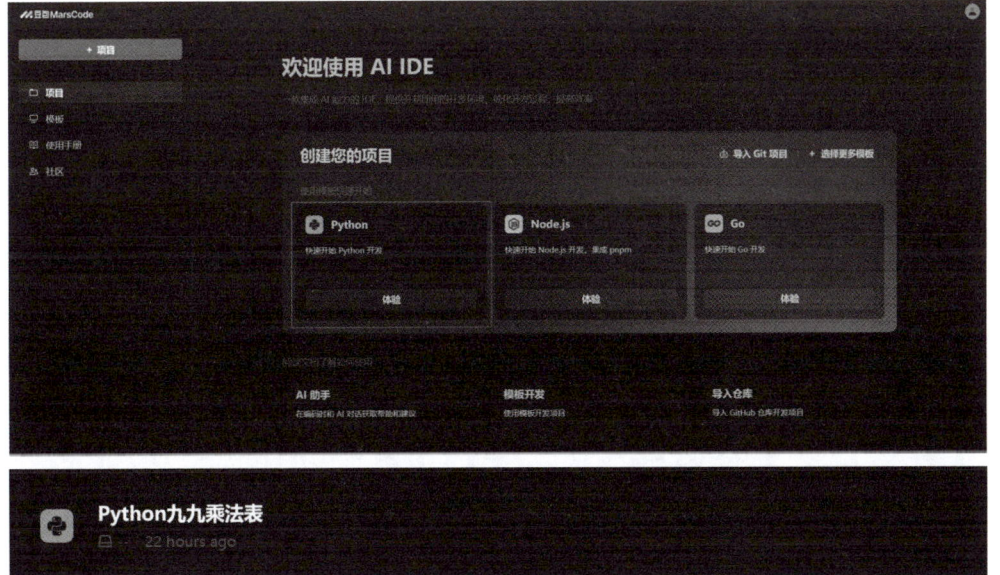

图 2-27　豆包—创建 Python 项目

（3）Python 工作界面介绍。如图 2-28 所示，单击左侧文件视图窗口 main.py 文件，在右侧视图窗口 AI Assistant 中输入关键词"用 Python 编写九九乘法表代码"，得到九九乘法表代码，将代码复制后粘贴到中间代码编辑区，替换默认的提示代码，单击 Run 按钮运行，在 Terminal 中查看运行结果。

可以使用讯飞星火等 AI 工具再次检索代码，一方面可以检验代码的准确性，另一方面还可以对比其他编写方法。如图 2-29 所示，通过 AI 获取代码完成代码运行后，我们进一步探究这段代码的实现思路。按照计算思维的四个核心要素分析 Python 九九乘法表代码的实现过程。

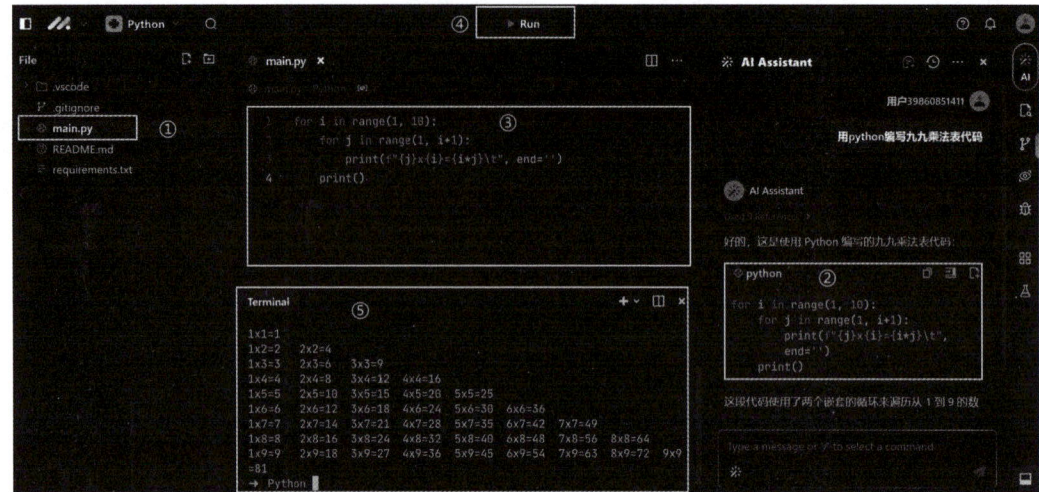

图 2-28　豆包编辑 Python 文件代码

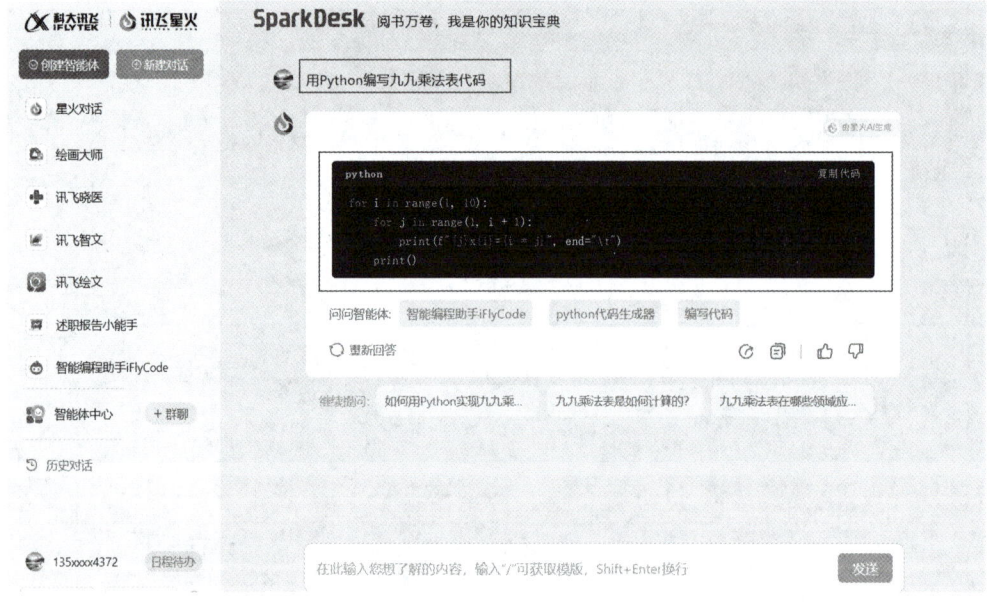

图 2-29　讯飞星火—AI 检索

（4）Python 编程思路。Python 九九乘法表的实现方法是使用两个嵌套循环结构。

1）分解：将九九乘法表表达式分解成变量 i 和 j，行和列也用 i 和 j 表示；掌握循环语句语法格式 for...in range(..., ...) 及变量概念等。

2）模式识别：外层循环控制行数 i，从 1 到 9；内层循环控制列数 j，从 1 到当前行数。在每次内层循环中，打印当前列数乘以当前行数的结果，并在结果后面添加一个制表符来分隔。当内层循环结束后，打印一个换行符来开始下一行的输出。

3）算法：下面是实现这个思路的代码。

```
for i in range(1, 10):
    for j in range(1, i+1):
        print(f"{j}x{i}={i*j}\t", end='')
    print()
```

这段代码首先使用 range(1, 10) 生成一个从 1 到 9 的数字序列，然后对每个数字执行内层循环。内层循环使用 range(1, i+1) 生成一个从 1 到当前行数的数字序列，然后对每个数字执行乘法运算并使用 print() 打印结果。最后，在每行的末尾打印一个换行符 \t 来开始下一行的输出。

任务实操

本节可以跟着示范操作，完成任务工作单 2-2-2。可以扫码观看操作步骤视频演示，提升专业技能！

2.2.5 使用 AI 生成"垃圾分类判断"程序

使用 AI 生成"垃圾分类判断"程序

1. 使用讯飞星火 AI 检索"垃圾分类"知识

打开讯飞星火官网，搜索关键词"垃圾分类种类"生成垃圾分类知识，如图 2-30 所示。垃圾种类包括可回收物、有害垃圾、湿垃圾、干垃圾。可回收物主要包括废纸、塑料、玻璃、金属和布料五大类。有害垃圾含有对人体健康有害的重金属、有毒的物质或者对环境造成现实危害或者潜在危害的废弃物。包括电池、荧光灯管、灯泡、水银温度计、油漆桶、部分家电、过期药品及其容器、过期化妆品等。这些垃圾一般单独回收或填埋处理。

图 2-30　讯飞星火—AI 生成"垃圾分类种类"知识

2. 使用豆包 MarsCode 在线 AI 编程"垃圾分类判断程序"

"垃圾分类判断程序"工具操作。打开豆包 MarsCode 官网，新建"Python 垃圾分类判断"项目，打开 main.py 文件，如图 2-31 所示，在 AI 助手中输入关键词"python 生成垃圾分类判断"，将生成的代码复制后粘贴到代码编辑区，单击 Run 按钮运行，在 Terminal 中输入垃圾名称"电池"，按 Enter 键就可以获得回复"电池属于有害垃圾"。

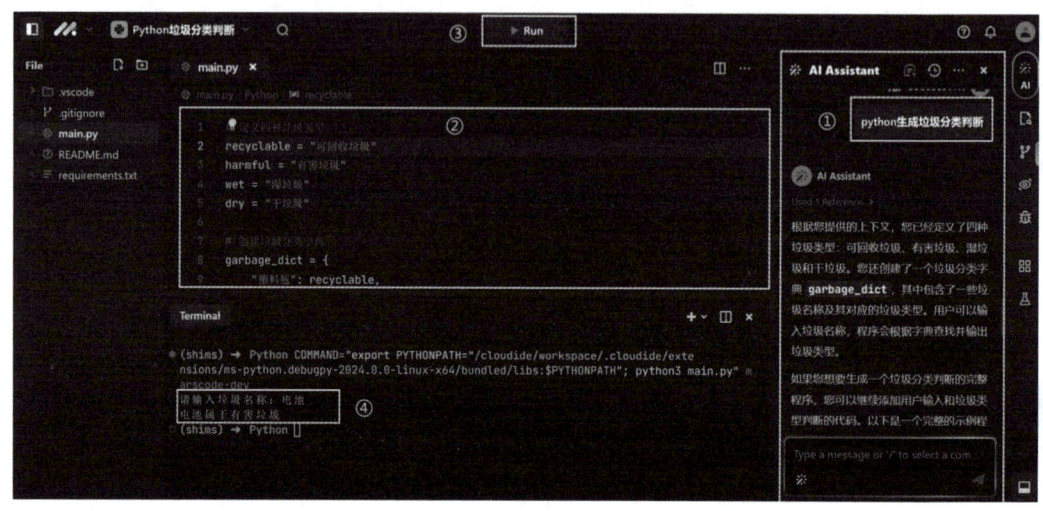

图 2-31　豆包 MarsCode—在线 AI 编程"垃圾分类判断"

3. "垃圾分类判断程序"编程思路

（1）问题分解。首先定义四种垃圾类型：可回收垃圾、有害垃圾、湿垃圾和干垃圾。然后再创建一个垃圾分类字典 garbage_dict，其中包含了一些垃圾名称及其对应的垃圾类型。第三，用户输入垃圾名称，程序在字典中查找并输出垃圾类型。

（2）抽象及模式识别。以下是一个完整的示例程序。

```
# 定义四种垃圾类型
recyclable = " 可回收垃圾 "
harmful = " 有害垃圾 "
wet = " 湿垃圾 "
dry = " 干垃圾 "
# 创建垃圾分类字典
garbage_dict = {
    " 塑料瓶 ": recyclable,
    " 电池 ": harmful,
    " 剩菜 ": wet,
    " 纸张 ": recyclable,
    " 果皮 ": dry,
    " 烟蒂 ": harmful,
    " 塑料袋 ": recyclable,
    " 玻璃杯 ": recyclable,
    " 卫生纸 ": dry,
```

```
        " 洗发水瓶 ": recyclable,
}
# 获取用户输入的垃圾名称
garbage_name = input(" 请输入垃圾名称：")
# 在字典中查找垃圾类型并输出结果
if garbage_name in
garbage_dict:
    garbage_type = garbage_dict
    [garbage_name]
    print(f"{garbage_name} 属于 {garbage_type}")
else:
    print(" 无法识别垃圾名称，请重新输入 ")
```

这个程序会提示用户输入垃圾名称，然后根据 garbage_dict 字典中的信息判断垃圾类型，并输出结果。如果输入的垃圾名称不在字典中，程序会提示用户重新输入。

4. 使用菜鸟教程查询 Python 语法

打开菜鸟教程官网，在 Python 主页（PYTHON3 页面）中查询变量定义、输入输出语句、条件语句等基本语法格式，如图 2-32 所示❶。

图 2-32　菜鸟教程在线工具书

（1）input() 等待用户输入。执行下面的程序，按 Enter 键后就会等待用户输入：

```
#!/usr/bin/python3
input("\n\n 按下 Enter 键后退出。")
```

（2）print() 等待用户输入。执行下面的程序，按 Enter 键后就会等待用户输入：

```
#!/usr/bin/python3
x="a"
y="b"
```

---

❶ 本节部分内容引用自菜鸟教程网站。

```
# 换行输出
print( x )
print( y )
print('---------')
# 不换行输出
print( x, end=" " )
print( y, end=" " )
print()
```

以上实例执行结果为：

```
a
b
---------
a b
```

（3）Python 基本数据类型。Python 中的变量不需要声明。每个变量在使用前都必须赋值，变量赋值以后该变量才会被创建。

在 Python 中，变量就是变量，它没有类型，我们所说的"类型"是变量所指的内存中对象的类型。

等号（=）用来给变量赋值。等号（=）运算符左边是一个变量名，右边是存储在变量中的值。例如：

```
#!/usr/bin/python3

counter = 100          # 整型变量
miles = 1000.0         # 浮点型变量
name = "runoob"        # 字符串

print (counter)
print (miles)
print (name)
```

执行以上程序会输出如下结果：

```
100
1000.0
runoob
```

（4）Python 条件语句。Python 条件语句是通过一条或多条语句的执行结果（True 或者 False）来决定执行的代码块。可以通过图 2-33 来简单了解条件语句的执行过程。

Python 中 if 语句的一般形式如下所示：

```
if condition_1:
    statement_block_1
elif condition_2:
    statement_block_2
else:
    statement_block_3
```

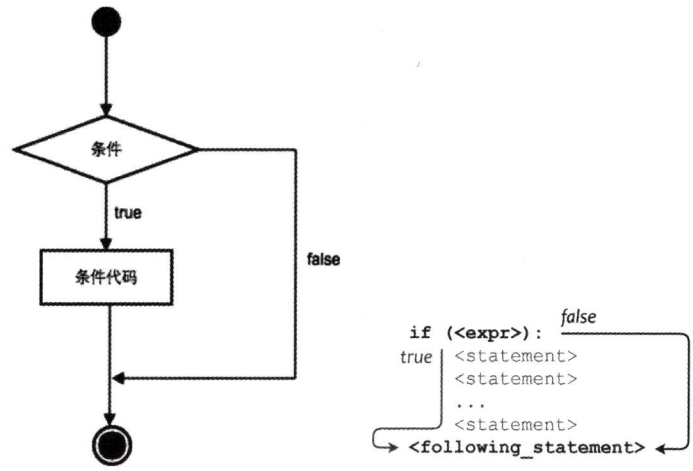

图 2-33　Python 条件语句

- 如果"condition_1"为 True，将执行"statement_block_1"块语句。
- 如果"condition_1"为 False，将判断"condition_2"。
- 如果"condition_2"为 True，将执行"statement_block_2"块语句。
- 如果"condition_2"为 False，将执行"statement_block_3"块语句。

Python 中用 elif 代替了 else if，所以 if 语句的关键字为：if … elif … else。

以下是一个简单的 if 实例：

```
#!/usr/bin/python3

var1 = 100
if var1:
   print ("1 - if 表达式条件为 True")
   print (var1)

var2 = 0
if var2:
   print ("2 - if 表达式条件为 True")
   print (var2)
print ("Good bye!")
```

执行以上代码，输出结果为：

```
1 - if 表达式条件为 True
100
Good bye!
```

从结果可以看到由于变量 var2 为 0，所以对应 if 内的语句没有执行。

5. 使用豆包 MarsCode 完善"垃圾分类判断程序"

打开豆包 MarsCode 工作台页面中的文件"Python 垃圾分类判断"完善输入的垃圾种类，如添加旧衣服、铁桶、水银温度计、油漆桶，用程序来判断输入的垃圾属于哪种类型。在编程工作区添加代码如下：

```
# 创建垃圾分类字典
garbage_dict = {
    " 塑料瓶 ": recyclable,
    " 电池 ": harmful,
    " 剩菜 ": wet,
    " 纸张 ": recyclable,
    " 果皮 ": dry,
    " 烟蒂 ": harmful,
    " 塑料袋 ": recyclable,
    " 玻璃杯 ": recyclable,
    " 卫生纸 ": dry,
    " 洗发水瓶 ": recyclable,
    " 旧衣服 ": recyclable,
    " 铁桶 ": recyclable,
    " 水银温度计 ": harmful,
    " 油漆桶 ": harmful,
}
```

添加代码时可以按住 Enter 键后，再按 Tab 键自动填充代码格式，然后修改相关的垃圾名称和类型，按照前面定义的四种类型选择变量名（recyclable、harmful、wet、dry）。如图 2-34 所示，单击 Run 运行程序，在 Terminal 窗口中输入"水银温度计"，按住 Enter 键，可以显示回复"水银温度计属于有害垃圾"。

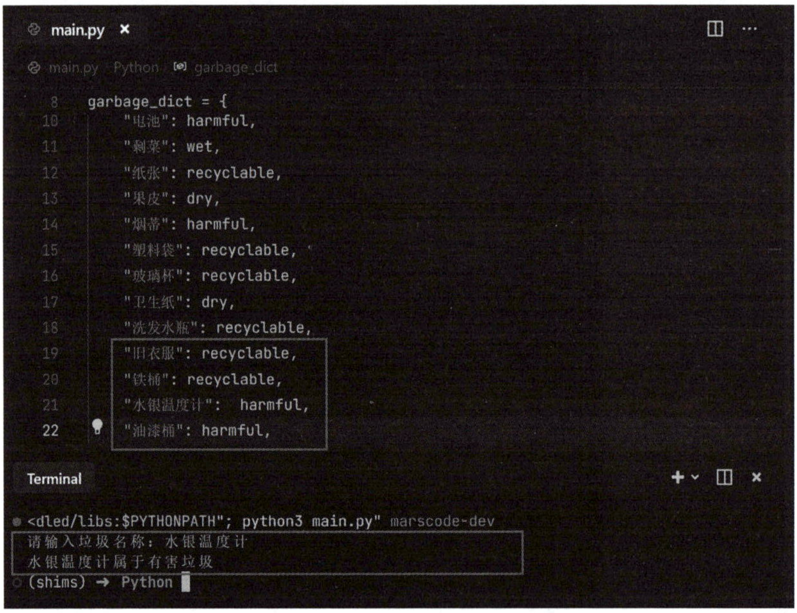

图 2-34　用豆包 MarsCode 完善"垃圾分类判断程序"

第二篇
数字工具

模块 3 图文处理

图文处理

模块导读

数字时代,个体角色已从数字资源的接收者转变为创造者,当其有目的地使用一系列检索技术搜索到所需数字资源后,能否对这些数字资源加以处理,用于表达个人思想、观点或者创造性地解决问题是衡量其数字素养的重要标准之一。WPS 是一款功能强大的办公软件,它包含文字处理、表格制作、演示文稿制作等多种功能。文字处理作为既传统又常用的信息处理方式,是数字化办公的重要组成部分,广泛应用于人们日常生活、学习和工作的方方面面。本模块主要介绍图文混排、表格制作、长文档制作。

WPS 文字可以帮助用户创建和共享美观的文档,给文档设置合适的格式,可以使文档具有更加美观的版式效果,方便阅读和理解文档的内容。文本与段落是构成文档的基本框架,对文本和段落的格式进行适当的设置可以编排段落层次清晰、可读性强的文档。还可以通过移动终端(如手机)实现多人协作,通过新建在线文档,复制文档链接转发给同伴,就可以轻松实现"随时随地"云制作。

【新技术】

1. 人工智能辅助写作:能一键生成内容、润色文本、续写扩充,助力创作。
2. 智能排版与格式调整:自适应排版适配多设备,格式刷一键高效统一格式。
3. 深度 OCR 技术:可准确识别图片文字并保留原排版。
4. 增强协作与共享功能:支持实时协作编辑、云存储与同步。

【职业能力岗位匹配】

文档处理广泛应用于人们日常生活、学习和工作的方方面面。在职场中,文档处理是各岗位工作人员都应该掌握的基本操作技能。经过调研,企业项目报告人员、公司办公文员及市场部员工对该技能的要求较高。

模块导图

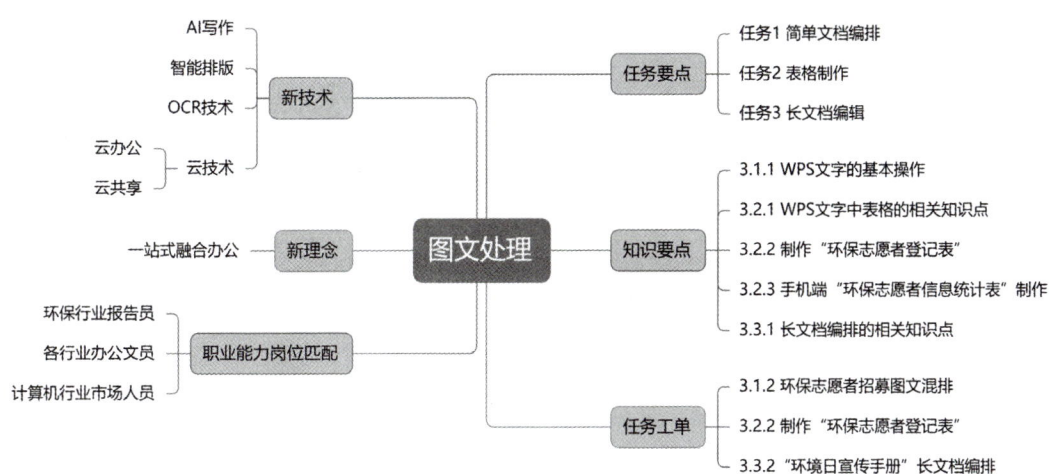

任务① 简单文档编排

任务描述

学校号召同学们参加环境日主题活动,现需招募环保志愿者,并要求制作一个图文并茂的招聘文档,我们需要先了解招募要求和图文混排方法,就可以快速完成招募文档的编排。

> 任务主题:2023 年 6 月 5 日是第 50 个世界环境日,口号是"减塑捡塑"。世界环境日的意义在于提醒全世界注意地球状况和人类活动对环境的危害。构建和谐社会,我们都可以贡献自己的一份力量。

技术分析及效果图

- 新建 WPS 文档——录入文字——字符、段落格式设置——项目符号与编号的设置。
- 图片、艺术字的插入与编号——页面设置——文档保存。

最终效果图如图 3-1 所示。

学习目标

- 掌握文档的创建和保存。
- 掌握文档的字符、段落基本编辑方法。

数字技能基础

- 掌握项目符号与编号的设置方法。
- 掌握图片和艺术字的编辑方法。
- 掌握文档的页面设置。

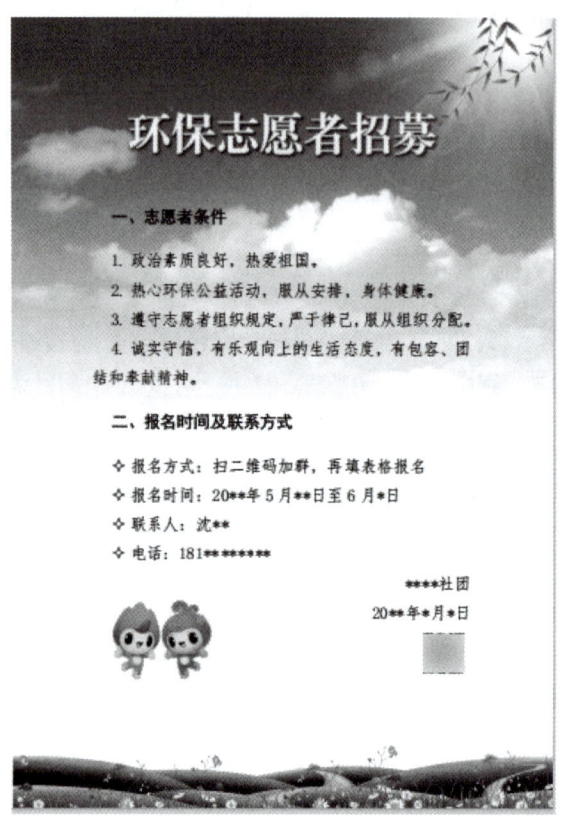

图 3-1　志愿者招募广告效果图

知识链接

本节可以自行学习,通过预习知识链接,完成知识测评单 3-1-1。基本操作部分可以扫码观看视频演示,夯实知识基础!

学习箴言:方向比苦干重要,规范比操作重要。

3.1.1　WPS 文字的基本操作

利用文字处理软件可以进行文字、图形、图像、声音、动画等综合文档编辑排版,可以和其他多种软件进行信息交换,可以编辑出图、文、声并茂的文档。WPS 文字界面友好,使用方便,具有操作直观的特点,深受用户青睐。

文档处理的基本操作

1. 工作界面

WPS 是我国具有自主知识产权的民族软件代表，自 1988 年诞生以来，产品不断创新变革，现已成为国产办公软件的首选。打开 WPS 文字文档后即进入其工作界面，主要包括标题栏、功能区、编辑区域、状态栏、视图切换等部分，只有熟悉了工作界面，才可以熟练地应用该软件进行文字处理操作。

2. 功能区

WPS 文字功能区默认情况下有"文件""开始""插入""页面""引用""审阅""视图""章节""开发工具""会员专享"等选项卡，当单击功能区中任一选项卡后，在其下方就会出现相应命令集合。

3. 文件菜单

（1）文档的基本操作。WPS 文字"文件"的基本操作包括新建、打开、保存、自动保存、复制、联机文档、保护对检查文档、将文档发布为 PDF 格式、加密发布 PDF 格式文档等。

（2）文档的编辑。WPS 文字主要用于编辑文本，可以用来制作各种结构清晰、排版精美的文字文档，文档中可以输入中文、西文、标点、特殊符号、日期和时间。文档的编辑包括文本及符号的输入、文本的选择、文本的复制与移动、文本的删除/撤销与恢复等操作。

4. 图片

WPS 中，插入图片的方式可以选择本地图片上传、扫描仪上传以及手机传图等，也可以使用"稻壳素材"提供的背景、人物、动物、标志、地点等图片资源，用户无须打开浏览器或离开文档即可将图像插入文档（部分功能需要有会员权限）。

5. 艺术字

艺术字是具有特殊效果的文字，WPS 提供了艺术字工具，为文档增添了更加美观的文字效果。

6. "页面"选项卡

"页面"选项卡包括文档主题、页边距、纸张方向、纸张大小、分栏、分隔符、行号、背景、页面边框、稿纸、文字环绕、对齐、组合、旋转、选择等设置。

对于创建好的文档，可以对其进行页边距、纸张、版式、文档网络等页面设置。页边距是指页面的边线到文字的距离，通常可在边栏内部的可打印区域中插入文字和图形，也可以将某些项目放置在边栏中（如页眉、页脚和页码等），可以根据需要调整页边距的大小。

任务实操

本节可以跟着示范操作，完成任务工作单 3-1-2。可以扫码观看操作步骤视频演示，提升专业技能！

3.1.2 环保志愿者招募图文混排

环保志愿者招募图文混排

以"环保志愿者招募"文档为例详细介绍图文混排的方法和要求。

1. 新建 WPS 文档

新建 WPS 文档"环保志愿者招募.docx"并保存在 D 盘的个人文件夹下,操作步骤如下:

(1)启动"WPS"软件,单击"新建"→"文字"→"空白文档",新建一个空白文档。

(2)单击"文件"→"保存"或工具栏上的"保存"按钮或按 Ctrl+S 组合键,打开"另存为"对话框。

(3)在"文件名"文本框中输入文件名"环保志愿者招募"。

(4)在保存界面中找到目标驱动器 D 盘,在 D 盘根目录下创建一个名为"环保志愿者招募"的文件夹。

(5)单击"保存"按钮。

2. 文字录入

新建 WPS 文档时,插入点在工作区的左上角闪烁,表明可以在"文档"窗口中输入文本。选择熟悉的中文输入法后,可以直接输入内容。

操作步骤如下:

(1)启动中文输入法。

(2)完成一段内容的输入后,按 Enter 键结束当前段落,若一段只有一行,也要按 Enter 键结束。

(3)继续完成其他内容的输入。

3. 设置项目符号与编号

(1)选中正文中的"志愿者条件",再按住 Ctrl 键选择"报名时间及联系方式",单击"开始"选项卡下的"编号"按钮,在下拉列表的编号库中选择相应的编号类型,如图 3-2 所示。再为其他段落设置另外几个编号。

(2)选中"报名时间及联系方式"下面的其他段落,单击"开始"选项卡下的"项目符号"按钮,在预设样式库中选择相应的符号类型并应用,如图 3-3 所示。

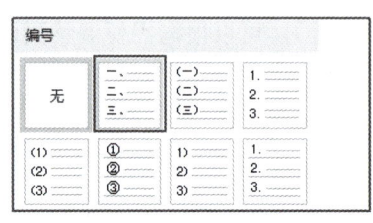

图 3-2 "项目编号"的设置

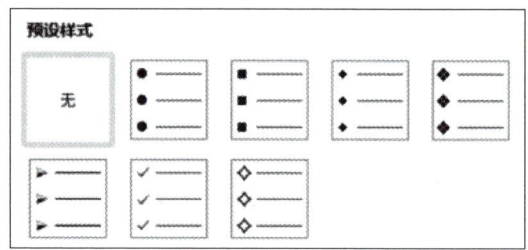

图 3-3 "项目符号"的设置

(3)项目符号与编号也可以通过自定义的方法设置,这里不再赘述。

4. 字符格式设置

要对已经输入的文字进行字符格式化设置，必须先选定要设置的文本，因为本例中的大部分内容采用"仿宋""三号"，所以可以先"全选"（按 Ctrl+A 组合键），然后在"开始"选项卡下的"字体"下拉列表框中选择"仿宋"，在"字号"下拉列表框中选择"三号"，如图 3-4 所示，然后再将小标题设置为"黑体"。

5. 段落格式设置

选中正文中的"志愿者条件"，按住 Ctrl 键，再选中"报名时间及联系方式"，单击"开始"选项卡"段落"功能组右下角的"对话框启动器"按钮，打开"段落"对话框。选择"缩进和间距"选项卡，在"间距"区域内将"段前"值设置为"1 行"，将"段后"值设置为"1 行"，如图 3-5 所示，单击"确定"按钮。

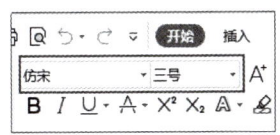

图 3-4　设置字体和字号

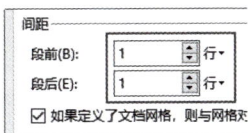

图 3-5　段落设置

6. 插入艺术字

切换到"插入"选项卡，单击"艺术字"按钮，从下拉菜单中选择一种艺术字样式，本案例选择的是"填充 - 白色，轮廓 - 着色 1"样式，然后，在光标所处位置的文本输入框中输入内容"环保志愿者招募"，将字体改为"方正小标宋简体"，字号"48"，"加粗"，并在"文本工具"中将"效果"→"阴影"设为"右下斜偏移"样式，结果如图 3-6 所示。

小提示：需要先安装"方正小标宋简体"字体才能使用。

7. 插入图片并进行编辑

（1）插入图片，更改环绕方式。将光标定位到需要插入图片的位置，切换至"插入"选项卡，在"图片"功能组中单击"本地图片"按钮，弹出"插入图片"对话框，选择"背景天空"图片插入，然后单击选中该图片，将图片的环绕方式改为"衬于文字下方"，将图片作为背景，如图 3-7 所示。

图 3-6　艺术字设置后效果图

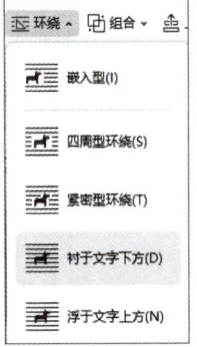

图 3-7　更改图片环绕方式

（2）调整图片的大小并进行裁剪。选定图形对象之后，在其拐角和矩形边界会出现句柄，拖动拐角处的句柄保持原始纵横比，调整图片的大小。将图片拉大，直至充满整个页面，再单击"裁剪"工具，此时图片四周会出现黑色的控点。将鼠标指向图片上的控点，指针会变成黑色的倒立 T 形状，按住鼠标左键拖动控点即可将鼠标经过的部分裁剪掉。最后单击文档的任意位置，即可完成图片的裁剪，如图 3-8 所示。

图 3-8　裁剪图片

按照同样的方法插入另外几张图片，适当缩小并调整位置。调整图片的环绕方式，作为背景的图片改为"衬于文字下方"，放空白处的图片改为"浮于文字上方"、"衬于文字下方"或"四周型"都可以，"柳叶"图片应改为"浮于文字上方"。

8. 页面设置

单击"页面"选项卡，在"页面"功能组中设置纸张大小、纸张方向和页边距。页面设置要求：纸张大小采用 A4 纸，纸张方向为"纵向"，页边距上 3.7 厘米，下 3.5 厘米，左 2.8 厘米，右 2.6 厘米，如图 3-9 所示。

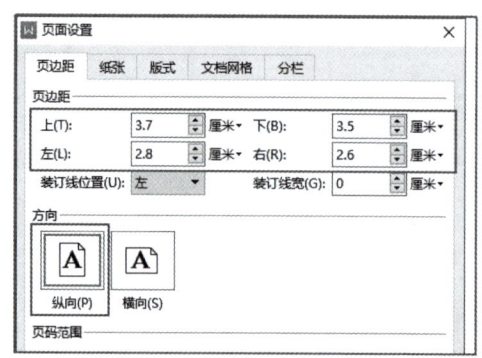

图 3-9　页边距设置

9. 文档备份到云端

对于编辑好的文档，还需要及时进行保存，这样不仅可以避免由于死机、断电等外在因素和突发状况而造成的文档丢失，还可以提高计算机的运行速度。

单击快速启动工具栏中的"保存"按钮，将文稿保存到本地。为了使用更多地设备同步修改文件，可以同时将文稿另存为云文档，在界面左上角单击"文件"按钮，在下拉列表中选择"另存为"选项，打开"另存为"对话框。在对话框左侧选择"我的云文档"选项，单击"保存"按钮。

3.1.3 手机端简单文档的编排

手机端简单文档编排

通过对"6·5活动日志愿者招募广告"的简单图文编排，帮助学生了解如何利用 WPS Office 进行文档编辑和排版，效果如图 3-10 所示。

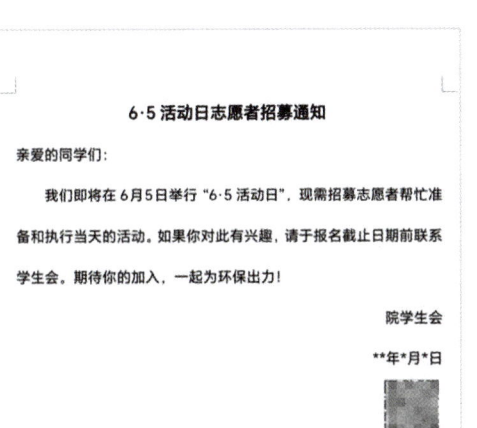

图 3-10　手机端"简单广告排版效果图

制作要点：
- 手机上要安装 WPS 软件。
- 启动 WPS 软件，创建新文档。
- 编写基础文本。
- 设置标题格式。
- 设置正文格式。
- 插入图片。
- 最终检查与保存。

1. 操作步骤

（1）创建新文档。

1）打开 WPS 应用：在手机上打开 WPS Office 应用。

2）新建文档：点击屏幕右下角的"+"按钮，选择"文字"然后再选择"空白文档"，创建一个新文档。

（2）编写基础文本。

1）输入标题：在文档的第一行输入"6·5活动日志愿者招募通知"。

2）输入正文：换行并输入通知的详细内容（也可以语音输入）。

（3）设置标题格式。

1）选中标题：轻触并长按以选中标题文字。

2）调整字体样式：在底部工具栏中点击"主菜单"→"开始"→"字体格式"，选择"字体"为"宋体"，字号为"三号"，"加粗"格式，如图3-11所示。

3）应用居中对齐：再次点击底部工具栏中的对齐图标，选择"居中对齐"以确保标题位于页面中央，如图3-12所示。

图3-11 "字体、字号"设置

图3-12 "对齐方式"设置

（4）设置正文格式。

1）调整正文字体：选中正文文本，按前面讲过的方法，将"字号"设置为"四号"。

2）应用段落格式。

①首行缩进设置。如果段落较多，则可以在"智能排版"中点击"首行缩进"项进行设置，它会对全部段落设置首行缩进，如图3-13所示。再将不需要设置的地方，利用删除键删除。

本案例因为只有一段需要设置首行缩进，也可以直接在正文段落的最前面输入4个空格，这样更为简单。

②行距设置。全选文本，在"多倍行距"中，设置行距为"2.5倍行距"，如图3-14所示。

③设置对齐方式。选中最后两行，将其对齐方式设置为"右对齐"。

（5）插入图片。

1）添加二维码图片：单击工具栏上的"插入"按钮，选择"图片"，从手机相册中选择二维码图片，插入文档（二维码图片需要先存放在手机相册中）。

2）调整图片位置：选中图片后，将环绕方式改为"浮于文字上方"，再拖动图片调整其在文档中的位置，使布局看起来更和谐。

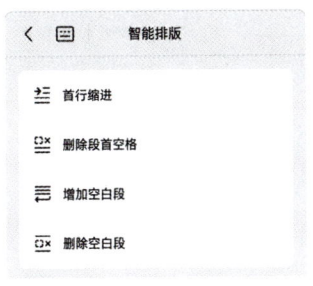

图 3-13 "首行缩进"设置

图 3-14 "多倍行距"设置

（6）最终检查与保存。

1）审查文档：仔细阅读文档，检查是否有错别字或格式问题。

2）保存文档：核对无误后，点击页面右上角的"保存"图标，保存文档。

3）分享文档：如果需要将文档发送给其他同学，可以通过点击"分享"按钮，选择通过邮件或社交媒体发送。

2. 知识点补充

（1）段落格式的清除。若全文或部分段落格式要清除,则选中内容后在样式中选择"正文"，即可还原成最原始状态，如图 3-15 所示。

（2）输出为 PDF 或图片格式,如图 3-16 所示,为方便传输阅读,最好将格式输出为 PDF 格式,图片格式需开通会员后才能转换成无水印的图片。

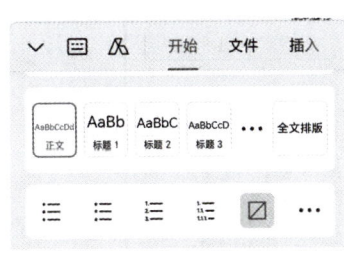

图 3-15 通过正文还原默认格式

图 3-16 输出 PDF 格式或图片格式

任务❷ 表格制作

任务描述

任务情境：学院世界环境日"美丽中国，我是行动者"系列实践活动马上就要开始了，作为活动的工作人员，需要为志愿者们设计一份"环保志愿者注册登记表"。

设计表格，需要先清楚需要了解"志愿者"的哪些信息，然后根据实际需要合理规划表格的行列。可以先插入规则表格，然后再根据需求进行单元格的合并和拆分。

技术分析及效果图

- 表格的创建方法。
- 编辑与调整表格。
- 表格文字的录入。
- 表格的修饰方法。

最终效果如图 3-17 所示。

环保志愿者注册登记表

序号：　　　　　　　　　　　　登记时间：　　年　　月　　日

姓名		性别		出生日期		一寸彩色照片
籍贯		民族		政治面貌		
身份证号码						
所学专业						
所在系部						
居住地址						
联系电话	手机：			宅电：		
E-mail				QQ		
是否愿意担任组织管理工作	□是　　　□否 组织管理策划工作所需条件：业余时间较为充分、热爱公益、愿意服务大家、善于沟通协调，具备上网条件或较常上网。					
个人学习或工作经历						
志愿服务经历						
申请人承诺	我愿意成为一名光荣的环保志愿者。我承诺：尽己所能，不计报酬，服务社会，践行志愿精神，为构建美丽、洁净、畅通、和谐美丽环保奉献力量。 申请人签字： 年　月　日					
所在单位意见	单位名称（盖章） 年　月　日					

图 3-17　环保志愿者注册登记表效果图

学习目标

- 掌握表格属性的设置。
- 掌握表格的行、列及单元格的编辑操作。
- 掌握表格计算与排序的方法。
- 掌握表格中的公式编辑。

知识链接

本节可以自行学习，通过预习知识链接，完成知识测评单 3-2-1。基本操作部分可以扫码观看视频演示，夯实知识基础！

学习箴言：表格处理不犯难，规范操作是核心！

3.2.1 WPS 文字中表格的相关知识点

1. 表格的建立

WPS 为创建表格提供了多种方法：使用工具按钮拖放，使用"插入表格"，使用"绘制表格"工具，文本转换表格等方法方便快捷地建立表格。

2. 表格的编辑

（1）输入表格内容。在表格中输入文本或插入图片的方法与在文字中的操作方式相同，操作前都需要先将鼠标指针定位到插入位置。

（2）选定表格对象。选定表格中的单元格、行、列，乃至整个表格，可以通过菜单或鼠标操作实现。

（3）插入和删除表格对象（行、列、单元格、表格）。

3. 表格的拆分与合并

（1）拆分表格。要将一个表格拆分成两个表格，首先将插入点置于要拆分为下一个表格的首行，然后单击"表格工具"选项卡中的"拆分表格"按钮，即可将表格分成上下两个表格。

（2）合并表格。将两个表格之间的空行删除即可。

4. 表格的格式设置

表格的格式设置包括表格外观和表格内容两部分的格式设置，如表格的边框和底纹、对齐方式、行高、列宽，以及表格中文本的字体、字号、缩进与对齐方式等。

5. 表格内数据的排序

WPS 支持对表格中的数据进行排序，根据需要选择关键字、排序类型和排序方式。

表格内数据的
计算与排序

6. 表格内数据的计算

使用 WPS 不仅可以很方便地进行表格的创建和调整，还可以对表格中的内容进行计算等数据处理操作。常见的函数有求和（SUM）、求平均值（AVERAGE）、求最大值（MAX）、求最小值（MIN）、计数（COUNT）等。常见的函数参数有对上面所有数字单元格（ABOVE）、对左边所有数字单元格（LEFT）、对右边所有数字单元格（RIGHT）。当参加运算的数据发生改变时，可以在含有公式的单元格上右击并选择"更新域"命令或按 F9 键更新计算结果。

小提示：重复表头技巧。

制作跨页的大型表格时，用户想让表头重复出现在每一页的上方，操作方法为：选中表头，单击"表格工具"选项卡中的"重复标题行"按钮。

3.2.2 制作"环保志愿者登记表"

环保志愿者登记表格制作

1. 新建文档

新建 WPS 文档，命名为"环保志愿者登记表 .docx"并保存。

2. 页面设置

单击"页面"选项卡中的"纸张大小""纸张方向"和"页边距"按钮，分别设置页面纸张为 A4，纵向，上下左右边距为默认。

3. 创建表格

（1）输入标题文字。

（2）单击"插入"选项卡中的"表格"按钮，在下拉列表中选择"插入表格"命令，弹出"插入表格"对话框，根据需要在"列数"栏中输入 2，在"行数"栏中输入 13，设置列宽为"自动列宽"，单击"确定"按钮，如图 3-18 所示。插入一个 13 行 2 列的规则表格，如图 3-19 所示。

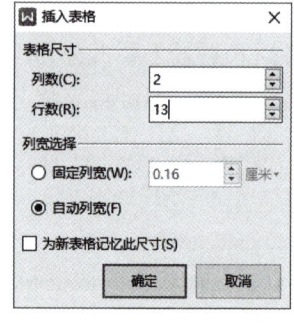 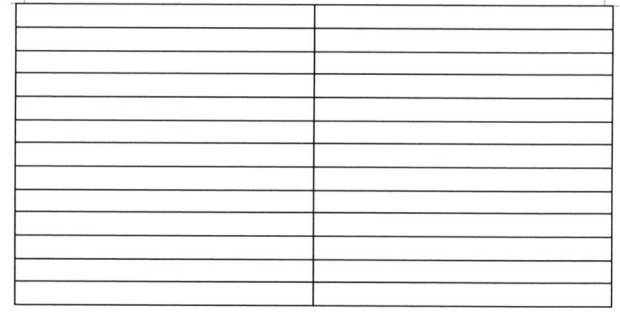

图 3-18　"插入表格"对话框　　　　图 3-19　插入表格后效果

4. 编辑与调整表格结构

单击并拖动鼠标选中表格的第 1 列，将中间竖线往左边拖，效果如图 3-20（a）所示，然后将第 1 行至第 3 行的第 2 列继续进行拆分，单击"表格工具"选项卡中的"拆分单元格"按钮，弹出"拆分单元格"对话框，在"列数"栏和"行数"栏中分别填入 6 和 3。再选中第 3 行第 2～6 列，再进行拆分，拆分成 17 列，"拆分单元格"操作同上，在"列数"栏和"行数"栏中分别填入 17 和 1，再将第 7 行按照同样的方法进行合理的拆分，表格效果如图 3-20（d）所示，中间步骤如图 3-20（b）和图 3-20（c）所示。

拖动鼠标选中要合并的单元格，在"表格工具"选项卡中单击"合并单元格"按钮合并所选单元格。

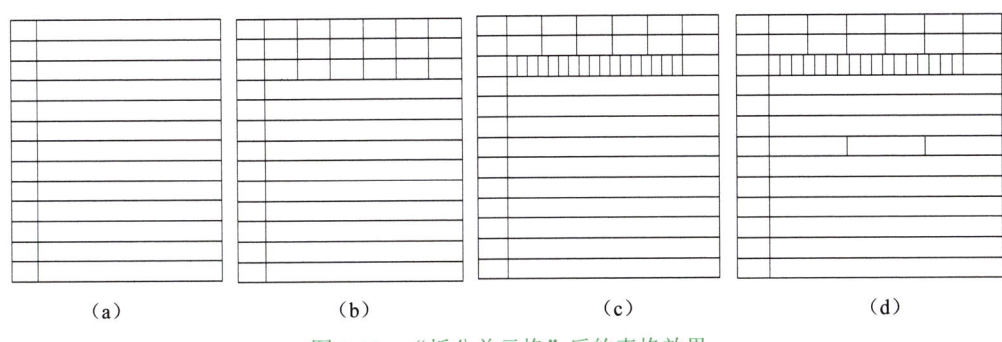

图 3-20 "拆分单元格"后的表格效果

5. 设置表格的行高列宽

（1）将鼠标指针停留在两列间的边框线上，指针变为夹子状 ↔，向左或向右拖动边框到合适的宽度，改变列宽。

（2）将鼠标指针停留在两行间的边框线上，指针变为夹子状 ↕，向上或向下拖动边框到合适的宽度，改变行高，如图 3-21 所示。

小提示：精确调整行高和列宽的技巧。

想要精确地调整行高和列宽，可以单击"表格工具"选项卡中的"属性"按钮，在弹出的"表格属性"对话框中通过单击"行"或"列"选项卡，精确地设置大小。

6. 设置表格的外部框线

将表格外部框线设置为 2.25 磅的实线。单击表格左上角的十字按钮 ⊞ 选定整个表格，然后在表格区域右击，在弹出的快捷菜单中选择"边框和底纹"，在"边框"设置中选择"网格"，然后在宽度中选择 2.25 磅的实线，中间的线型为默认。对于外部框线也可设置为"自定义"，将宽度设置好后，在预览框中对相应的外部四边进行选择，如图 3-22 所示。

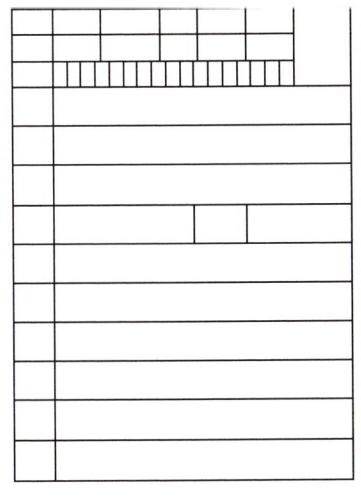

图 3-21 改变列宽行高后的效果图

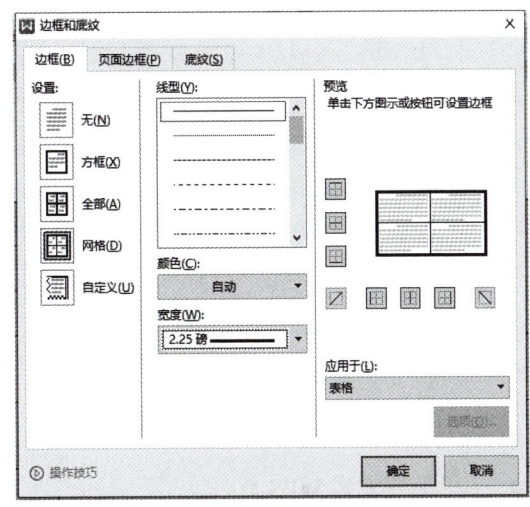

图 3-22 设置外部框线

7. 输入表格文字并设置字符格式

（1）依次单击单元格，按照素材文件"环保志愿者注册登记表 .docx"输入所有文字内容，并在表格中的"是"和"否"字前插入符号"□"。首先光标定位，然后单击"插入"选项卡，打开"符号"下拉菜单，在"符号"组中单击"几何"，然后选择空心方框符号"□"，即可插入该符号。

（2）设置标题文字为"华文中宋、小二号、加粗、居中"，其他表格内文字为"仿宋、小四号"。

（3）设置单元格内容的对齐方式。单击表格左上角的标记⊞选定整个表格并右击，在弹出的快捷菜单中选择"单元格对齐方式"命令，在子菜单中选择"中部居中"对齐方式，然后再选择局部需要调为中部两端对齐的文本设置

图 3-23　单元格对齐方式

为"中部两端对齐"，如图 3-23 所示。也可以直接单击"表格工具"选项卡中的"对齐方式"按钮。

3.2.3　手机端"环保志愿者信息统计表"制作

为方便所有环保志愿者在手机端进行信息填写，特制作手机端"环保志愿者信息统计表"，并做成共享文件，分享给志愿者们填写信息，效果如图 3-24 所示。

手机端"环保志愿者信息统计表"制作

图 3-24　环保志愿者手机端信息填写与统计

制作流程：

- 手机上要安装 WPS 软件。
- 启动 WPS 软件，点击"+"符号，选择"新建文档"按钮。

- 点击"新建空白",新建一个空白文档。
- 点击"插入"→"表格"选项,根据自己需要添加行和列。
- 套用表格样式。
- 共享表格文件。

1. 操作步骤

(1) 安装软件并启动。打开手机中的 WPS Office,若没有安装,先在应用市场进行下载和安装。

(2) 新建空白文档,并录入标题。在首页里点击右下角的"+"按钮,选择"新建文字"项,点击"空白文档"按钮,就可以新建一个空白文档了。

(3) 插入表格。输入标题文字,换行后插入表格,点击第一个图标,在展开的插入菜单中选择表格,再根据自己的需要添加表格,如图 3-25 所示。创建好后再点击左下角的⊕号增加行数,如图 3-26 所示,也可以点击最左侧的行号,再点击"插入行"项来增加行,增加列的操作方法与行的操作方法一样。

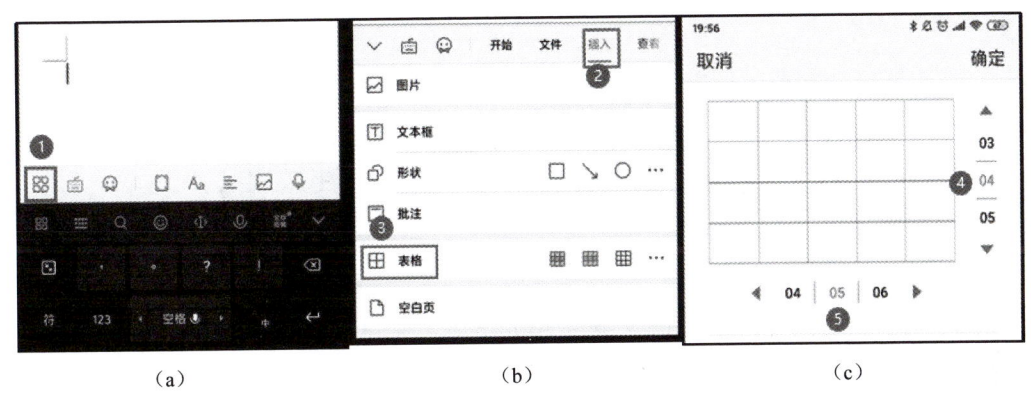

图 3-25 表格插入方法

(4) 表格样式设置。创建好表格后对表格进行美化,即样式的设置,选择要填充的选项,本案例采用的是首行填充、末行填充、隔行填充。

(5) 表格文字的录入与排版。输入文字,并选择文字,在"开始"选项卡里对文字的字体、字号、字型、对齐方式进行设置。

(6) 云存储与分享。表格设计完成后,存储为"云文档",点击"分享"按钮,选择"多人编辑模式"项,然后再点击"分享链接",将链接发送给其他人,如图 3-27 所示。

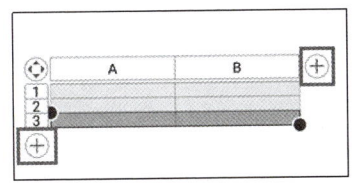

图 3-26 行列插入按钮

图 3-27 表格分享

2. 知识点补充

（1）表格移动、复制。表格移动方法：点击左上角全选按钮，然后按住不放，拖动表格到想要的位置再松开，从而实现表格的移动，如图 3-28 所示。或者点击左上角全选按钮，在出现的菜单中点击"剪切"，光标定位后粘贴实现表格的移动。

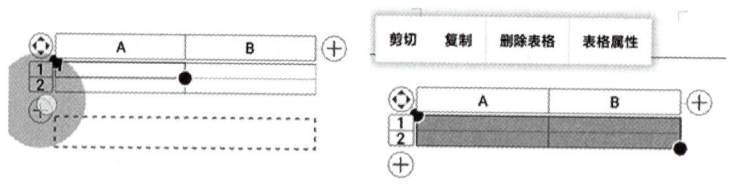

图 3-28　表格移动、复制或删除

表格复制方法：点击左上角全选按钮，在出现的菜单中点击"复制"按钮，光标定位后粘贴实现表格的复制。

（2）行高、列宽调整。选中行号或列号并拖动，出现一根虚线，代表将会调整的位置，如图 3-29 所示。

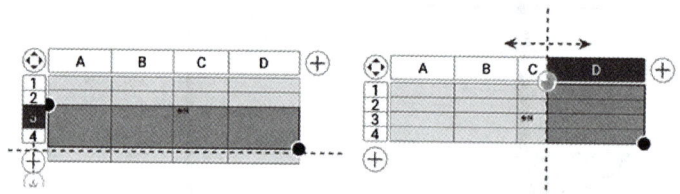

图 3-29　行高或列宽调整

（3）单元格合并、拆分、删除。选中单元格后，会弹出相应的菜单，选择相应命令进行合并、拆分或删除操作，如图 3-30 和图 3-31 所示。

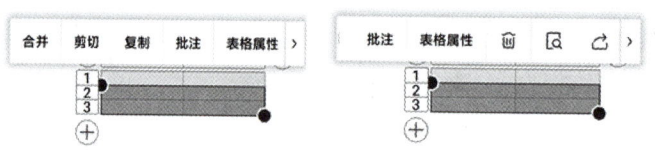

图 3-30　单元格合并、删除

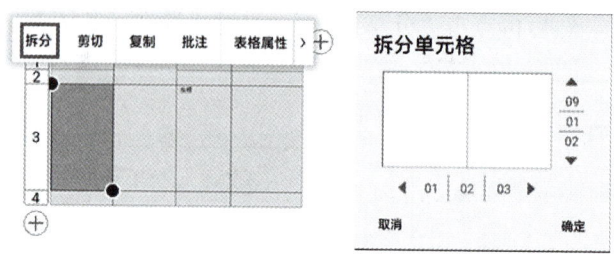

图 3-31　单元格拆分

任务❸ 长文档编辑

任务描述

环保志愿者社团在6月5日世界环境日来临之际,需制作一份世界环境日宣传手册,号召更多的人参与建设"人与自然和谐共生"的美丽世界。为了在WPS文档中快速完成宣传手册的制作,我们需要先了解宣传手册的排版要求,准备宣传方案、图片素材来进行规范排版,宣传手册是一个长文档,里面包含封面、目录和正文内容,所以可以应用长文档编排的科学方法,提高工作效率。

技术分析及效果图

- 封面的制作。
- 样式的应用。
- 自动生成目录。
- 图、表的自动编号。
- 分节符的应用。
- 页眉页脚的设置。

最终效果如图3-32所示。

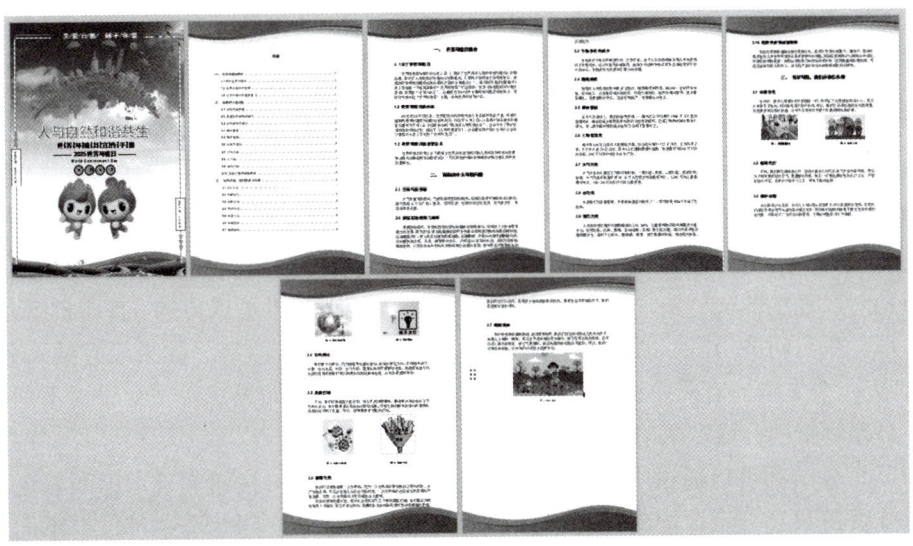

图3-32 宣传手册效果图

学习目标

- 掌握长文档的排版方法。

- 掌握样式的应用方法。
- 掌握题注的插入方法。
- 掌握目录的自动生成、更新方法。
- 掌握复杂页眉页脚的设置。

知识链接

本节可以自行学习，通过预习知识链接，完成知识测评单 3-3-1。基本操作部分可以扫码观看视频演示，夯实知识基础！

学习箴言：科学的排版流程是文档排版成功的一半！

3.3.1 长文档编排的相关知识点

1. 样式、样式集、多级编号

"样式"是 WPS 文字排版中最重要的工具。应用样式可以直接将文字和段落设置成事先定义好的格式。在长文档中应用样式，可便于进行文本格式的修改以及长文档目录的构造。用户可根据自身的需求对样式进行修改、重命名、新建等操作。

多级列表：单击"开始"选项卡中"编号"旁的下三角形，在下拉列表中有"多级编号"按钮。在 WPS 中通过多级编号可以对使用过样式的文本进行自动多级编号。

2. 目录插入及编辑

根据次序编排以供阅读者查阅图书或篇章的名目，在 WPS 的长文档编辑中，目录的编辑极为重要，用户可通过"引用"选项卡"目录"功能组中的相关命令来实现目录的插入和更新，在插入目录前必须对文本内容进行适当的样式应用。

除目录之外，"引用"选项卡"脚注""题注""索引"功能组中的功能也是长文档编辑中经常用到的。

3. 分页分节

节是一段连续的文档块，同节的页面拥有同样的边距、纸型或方向、打印机纸张来源、页面边框、垂直对齐方式、页眉页脚、分栏、页码编排、行号等。如果没有插入分节符，WPS 默认一个文档只有一个节，所有页面都属于这个节。如果想对文章设置不同的页眉页脚，必须将文档分成多个节。

分页与分节都可以通过"页面"选项卡中的"分隔符"按钮实现，但两者还是有区别的：分页符只是分页，前后还是同一节；分节符是分节，同一页中可以有不同节，也可以在分节的同时分页。两者的最大区别在于页眉页脚与页面设置。

4. 页眉、页脚、页码

页眉和页脚通常显示文档的附加信息，常用来插入时间、日期、页码、单位名称、徽标等。其中，页眉在页面的顶部，页脚在页面的底部。在页眉或页脚中插入页码，可以让读者快速找到所要查找的页面。

任务实操

本节可以跟着示范操作，完成任务工作单 3-3-2。可以扫码观看操作步骤视频演示，提升专业技能！

操作提示：

（1）打开辅助工具，便于查看文章中的编辑标记（单击"开始"选项卡中的"显示编辑标记"按钮）。

（2）在排版初期最重要的是用好样式，先设置好 4 种基本样式：手册正文、标题 1、标题 2、题注样式。

（3）为简化操作步骤，建议先全选手册的文本，应用"手册正文"样式，再逐步使用标题 1、标题 2 等其他样式。

（4）将封面、目录分为一节，正文及其后续内容为一节。

（5）插入页码，所有页码都放在页脚处，封面、目录部分为第 1 节，无页码；正文及后续内容为第 2 节，页码格式为 1，2，3，……，从 1 开始编号。从第 2 页开始页眉页脚处都要插入图片。（注意，开启"页面设置"对话框，在"版式"中勾选"首页不同"。）

（6）自动提取文件目录，要求生成 2 级目录。

（7）检查整理，通过拼写和语法检查来检查文中是否有错误。

（8）当内容进行更改后，随时要注意目录的更新。

3.3.2 "环境日宣传手册"长文档编排

"环境日宣传手册"
长文档编排

1. 封面

用前面所学的"艺术字""图片""形状"相关知识点，制作封面按照效果图。

2. 样式的应用

为了使整个文档具有相对统一的风格，同级标题应用相同的格式，即在同一篇文章中同级应当具有相同的样式设置，本例中主要用到的样式见表 3-1。

表 3-1　标题和正文格式要求

编号式样	样式名称	字体/字形	字号	对齐方式/缩进	间距
一，二，三…	标题 1	黑体	小三号	居中	单倍行距，段前段后各 1 行
1.1，1.2，1.3…	标题 2	黑体	四号	左对齐	单倍行距，段前段后各 0.5 行
	手册正文	宋体	小四号	两端对齐，首行缩进 2 字符	单倍行距
图 1 或表 1	图、表标题样式	宋体、加粗	小五号	居中	单倍行距

（1）新建样式。在设置"手册正文"样式时，要新建一个"手册正文"样式，不要直接修改样式里的"正文"样式。因为很多样式都是基于"正文"样式设置的，一旦修改正文样式，就会影响其他样式。新建"手册正文"样式的操作步骤如下。

1）在"开始"选项卡中，单击垂直滚动条右侧的"样式和格式"按钮，打开"样式和格式"任务窗格，如图3-33所示。单击"新样式"按钮，打开"新建样式"对话框，如图3-34所示。

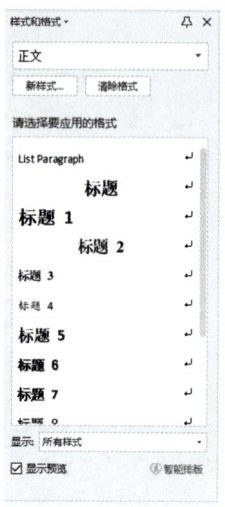 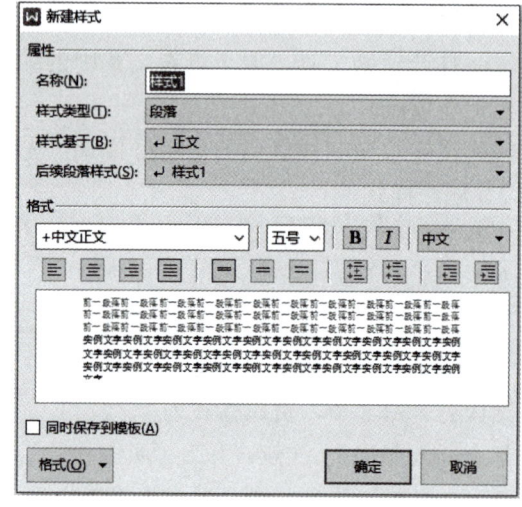

图3-33　"样式和格式"任务窗格　　　　图3-34　"新建样式"对话框

2）在打开的"新建样式"对话框中，输入样式名称并修改字体和段落属性，如图3-35所示。依照此方法，根据表3-1所示要求再新建其他样式。

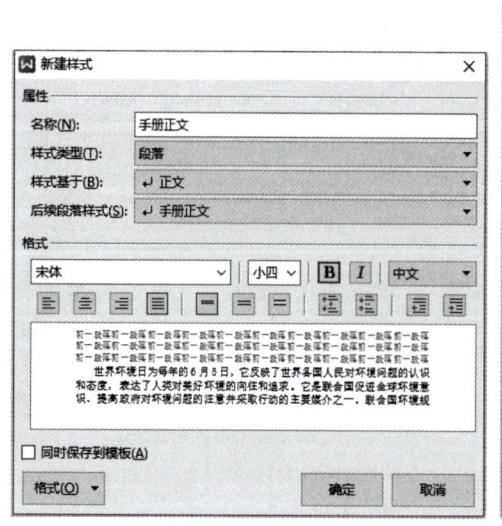 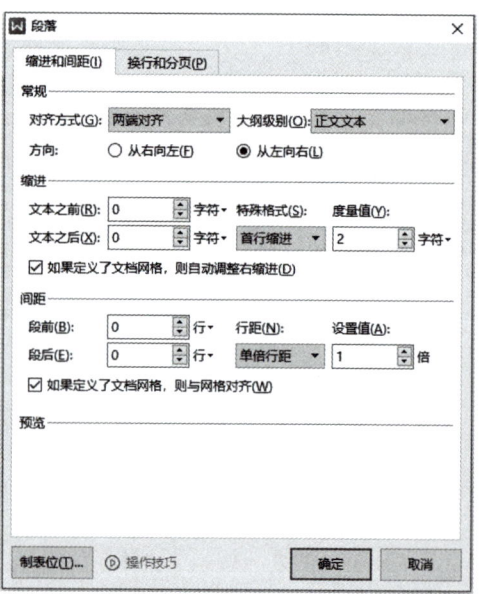

图3-35　新建"手册正文"样式

（2）修改样式。在应用"标题"类样式前，可以在原有标题样式的基础上进行修改，下面以修改"标题1"样式为例来介绍样式的修改办法。

1）单击"开始"选项卡"样式"功能组右下角的"样式和格式"按钮，打开"样式和格式"任务窗格。

2）将鼠标指针移到"标题1"处，单击其右边的下拉箭头，在弹出的下拉列表中选择"修改"命令，如图3-36所示，打开"修改样式"对话框。

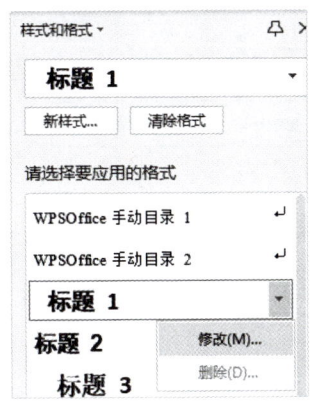

图3-36　修改样式

3）通过该对话框，按照表3-1所示要求为"标题1"格式设置相应的参数。在"格式"下拉列表框中选择"黑体"和"小三号"。单击"格式"按钮，选择"段落"命令打开"段落"对话框，设置"对齐方式"为"居中对齐"，"间距"设置为"单倍行距"，设置段前和段后间距各1行，如图3-37所示，设置完成后单击"确定"按钮。

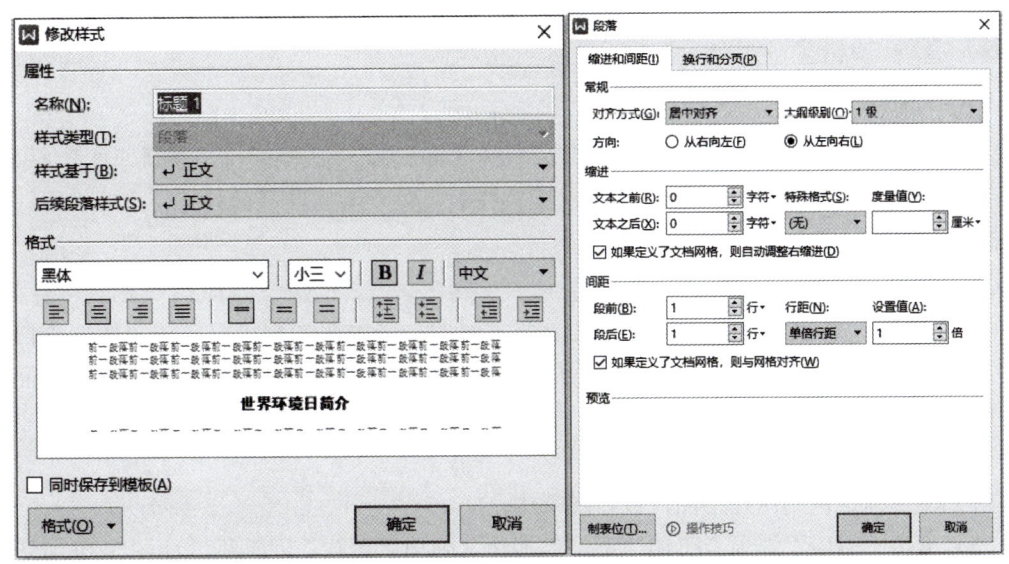

图3-37　修改标题1样式

4）用同样的方法在"样式"窗格中找到标题2，将其按照表3-1所示要求进行修改。

（3）应用样式。新建或修改好样式后，接下来就是应用样式。下面介绍"标题1"样式应用的操作步骤。

1）选中需要设置为一级标题的文本，例如选中"三、保护环境，我们应该怎么做"。

2）单击"样式"窗格中的"标题1"样式，这样就为"三、保护环境，我们应该怎么做"应用了标题1样式。

3）用同样的方法为其他一级标题、二级标题、正文应用对应的样式，如图3-38所示。

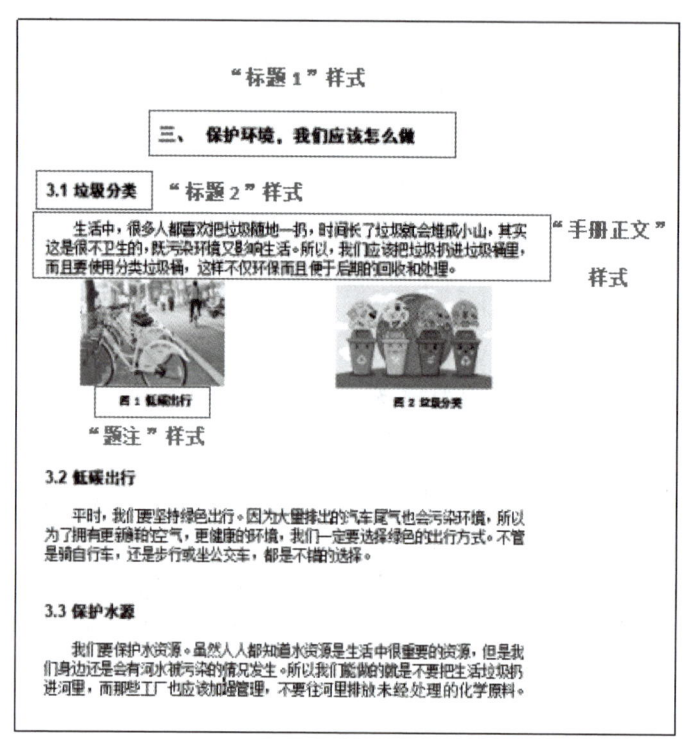

图3-38 应用样式后的效果

小提示：为简化操作步骤，本例建议先将所有内容应用新建的"手册正文"样式，然后给相应的层级标题应用标题1、标题2等样式，对于后续同样的样式，也可以用格式刷来复制格式。

3. 图表自动编号

文中若图、表较多，编号的维护是一个大问题。采用题注则可以实现对图、表自动编号，添加或删除编号时只需更新即可。按之前的方法在文中插入图片，然后再插入题注。

插入题注的操作步骤如下：

1）将光标定位到图片下面，或将图选中。

2）单击"引用"选项卡下的"题注"按钮，弹出"题注"对话框，如图3-39所示。

3）单击"编号"按钮，将"编号"设置为阿拉伯数字，位置为所选项目下方。

4）在图的编号后输入图名。

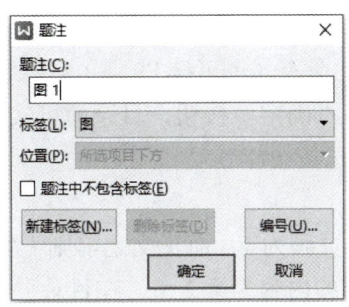

图 3-39 "题注"对话框

5)其他图片处的题注,则可以复制粘贴这个题注编号(如"图 1")到需要插入的位置,然后全选文本,再按 F9 键更新域完成修改。

4. 目录制作

(1)插入目录。整篇文章的格式、标题格式等设置完成后,就可以插入目录了,此时自动插入目录将会非常的简单。将插入点定位在需要创建目录的位置,单击"引用"选项卡下的"目录",再单击"自动目录",如图 3-40 所示,生成的目录如图 3-41 所示。

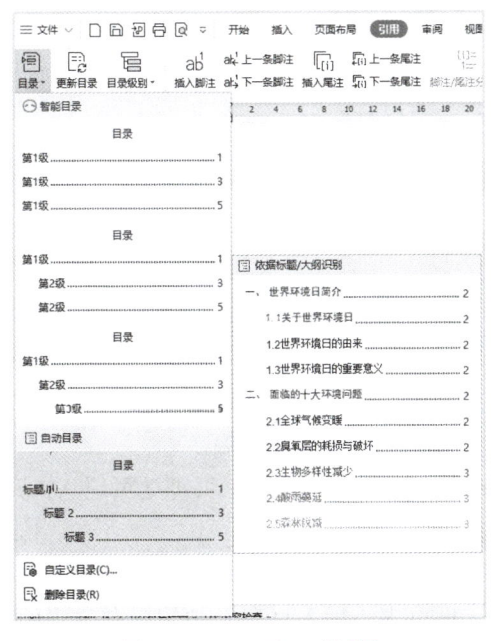

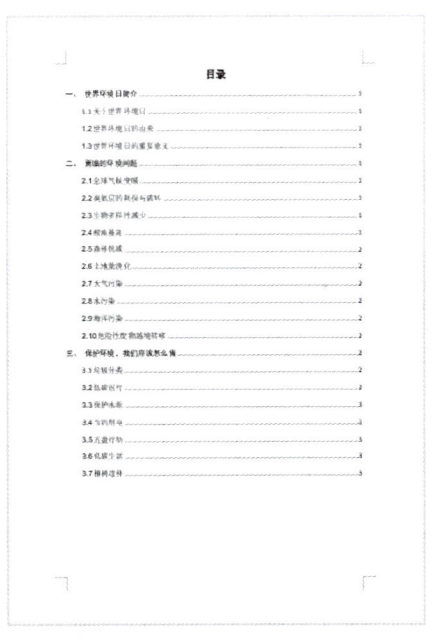

图 3-40 "目录"对话框　　　　　　图 3-41 自动生成的目录

小提示:目录生成后有时会有灰色的底纹,这是 WPS 的域底纹,是不会打印出来的。

(2)使用目录。利用 WPS 文字制作的目录具有超链接功能。将鼠标指针指向目录中的某个标题,然后按住 Ctrl 键,鼠标指针就会变成一只"小手",这时单击鼠标就可以快速定位到文档中该标题的位置。

(3)更新目录。文档编辑完成后往往需要修改,如果对标题和页数进行了修改,就需要及时更新目录。

1）将光标定位在"目录"中。

2）右击并选择"更新域"命令（也可按 F9 键），在"更新目录"对话框中选中"更新整个目录"单选按钮，单击"确定"按钮，目录即可实现更新，若只是"页码"变动则只需选择"只更新页码"单选按钮。

5. 插入分节符

本例从"正文"处开始编页码为 1，而正文之前则无需页码，所以本例需要分 2 节，封面、目录为第 1 节，目录之后的内容为第 2 节。在目录页结尾处插入"下一页"分节符，其他需要分页的地方则插入"分页符"。

插入分节符的操作步骤如下：

1）在"开始"选项卡中单击"显示/隐藏编辑标记"按钮旁的小三角形，然后单击勾选"显示/隐藏编辑标记"复选框。

2）在目录页后面插入一个"下一页分节符"。单击"页面"选项卡中的"分隔符"按钮，在下拉列表中选择"下一页分节符"选项，完成插入，如图 3-42 所示。当插入一个分隔符时，下一页会多出一行空行，删除这个空行即可。

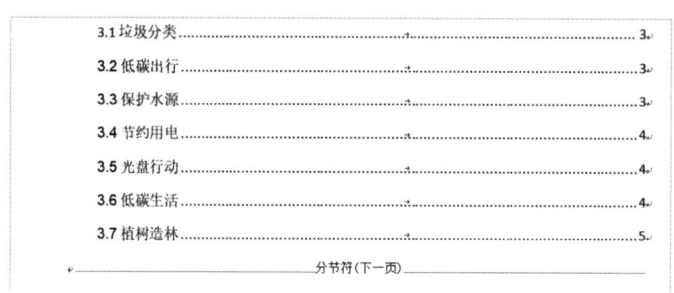

图 3-42　目录页设置后效果截图

小提示： 分页符只是分页，前后还是同一节；分节符是分节，同一页中可以有不同节，也可以在分节的同时产生"下一页"。

6. 设置页眉页脚

本例对页眉页脚的格式要求：正文之前无页脚，从正文开始，页脚处页码从 1 开始，居中；从目录页开始一直到最后，页眉页脚处都要插入图片。

设置页脚的操作步骤如下：

（1）插入页码。双击页面底端的页脚处，再单击"插入页码"按钮，在弹出的对话框中位置选择"居中"，应用范围选择"本节"，再单击"确定"按钮，这样，页脚处的页码就会显示"1"，若未显示为"1"，则单击"重新编号"按钮，将"页码编号"设为 1，如图 3-43 所示。

（2）在页眉页脚处插入图片。在第 2 页的目录"页眉"处双击，激活"页眉"，再插入页眉图片素材，然后调整图片环绕方式为"衬于文字下方"，并适当调整图片大小和位置。再在此页的页脚处双击，激活页脚，然后插入页脚图片素材，按同样的方法对图片进行调整，此时第 1 页的页脚处也会出现该图片，若想删除该图片，则可以在"页面"选项卡中，开启"页面设置"对话框，在"版式"中勾选"首页不同"复选框，第 1 页页眉页脚处的图片就会消失。再在正文页"页脚"处插入页脚图片素材，按同样方法调整环绕方式、大小和位置。

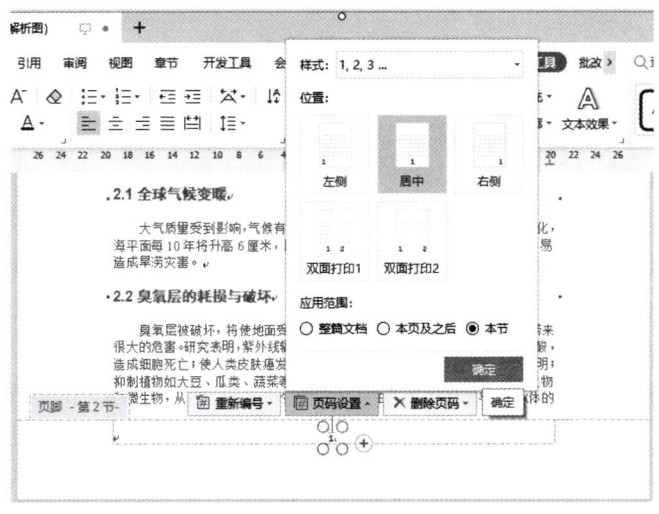

图 3-43　插入页码

3.3.3 手机端"环境日宣传手册"长文档编排

进行手机端"环境日宣传手册"长文档的编排，并实现自动目录的添加，效果如图 3-44 所示。

手机端"环境日宣传手册"长文档编排

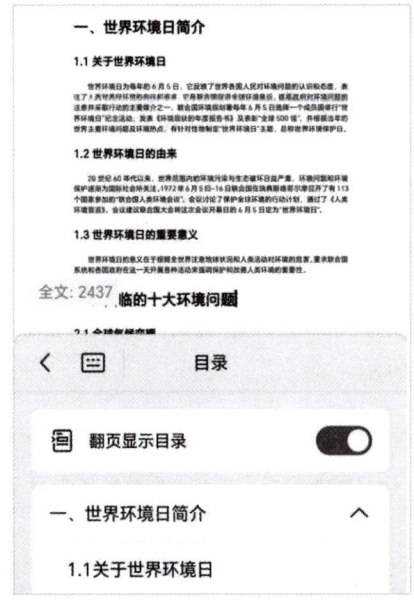

图 3-44　"环境日宣传手册"长文档编辑效果图

制作流程：

- 首先，手机上要安装 WPS 软件。
- 启动 WPS 软件，打开素材文件。
- 全选——"开始"选项卡——智能排版——首先缩进。
- 光标定位——开始——套用"标题 1"样式。
- 光标定位——开始——套用"标题 2"样式。
- 全部套完所有的样式。
- 查看——目录。

1. 操作方法

（1）手机上要安装 WPS 软件。

（2）启动 WPS 软件，打开素材文件。

（3）将全文设置为首行缩进。

"全选"文档所有文字，如图 3-45 所示。点击"开始"菜单，在"智能排版"中选择"首行缩进"项，如图 3-46 所示。

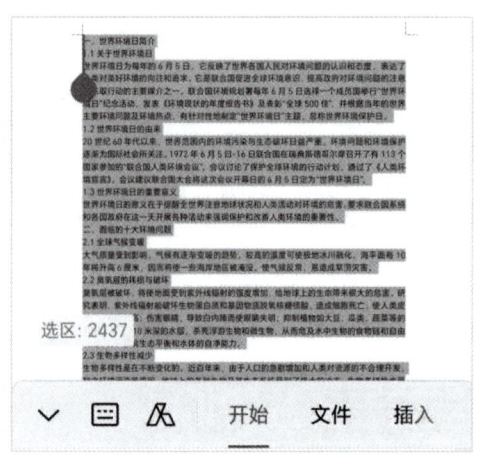

图 3-45　全选设置

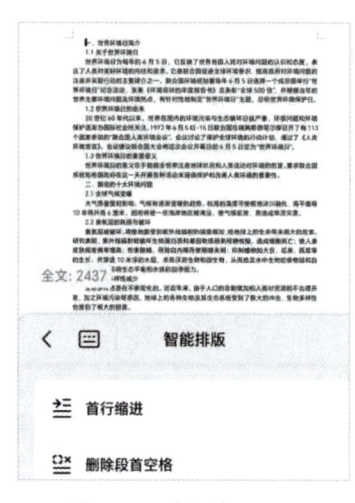

图 3-46　首行缩进设置

（4）将光标定位到需要设置为一级标题的文字行内，然后点击"开始"菜单里的"标题 1"样式。效果如图 3-47 所示

（5）将光标定位到需要设置为二级标题的文字行内，然后点击"开始"菜单里的"标题 2"样式。效果如图 3-48 所示。

图 3-47　套用"标题 1"样式

图 3-48　套用"标题 2"样式

（6）用同样的方法将文章当中所有的一级和二级标题全部套用样式，如图 3-49 所示。

（7）再点击"查看"→"目录"项，即可看到套用标题样式之后所形成的目录，如图 3-50 所示。

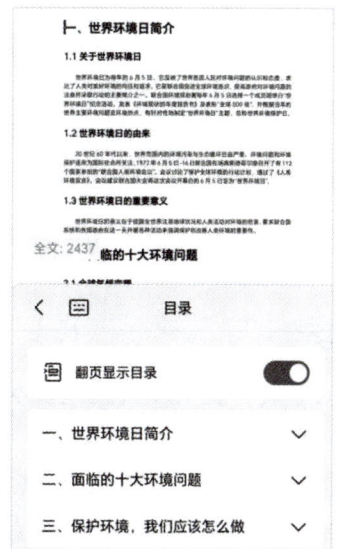

图 3-49　文档套用完样式后效果　　　　图 3-50　查看目录效果

（8）存储。文档排版完成后，单击存储为云文档或存储在本地。

2. 知识点补充

（1）页码的添加。若想在页眉或页脚中插入页码，则可以点击"插入"→"页码"，进行相关的设置，也可以在页眉页脚编辑状态下进行相关设置。

（2）全文自动排版。单击"开始"菜单中的"全文排版"按钮，可以对全文根据模板进行自动排版，部分功能需要充值会员后才可以使用。

模块 4 数据信息处理

数据信息处理

模块导读

WPS 电子表格提供多种内置函数和公式，同时支持多种数据类型。我们可以使用 WPS 电子表格轻松创建自定义表格，方便地对数据进行处理和分析。当遇到没带笔记本电脑情况时，还可以通过移动终端实现多人协作云制作。通过新建在线电子表格，复制电子表格链接转发给同伴，就可以轻松实现"随时随地"云制作。

【新技术】

云技术（Cloud Technology）是一种将硬件、软件、网络等系列资源统一起来，实现数据的计算、存储、处理和共享的托管技术。它基于云计算的商业模式，通过网络将计算资源虚拟化，并动态分配以适应用户的需求。云技术允许各种计算资源作为服务提供，通过 Web 技术连接，实现资源的灵活配置和高效利用。

【职业能力岗位匹配】

数据分析员是专门负责数据收集、处理和分析的专业人员，通过挖掘数据价值，为企业决策提供重要支持。

模块导图

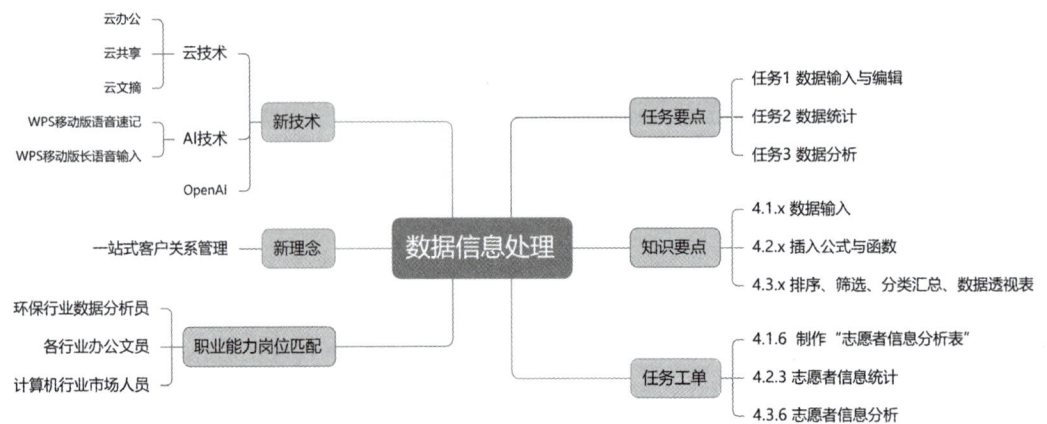

任务① 数据输入和编辑

任务描述

李同学正在制作志愿者信息分析表,了解到电子表格是当今现代化办公的重要组成部分,通过制作和使用电子表格,可以对数据进行规范、高效的管理。本次任务利用 WPS 表格的数据录入和格式设置功能制作"志愿者信息分析表",制作完成后的效果如图 4-1 所示。

志愿者信息分析表

序号	姓名	性别	出生日期	民族	政治面貌	身份证号码	所学专业	所在系部
1	陈思红	女	20051123	汉	团员	45211███398	商务英语	环境经济与信息学院
2	邓婷婷	女	20040602	土家	群众	31241███643	环境工程技术	环境工程学院
3	伍如欢	男	20061024	汉	群众	41246███612	环境监测技术	环境监测学院
4	杨歆	男	20050924	汉	团员	11169███969	室内设计	环境艺术学院
5	徐芳	女	20040704	汉	群众	36221███974	环境修复技术	环境资源学院
6	周野	男	20061112	苗	团员	61303███966	生态环境大数据	环境经济与信息学院
7	李向阳	男	20050707	汉	群众	12400███482	环境修复技术	环境资源学院
8	刘世玉	男	20030916	汉	群众	42250███483	环境监测技术	环境监测学院
9	宋源畅	男	20061002	汉	团员	13438███372	环境监测技术	环境监测学院
10	唐世玉	男	20051019	汉	群众	41276███639	环境修复技术	环境资源学院

图 4-1　志愿者信息表效果图

技术分析及效果图

- 新建表格。
- 录入数据。
- 格式设置。

学习目标

- 了解电子表格的应用场景,熟悉相关工具的功能和操作界面。
- 熟悉工作区界面,会操作工作表和工作簿。
- 掌握单元格、行和列的相关操作,掌握使用控制句柄、设置数据有效性和设置单元格格式的方法。
- 掌握数据录入的技巧,如快速输入特殊数据、使用自定义序列填充单元格、快速填充和导入数据,掌握格式刷、边框、对齐等常用格式设置方法。

知识链接

本节可以自行学习,通过预习知识链接,完成知识测评单 4-1-1。基本操作部分可以扫码观看视频演示,夯实知识基础!

学习箴言:学如逆水行舟,不进则退!

4.1.1 表格窗口的界面

1. 表格窗口的基本组成

WPS 表格启动成功后，屏幕上出现表格窗口。该窗口主要由选项卡、工具栏、功能区、编辑栏、工作表、行号、列标、滚动条、状态栏等元素组成，如图 4-2 所示。

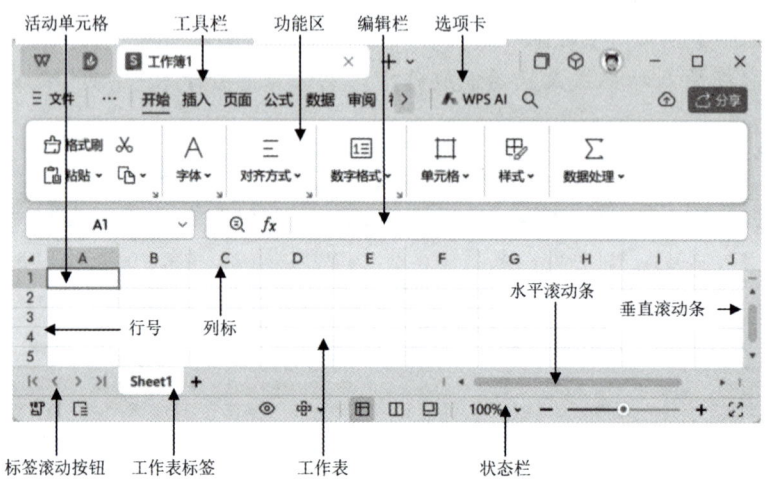

图 4-2　表格窗口的基本组成

2. 表格的基本工作对象

（1）工作簿。表格的文件形式是工作簿，一个工作簿即为一个表格文件。平时所说的表格文件实际上是指工作簿，创建新的工作簿时，系统默认的名称为"工作簿 1"，这也是表格的文件名，工作簿的扩展名为 .xlsx。

（2）工作表。工作表是工作簿文件的组成部分，由行和列组成，又称为电子表格，是存储和处理数据的区域，是用户的主要操作对象。表格的每张工作表最多由 1048576 行、16384 列构成，一个工作簿默认有 1 张工作表，名称为 Sheet1。

（3）单元格。工作表中行、列交叉处的长方形称为单元格，它是工作表中用于存储数据的基本单元。

（4）行。由行号相同，列标不同的多个单元格组成行。

（5）列。由列标相同，行号不同的多个单元格组成列。

4.1.2 工作簿的基本操作

（1）新建工作簿。在首页单击 ＋ 按钮，选择"表格"项，再单击"空白表格"按钮。

（2）保存工作簿。

1）保存未命名的新工作簿有以下 3 种常用方法：

①单击"文件"选项卡中的"保存"命令，弹出"另存为"对话框，在其中定位至

合适的保存位置,在"文件名"文本框中输入文件名称,"保存类型"默认为 .xlsx,然后单击"保存"按钮。

②在快速访问工具栏中单击"保存"按钮。

③按 Ctrl+S 组合键。

2)保存已命名工作簿的方法。保存方法与第一次保存工作簿的方法相似,由于保存已命名的工作簿时保存位置和文件名已确定,因此不会弹出"另存为"对话框,直接在原工作簿中进行保存即可。

3)将已有工作簿另存为新工作簿的方法。单击"文件"选项卡中的"另存为"命令,弹出"另存为"对话框,在其中更改保存位置或者文件名,然后单击"保存"按钮。如果保存位置和文件名都没有改变,则会覆盖同名工作簿。

(3)关闭工作簿。常见的方法有 2 种:①单击标题栏中右上角的"关闭"按钮;②按 Alt+F4 组合键。

4.1.3 工作表的基本操作

(1)工作表的选定。

1)选定单个工作表。单击要选定的工作表标签使其变成白色,该工作表成为当前活动工作表。

2)选定多个工作表。

①选定多个连续的工作表。在选定第一个工作表之后按住 Shift 键,然后单击最后一个工作表标签。

②选定多个不连续的工作表。在选定第一个工作表之后按住 Ctrl 键,然后逐个单击工作表标签,选定其他工作表。

③选定全部工作表。在任意工作表标签上右击,在弹出的快捷菜单中选择"选定全部工作表"命令,如图 4-3 所示。

(2)工作表的切换。从一个工作表切换到另一个工作表,只需单击目标工作表的标签名称。

如果所需的工作表标签不可见,可以单击标签滚动按钮 来显示其他标签,然后单击相应的工作表标签。

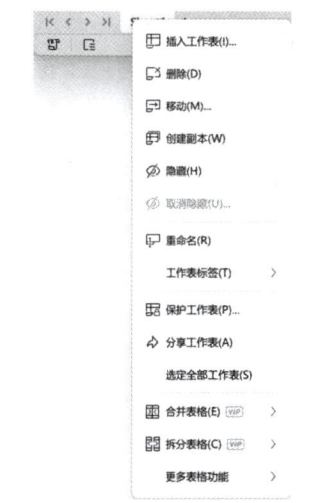

图 4-3 "工作表标签"快捷菜单

(3)工作表的重命名。下面给出 2 种工作表重命名的常用方法。

1)双击要修改名称的工作表标签,当工作表标签名称变为黑底白字 Sheet1 时直接输入新的工作表标签名称,确定名称无误后按 Enter 键,新的名称便会出现在工作表的标签上。

2）右击工作表标签，在弹出的快捷菜单中选择"重命名"命令。

（4）工作表的插入。插入工作表的方法有以下 3 种。

1）选定一个工作表，单击"开始"选项卡"单元格"按钮中的"工作表"项，在下拉列表中选择"插入工作表"命令，如图 4-4 所示。

图 4-4　"插入"按钮的下拉列表

2）按 Shift+F11 组合键。

3）右击工作表标签，在弹出的快捷菜单中选择"插入工作表"命令。

（5）工作表的移动和复制。复制和移动工作表的常用方法如下：

方法 1：使用菜单命令。

1）选定要复制或移动的工作表。

2）单击"开始"选项卡"单元格"按钮中的"工作表"项，在下拉列表中选择"移动或复制工作表"命令，如图 4-5 所示；或者右击工作表标签，在弹出的快捷菜单中选择"移动或复制"命令，弹出"移动或复制工作表"对话框。

3）在"工作簿"下拉列表框中选择目标工作簿，在"下列选定工作表之前"列表框中选择插入工作表的位置。

4）对于工作表的移动，直接单击"确定"按钮即可完成。对于工作表的复制，要先选中"建立副本"复选框，然后单击"确定"按钮，将选定的工作表复制到指定位置，如图 4-6 所示。

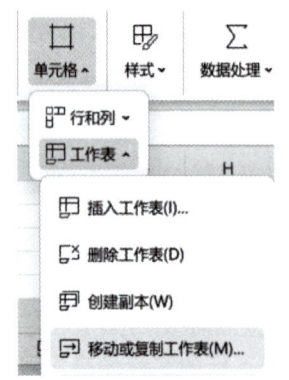　　　　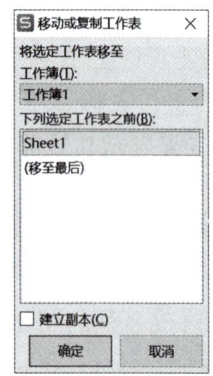

图 4-5　"格式"按钮的下拉列表　　　图 4-6　工作表的移动和复制

方法 2：拖动鼠标。

在同一工作簿中移动工作表时，只需先选定源工作表标签，然后按住鼠标左键拖动其到指定位置即可。在同一工作簿中复制工作表时，先选定源工作表标签，再按住 Ctrl 键，按住鼠标左键拖动其到指定位置即可。

（6）工作表的删除。删除方法有以下 2 种。

1）先选定待删除的工作表，然后单击"开始"选项卡"单元格"按钮中的"工作表"项，在下拉列表中选择"删除工作表"命令，如图 4-7 所示。

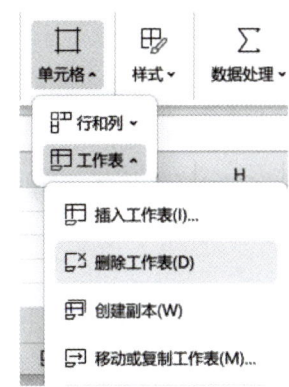

图 4-7　"删除"按钮的下拉列表

2）右击工作表标签，在弹出的快捷菜单中选择"删除"命令。

（7）工作表窗口的操作。

1）工作表窗口的拆分。如果在滚动工作表时需要始终显示某一列或某一行的标题，可以设置工作表分区，这样就可以在一个工作区域内滚动时在另一个分割区域中显示标题。

2）冻结窗格。如果要冻结水平或垂直标题，则单击"视图"选项卡中的"冻结窗格"按钮，在下拉列表中选择"冻结首行"或"冻结首列"命令。冻结了某一标题之后，可以任意滚动标题下方的行或标题右边的列，而标题固定不动，这对操作一个有很多行或列的工作表来说很方便。

如果要将水平和垂直标题都冻结，可以选定一个单元格，然后在"冻结窗格"按钮的下拉列表中选择"冻结拆分窗格"命令，则单元格上方所有的行和左侧所有的列都被冻结。

3）取消冻结和拆分。如果要取消标题或拆分区域的冻结，则单击"视图"选项卡中的"冻结窗格"按钮，在下拉列表中选择"取消冻结窗格"命令。

如果要取消对窗口的拆分，可以双击拆分栏的任意位置或者在"视图"选项卡的"窗口"按钮中单击"拆分"项。

4.1.4 行和列的基本操作

（1）行或列的选定。

1）选定一行（列）。单击待选定行（列）的行号（列标），所在行（列）就以高亮度显示。

2）选定相邻多行（列）。先单击第一个要选定行（列）的行号（列标），再按住 Shift 键，然后单击最后一个要选定的行（列）的行号（列标）。

3）选定不相邻的多行（列）。先单击第一个要选定行（列）的行号（列标），再按住 Ctrl 键，然后单击其他待选定行（列）的行号（列标）。

（2）行或列的插入。有以下 2 种插入方法。

方法 1：

1）在需要插入行或列的位置选定一个单元格。

2）单击"开始"选项卡中的"单元格"按钮，在下拉菜单中选择"行和列"命令，再选择"插入单元格"项，插入行或者列。

方法 2：

1）在需要插入行或列的位置选定一个单元格并右击。

2）在弹出的快捷菜单中选择"插入"命令，弹出"插入"对话框，在其中选择"整行"或者"整列"单选按钮。

3）单击"确定"按钮，则在选中单元格的上边插入新的一行或左边插入新的一列。

（3）行或列的删除。

1）删除行。先单击要删除行的行号选中一整行，然后单击"开始"选项卡中的"单元格"按钮，在下拉菜单中选择"行和列"命令，再选择"删除单元格"命令，删除行。选定的行将被删除，其下方的行自动上移一行。

2）删除列。与删除行操作相同，先单击要删除列的列标选中一整列，然后在"删除"按钮的下拉列表中选择"删除工作列"命令，选定的列将被删除，其右侧的列自动左移一列。

（4）设置列宽与行高。单击"开始"选项卡中的"单元格"按钮，在下拉菜单中选择"行和列"命令，再设置行高列宽。

4.1.5 单元格的基本操作

（1）单元格的选定。有 3 种选定单元格的方法。

1）使用鼠标选定单个单元格。移动鼠标，当鼠标指针在待选定的单元格上变为✚形状时，单击即可选定该单元格。被选定的单元格四周会出现粗线边框。

2）使用键盘移动光标选定单元格。先单击选定一个单元格，然后按方向键（←、→、↑、↓）移动到要选定的单元格即可。按 Tab 键右移一个单元格，按 Shift+Tab 组合键左移一个单元格，按 Enter 键下移一个单元格，按 Shift+Enter 组合键上移一个单元格，按 Ctrl+Home 组合键移到 A1 单元格。

3）使用"名称框"选定单元格。在"名称框"中输入单元格地址，然后按 Enter 键。

（2）单元格区域的选定。单元格区域由若干个单元格组成，可用"左上角单元格地址 : 右下角单元格地址"的形式表示，例如 B2:E8。

（3）单元格的移动。

1）选定要移动的单元格。

2）使用以下方法之一执行剪切操作：

①在"开始"选项卡中单击"剪切"按钮 。

②在选定的单元格区域内右击，在弹出的快捷菜单中选择"剪切"命令。

③按 Ctrl+X 组合键。

执行剪切操作后，选定区域的边框上会出现一个闪烁的线框 。

3）选定粘贴区域左上角的单元格或整个粘贴区域（剪切区域可以与粘贴区域重叠），如果要将选定的区域移到另一个工作表或工作簿中，则要切换到该工作表或工作簿中。

4）使用以下方法之一执行粘贴操作即可将选定区域移到目标区域：

①在"开始"选项卡中单击"粘贴"按钮。

②在选定的单元格区域内右击，在弹出的快捷菜单中选择"粘贴"命令。

③按 Ctrl+V 组合键。

（4）单元格的复制。

1）选定要复制的单元格。

2）使用以下方法之一执行复制操作：

①在"开始"选项卡中单击"复制"按钮 。

②在选定的单元格区域内右击，在弹出的快捷菜单中选择"复制"命令。

③按 Ctrl+C 组合键。

执行复制操作后，选定区域的边框上出现一个闪烁的线框 。

3）选定粘贴区域左上角的单元格或整个粘贴区域（复制区域可以与粘贴区域重叠），如果要将选定的区域移到另一个工作表或工作簿中，则要切换到该工作表或工作簿中。

4）使用以下方法之一执行粘贴操作，将选定区域复制到目标区域：

①采用与移动单元格相同的 3 种粘贴方法之一进行粘贴。采用这些方法，表格将以选定区域数据替换粘贴区域中的任何现有数据，将复制整个单元格，包括其中的公式及数据、格式和批注。

②有选择性地复制单元格的内容。在选定粘贴区域左上角的单元格上右击，在弹出的快捷菜单中选择"选择性粘贴"命令，弹出"选择性粘贴"对话框，在其中选择"粘贴"和"运算"方式，如图 4-8 所示。

图 4-8 "选择性粘贴"对话框

（5）单元格的插入。

1）在需要插入单元格的位置选定一个单元格并右击。

2）在弹出的快捷菜单中选择"插入"命令，如图 4-9 所示，弹出"插入"列表。

3）在其中选择对应的选项，如图 4-10 所示。

（6）单元格的删除。选中单元格并右击，在弹出的快捷菜单中选择"删除"命令，弹出"删除"列表。该对话框中有 5 个选项供选择：右侧单元格左移、下方单元格上移、整行、整列、删除空行，如图 4-11 所示。选择相应的选项即可完成单元格的删除操作。

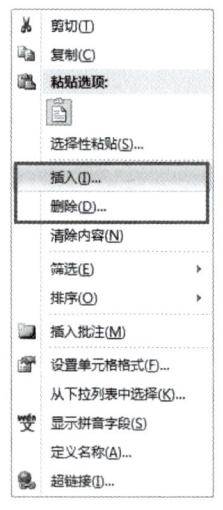
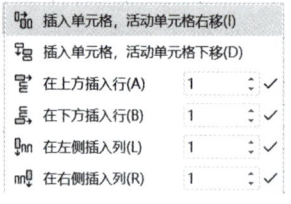
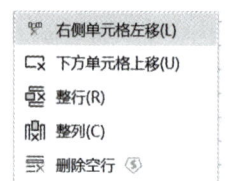

图 4-9 "单元格"快捷菜单　　图 4-10 "插入"列表　　图 4-11 "删除"列表

（7）编辑单元格中的内容。

1）将光标插入点定位到单元格或编辑栏中。有以下两种方法：

①将鼠标指针✥移至待编辑内容的单元格上，双击或者按 F2 键即可进入编辑状态，在单元格内鼠标指针变为I形状。

②将鼠标指针移到编辑栏中并单击。

2）对单元格或编辑栏中的内容进行修改。

3）确认修改的内容。

按 Enter 键确认所做的修改，按 Esc 键取消所做的修改。

4）快速填充。

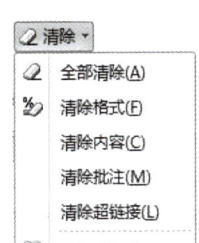

Ctrl+E 组合键的妙用

可以使用 Ctrl+E 组合键完成内容和格式的快速填充。找到需要批量填充列的第一个单元格填写需要设定特定内容，再使用 Ctrl+E 组合键，批量填充其他列。

（8）清除单元格或单元格区域。有以下两种方法：

1）先选定需要清除的单元格或单元格区域，再按 Delete 键或 Backspace 键，只清除单元格的内容，而保留该单元格的格式和批注。

2）选定需要清除的单元格或单元格区域并右击，在下拉列表中选择相应的命令即可清除单元格或单元格区域中的全部内容、格式和批注，或只清除格式、内容、批注或超链接，如图 4-12 所示。

图 4-12　"清除"按钮的下拉列表

（9）设置单元格格式。

1）设置数字格式。数据的基本格式按需求可以分为很多种，如货币、百分比、科学记数等，如图 4-13 所示。

2）设置对齐方式。选择要设置文本对齐的单元格，再单击"开始"选项卡"对齐方式"功能组中的相应按钮，如图 4-14 所示。

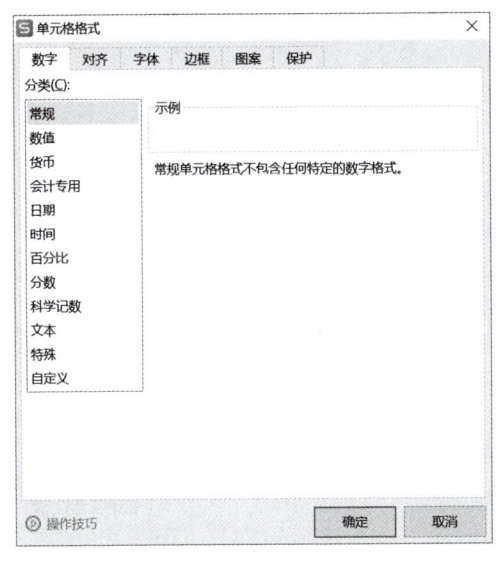

图 4-13　设置数据格式

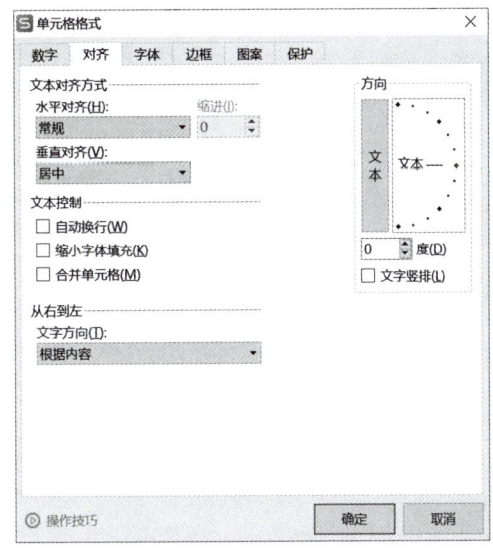

图 4-14　设置对齐方式

3）设置字体。在表格中，可以在"开始"选项卡的"字体"功能组中根据设置要求选择相应的命令，如图 4-15 所示。

4）设置边框。在表格中，表格行和列默认没有边框，显示时用灰色网格线分隔，打印时不显示，要想打印出边框，需要进行设置，如图 4-16 所示。

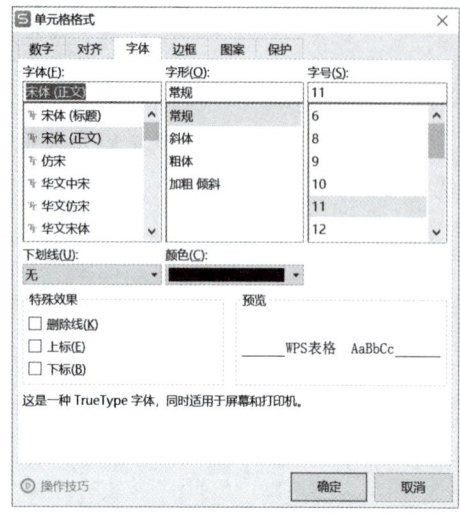

图 4-15　设置字体

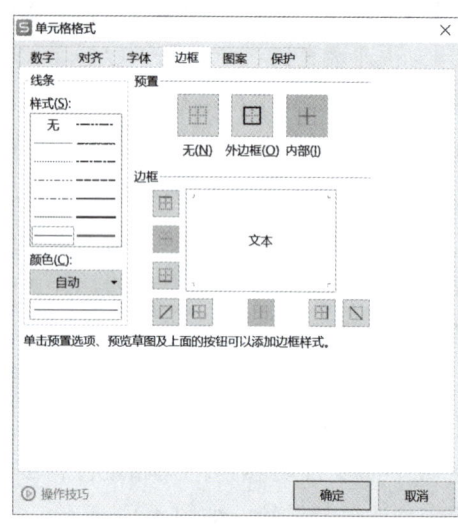

图 4-16　设置边框

5）设置图案。打开"单元格格式"对话框，进入"图案"选项卡进行设置，如图 4-17 所示。

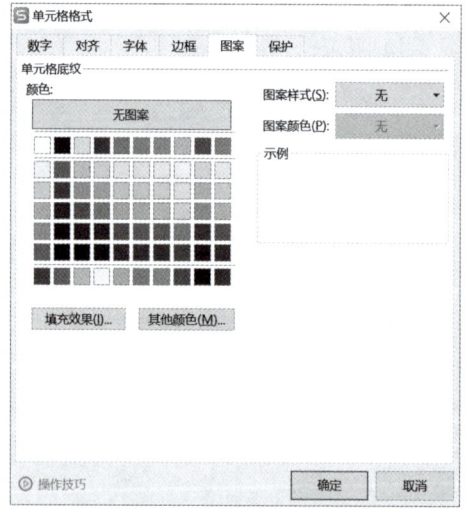

图 4-17　设置图案

志愿者信息分析表

任务实操

阅读本节知识内容，完成任务工作单 4-1-2。扫码观看视频，通过表格数据编辑完成志愿者信息表数据输入。

4.1.6 制作"志愿者信息分析表"

步骤 1：新建志愿者信息分析表文件。

启动 WPS，新建一个默认名为"工作簿 1"的空白表格。单击快捷访问工具栏中的"保存"按钮，打开"另存为"对话框，选择合适的存储位置，在"文件名"文本框中输入"志愿者信息分析表"，在"文件类型"下拉列表中选择"WPS 表格文件 (*.xlsx)"选项，单击"保存"按钮。

步骤 2：录入志愿者信息。

首先录入基础数据，其中"姓名""性别""身份证号码"三列内容直接录入，如图 4-18 所示（图中信息均为虚构）。需要注意的是，身份证号码可以识别为字符型数据，可在录入数字前可以先录入"'"，录入完成后在单元格的左上方会有绿色三角形标识。

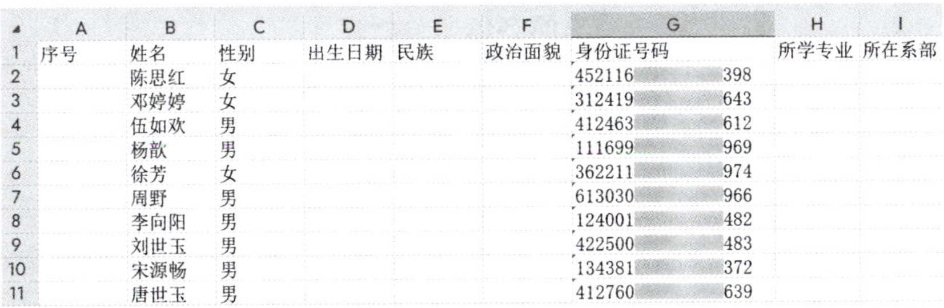

	A	B	C	D	E	F	G	H	I
1	序号	姓名	性别	出生日期	民族	政治面貌	身份证号码	所学专业	所在系部
2		陈思红	女				452116 398		
3		邓婷婷	女				312419 643		
4		伍如欢	男				412463 612		
5		杨散	男				111699 969		
6		徐芳	女				362211 974		
7		周野	男				613030 966		
8		李向阳	男				124001 482		
9		刘世玉	男				422500 483		
10		宋源畅	男				134381 372		
11		唐世玉	男				412760 639		

图 4-18　录入基础数据

步骤 3：快速生成出生日期内容。

"出生日期"列数据可以根据"身份证号码"获取，使用 MID 函数能快速完成填充。具体操作过程在任务 2 中详细介绍。

步骤 4："序号"列、"民族"列、"政治面貌"列、"所学专业"列、"所在系部"列内容使用快捷填充。

单击 A2 单元格，输入数字"1"，选定单元格，拖拽右侧填充柄填充序号。

单击 E2 单元格，按住 Ctrl 键的同时单击要输入相同数据的 E4、E5、E6、E8、E9、E10 和 E11 单元格，输入需要填充的数据"汉"，按 Ctrl+Enter 组合键，这样就可以快速填充民族为"汉"的数据。同理，可以快速填充"政治面貌"列、"所学专业"列、"所在系部"列的数据。效果如图 4-19 所示。

步骤 5：单元格的编辑。

选中表格第 1 行单元格后右击，在弹出的快捷菜单中选择"插入"命令，在第 1 行上新建一行，这一行将作为标题行，合并 A1:I1 单元格。接着完善表格标题的字体，设置为居中对齐、黑体、20 号。各单元格数据均设置为居中对齐。具体效果如图 4-20 所示。

步骤 6：设置表格格式和边框。

先设置标题格式和表头文字格式，再调整表格的行高和列宽，设置表格边框，如图 4-21 所示。可以用拖拽的方式调整标题行的行高，再调整数据列宽。若要设置行高或列宽为具体的数值，选中数据行或数据列后右击，在弹出的快捷菜单中选择"行高"或"列宽"命令，然后填入行高或列宽的具体数值，单击"确定"按钮即可。再套用表格样式完成表格美化，如图4-21所示。最终效果如图4-22所示。

图 4-19 快速填充数据

图 4-20 标题设置

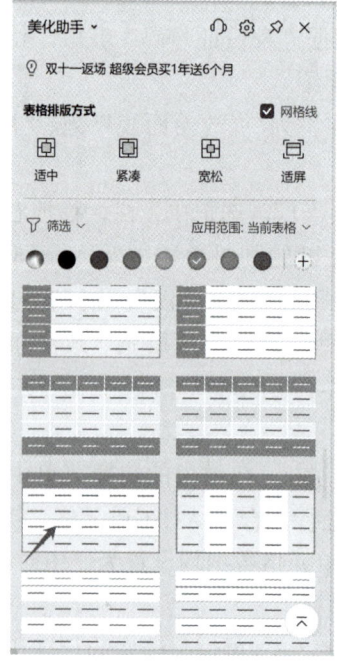

图 4-21 表格美化样式选择

模块 4　数据信息处理

序号	姓名	性别	出生日期	民族	政治面貌	身份证号码	所学专业	所在系部
						志愿者信息分析表		
1	陈思红	女	20051123	汉	团员	452116███████398	商务英语	环境经济与信息学院
2	邓婷婷	女	20040602	土家	群众	312419███████643	环境工程技术	环境工程学院
3	伍如欢	男	20061024	汉	群众	412463███████612	环境监测技术	环境监测学院
4	杨歆	男	20050924	汉	团员	111699███████969	室内设计	环境艺术学院
5	徐芳	女	20040704	汉	群众	362211███████974	环境修复技术	环境资源学院
6	周野	男	20061112	苗	团员	613030███████966	生态环境大数据	环境经济与信息学院
7	李向阳	男	20050707	汉	群众	124001███████482	环境修复技术	环境资源学院
8	刘世玉	男	20030916	汉	群众	422500███████483	环境监测技术	环境监测学院
9	宋源畅	男	20061002	汉	团员	134381███████372	环境监测技术	环境监测学院
10	唐世玉	男	20051019	汉	群众	412760███████639	环境修复技术	环境资源学院

图 4-22　最终效果图

任务 2　数据统计

任务描述

李同学制作完"志愿者信息分析表"后，了解到经常用函数来完成数据的获取及快速计算，功能非常强大。通过电子表格的函数功能对"志愿者信息分析表"的数据进行计算分析，分别统计年龄区间、团员人数。这样可以更直观地看到志愿者构成的相关信息，最终效果如图 4-23 所示。

E15　　 f_x　=COUNTIF(G3:G12,G3)

序号	姓名	性别	出生日期	年龄	民族	政治面貌	身份证号码	所学专业	所在系部
				志愿者信息分析表					
1	陈思红	女	20051123	19	汉	团员	452116███████398	商务英语	环境经济与信息学院
2	邓婷婷	女	20040602	20	土家	群众	312419███████643	环境工程技术	环境工程学院
3	伍如欢	男	20061024	18	汉	群众	412463███████612	环境监测技术	环境监测学院
4	杨歆	男	20050924	19	汉	团员	111699███████969	室内设计	环境艺术学院
5	徐芳	女	20040701	20	汉	群众	362211███████974	环境修复技术	环境资源学院
6	周野	男	20061112	18	苗	团员	613030███████966	生态环境大数据	环境资源学院
7	李向阳	男	20050707	19	汉	群众	124001███████482	环境修复技术	环境资源学院
8	刘世玉	男	20030916	21	汉	群众	422500███████483	环境监测技术	环境监测学院
9	宋源畅	男	20061002	18	汉	团员	134381███████372	环境监测技术	环境监测学院
10	唐世玉	男	20051019	19	汉	群众	412760███████639	环境修复技术	环境资源学院
			年龄最大值：	21					
			年龄最小值：	18					
			团员人数：	4					

图 4-23　最终效果图

技术分析

- 插入公式与函数。
- MAX、MIN、COUNTIF 函数的应用。

学习目标

- 理解单元格绝对地址、相对地址的概念和区别。

🌱 数字技能基础

- 掌握相对引用、绝对引用、混合引用及工作表外单元格的引用方法。
- 熟悉公式与函数的使用。
- 掌握平均值、最大/最小值、求和、计数等常见函数的使用步骤。

知识链接

本节可以自行学习，通过预习知识链接，完成知识测评单 4-2-1。基本操作部分可以扫码观看视频演示，夯实知识基础！

学习箴言：学而不思则罔，思而不学则殆！

4.2.1 公式

表格的公式由运算符、数值、字符串、变量和函数组成。公式必须以等号（=）开始，后面是参与运算的运算数和运算符。

1. 表格运算符

（1）表格运算符包括算术运算符、关系运算符、文本运算符，具体见表 4-1。

表 4-1 表格中的算术运算符、关系运算符、文本运算符

运算符	类型	优先级	示例
()	算术运算符	1	(3+4)*5（结果为 35）
-		2	-100
%（百分比）		3	5%（结果为 0.05）
^（乘方）		4	2^3（结果为 8）
* 与 /（乘与除）		5	3*4（结果为 12）
+ 与 -（加与减）		6	3+5（结果为 8）
&（文本连接）	文本运算符	7	"中"&"国"（结果为 "中国"）
=（等于）、<（小于）、>（大于）、<=（小于等于）、>=（大于等于）、<>（不等于）	关系运算符	8	5<6（结果为 FALSE）

注意：表格中文本类型的数据需要用英文状态的双引号 "" 引起来。

（2）引用运算符。引用运算符可以将单元格区域作为整体进行计算，引用运算符见表 4-2。

表 4-2 表格中的引用运算符

引用运算符	含义	示例
:	区域运算符：引用连续的单元格区域	SUM(A1:A5)
,	联合运算符：将多个引用合并为一个引用	SUM(A2,B5,C7)
空格	交叉运算符：生成对同时隶属于两个引用的单元格区域的引用	SUM(A1:A5 B5:C7)

四类运算符的优先级从高到低依次为：引用运算符＞算术运算符＞文本运算符＞关系运算符，当优先级相同时，自左向右进行计算。

2. 相对引用、绝对引用和混合引用

在公式的使用过程中，经常需要引用单元格地址来指明运算的数据在工作表中的位置。单元格地址的引用分为：相对引用、绝对引用、混合引用。具体使用案例见视频操作。

单元格地址的引用

（1）相对引用。当将公式复制或填充到新位置时，公式不变，单元格地址随着位置的不同而变化，它是表格默认的引用方式，如 F2 和 H22。

（2）绝对引用。当公式复制到或填入新位置时，单元格地址保持不变。设置时只需在行号和列号前加"$"符号，如 $F$2 和 $H$22。

（3）混合引用。在一个单元格地址中，既有相对引用又有绝对引用，如 $F2 和 $H22 是列绝对引用，行相对引用；F$2 和 H$22 是列相对引用，行绝对引用。

4.2.2 函数

在表格中，函数的语法结构比较简单。函数的结构以等号（=）开始，后面紧跟函数名称和左括号，然后输入以逗号分隔的该函数的参数，最后以右括号结束。

（1）SUM()：求和函数。

语法：SUM(number1,number2,…)。

用途：计算所有参数数值的和。

参数说明：number1、number2 等代表需要计算的值，可以是具体的数值、引用的单元格（区域）、逻辑值等。

实例：如果 A1=1、A2=2、A3=3，则公式"=SUM(A1:A3)"返回 6。

（2）MIN()：求最小值函数。

语法：MIN(number1,number2,…)。

用途：计算所有参数的最小值。

参数说明：number1、number2 等是要计算最小值的参数。

实例：如果 A1:A5 的数值分别为 100、70、92、47 和 82，则公式"=MIN(A1:A5)"返回 47。

（3）MAX()：求最大值函数。

语法：MAX(number1,number2,…)。

用途：计算所有参数的最大值。

参数说明：number1、number2 等是要计算最大值的参数。

实例：如果 A1:A5 的数值分别为 100、70、92、47 和 82，则公式"=MAX(A1:A5)"返回 100。

（4）MID()：求指定数量的字符函数。

语法：MID(text,start_num,num_chars)。

用途：在文本字符串中，从指定的位置开始返回指定数量的字符。

参数说明：text 为必填项，是包含要提取字符的文本字符串；start_num 为必填项，是文本中从左起第几位开始截取，文本中第一个字符的 start_num 为 1，以此类推；num_chars 为必填项，是文本中从 start_num 参数指定的位置开始要向右截取的长度。

（5）COUNT()：计数函数。

语法：COUNT(value1,value2,…)。

用途：返回数值参数的个数，它可以统计数组或单元格区域中含有数字的单元格个数。

参数说明：value1、value2 等是包含或引用各种类型数据的参数，其中只有数字类型的数据才能被统计。

（6）LEN()：求字符数函数。

语法：LEN(text)。

用途：返回文本字符串中的字符数。

参数说明：text 是要查找其长度的文本，空格将作为字符进行计数。

（7）COUNTIF()：带条件的统计函数。

语法：COUNTIF(range,criteria,sum_range)。

用途：对某一区域中符合条件的单元格数量统计。

参数说明：range 代表条件判断的单元格区域，criteria 为指定条件表达式，sum_range 代表需要计算的数值所在的单元格区域。

（8）VALUE()：数字转换函数。

语法：VALUE(text)。

用途：将数字的文本字符串转换为数字。

参数说明：text 为必填项，是用引号引起来的文本或包含要转换文本的单元格的引用。

（9）CONCATENATE()：合并函数。

语法：CONCATENATE(text1,[text2],…)。

用途：将两个或多个文本字符串联接为一个字符串。

参数说明：text1 为必填项，是要联接的第一个项目，项目可以是文本、数字或单元格引用；text2 为选填项，是要联接的其他文本项目，最多可以有 255 个项目，最多支持 8192 个字符。

（10）IF()：逻辑判断函数。

语法：IF(logical_test,value_if_true,value_if_false)。

用途：执行逻辑判断，可以根据逻辑表达式的真假返回不同的结果，从而执行数值或公式的条件检测任务。

参数说明：logical_test 是计算结果为 TRUE 或 FALSE 的任何数值或表达式，value_if_true 是 logical_test 为 TRUE 时函数的返回值，value_if_false 是 logical_test 为 FALSE 时函数的返回值。

（11）VLOOKUP()：查找函数。

语法：VLOOKUP(lookup_value,table_array,col_index_num,[range_lookup])。

用途：可以使用 VLOOKUP 函数搜索工作表中的两个或多个单元格，按列查找，最终返回该列所需查询序列所对应的值。

参数说明：lookup_value 为必填项，是要在表格或区域的第一列中搜索的值；table_array 为必填项，是包含数据的单元格区域；col_index_num 为必填项，指定 table_array 参数返回的匹配值的列号；range_lookup 为选填项，是一个逻辑值，指定 VLOOKUP 函数查找精确匹配值还是近似匹配值。

实例：假设区域 A2:C10 中包含员工列表。员工的 ID 号存储在该区域的第一列，如图 4-24 所示。

	A	B	C
1	员工 ID	部门	全名
2	35	销售	周浩宇
3	36	生产	谢立秋
4	37	销售	孙荷佑
5	38	运营	黄雅玲
6	39	销售	熊思平
7	40	生产	金蔷
8	41	销售	郭伟宸
9	42	运营	刘明杰
10	43	生产	马光明

图 4-24　员工列表

如果知道员工的 ID 号，则可以使用 VLOOKUP 函数返回该员工所在的部门或其姓名。若要获取 38 号员工的姓名，可以使用公式“=VLOOKUP(38,A2:C10,3,FALSE)”。此公式将搜索区域 A2:C10 的第一列中的值 38，然后返回该区域与查找的值相同行上任何单元格中的值中第三列包含的值作为查询结果（“黄雅玲”）。

志愿者信息表的数据统计

任务实操

阅读本节知识内容，完成任务工作单 4-2-2。扫码观看视频，应用函数完成志愿者信息统计。

4.2.3 志愿者信息统计

步骤 1：利用函数生成出生日期列数据，结果如图 4-25 所示。

选定单元格 D3，输入函数 =MID(G3,7,8), 按 Enter 键即可完成出生日期的数据录入。

步骤 2：插入年龄列，计算分析志愿者年龄。

在“民族”列左侧插入年龄列，利用 MID 函数进行出生年份的计算，在 E3 单元格中输入函数“=MID(D3,1,4)”即可求出。再选定 E3:E12，设置数据类型为数值，小数位数为 0。

利用函数 YEAR 与 TODAY 完成当前日期年份的计算，将所得的数值减去 E3 单元格的数据，具体效果如图 4-26 所示。

图 4-25 数据填充

图 4-26 计算志愿者的年龄

步骤 3：计算年龄区间。

求志愿者的年龄区间，即求年龄的最高值和最低值，使用 MAX、MIN 函数。在 D13 单元格输入文字"年龄最大值："在 E13 单元格中输入公式"=MAX(E3:E12)"，按 Enter 键，完成 E13 单元格的计算。

在 D14 单元格输入文字"年龄最小值："，在 E14 单元格中输入公式"=MIN(E3:E12)"，按 Enter 键，完成 E14 单元格的计算，结果如图 4-27 所示。

图 4-27 年龄区间情况

步骤 4：统计政治面貌为团员的人数。

因为是对满足特定条件的单元格求计数，所以应该用 COUNTIF 函数。该函数包含 2 个参数：第 1 个参数是计数区域，第 2 个参数是求计数条件。“团员”为求计数条件，“政治面貌”所在的 G 列单元格 G3 至 G12 为求计数条件所在区域。在 D15 单元格输入文字“团员人数：”，在 G15 单元格中输入公式“=COUNTIF(G3:G12,G3)”，按 Enter 键，完成 G15 单元格的计算，结果如图 4-28 所示。

E15　=COUNTIF(G3:G12,G3)

	A	B	C	D	E	F	G	H	I	J
1	志愿者信息分析表									
2	序号	姓名	性别	出生日期	年龄	民族	政治面貌	身份证号码	所学专业	所在系部
3	1	陈思红	女	20051123	19	汉	团员	452116[redacted]398	商务英语	环境经济与信息学院
4	2	邓婷婷	女	20040602	20	土家	群众	312419[redacted]643	环境工程技术	环境工程学院
5	3	伍如欢	男	20061024	18	汉	群众	412463[redacted]612	环境监测技术	环境监测学院
6	4	杨歆	男	20050924	19	汉	团员	111699[redacted]969	室内设计	环境艺术学院
7	5	徐芳	女	20040704	20	汉	群众	362211[redacted]974	环境修复技术	环境资源学院
8	6	周野	男	20061112	18	苗	团员	613030[redacted]966	生态环境大数据	环境经济与信息学院
9	7	李向阳	男	20050707	19	汉	群众	124001[redacted]482	环境修复技术	环境资源学院
10	8	刘世玉	男	20030916	21	汉	群众	422500[redacted]483	环境监测技术	环境监测学院
11	9	宋源畅	男	20061002	18	汉	团员	134381[redacted]372	环境监测技术	环境监测学院
12	10	唐世玉	男	20051019	19	汉	群众	412760[redacted]639	环境修复技术	环境资源学院
13				年龄最大值：	21					
14				年龄最小值：	18					
15				团员人数：	4					

图 4-28　政治面貌为团员的人数

任务 3　数据分析

任务描述

李同学制作完“志愿者信息分析表”后，需要对表格数据进行一些处理，包括对专业排序，筛选出符合专业要求的性别和所在系部，按专业对志愿者进行分类汇总等。本次任务用 WPS 表格对“志愿者信息分析表”的数据进行排序、筛选和分类汇总、绘制图表等操作，以便更为直观地看到志愿者的相关信息，做好后续分配对口专业的志愿服务。“志愿者信息分析表”制作完成后的效果如图 4-29 所示。

技术分析

- 排序——筛选——分类汇总。
- 插入图形。
- 制作数据透视表。

学习目标

- 掌握电子表格的数据排序操作。

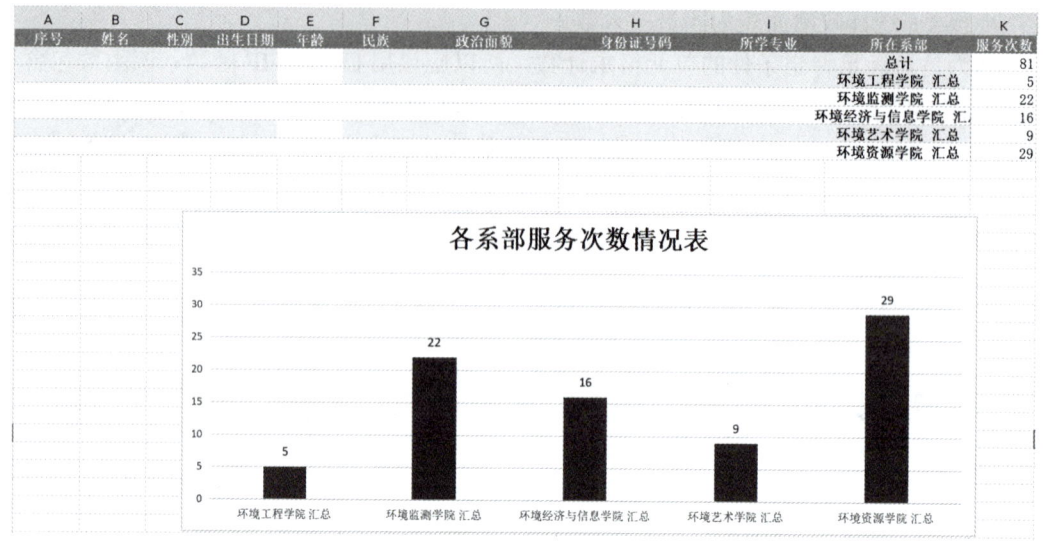

图 4-29 最终效果图

- 掌握自动筛选、自定义筛选、高级筛选等操作。
- 掌握电子表格中数据分类汇总的操作。
- 掌握电子表格中图表插入的操作。
- 掌握电子表格中数据透视表的操作。

知识链接

本节可以自行学习，通过预习知识链接，完成知识测评单 4-3-1。基本操作部分可以扫码观看视频演示，夯实知识基础！

学习箴言：学习不仅是接受，更是发现与创造！

4.3.1 "插入"选项卡

电子表格的图表制作主要使用"插入"选项卡的功能，单击该选项卡，有数据透视表、数据透视图、表格、图片、形状、图标、全部图表、文本框、页眉页脚、符号、公式等选项，如图 4-30 所示。

图 4-30 "插入"选项卡

（1）图表的组成。WPS 表格中内置了多种图表类型，虽然图表的类型很多，但每一种图表的组成元素大多相同。一般而言，默认的组成元素包括图表区、绘图区、数据系列、图表标题、坐标轴、数据标签、图例和网格线等。

（2）插入图形。插入图形主要包括插入柱形图、插入条形图、插入折线图、插入饼图、移动图表位置、调整图表大小、更改图表类型等操作。柱形图是 WPS 表格常见的图表样式，它可以直观地对比显示数据差异。条形图可以用宽度相同的条形的高度或长短差异表示数据多少。

4.3.2 排序

利用排序功能可以按照关键字对数据进行单条件或是多条件的升序、降序排序，还可以按照需要设置自定义排序方式。表格排序操作可以将数据升序或降序排序，也可以通过排序将具有一个或几个同一特征值的记录排列在一起，方便用户对同类特征对象相互比较。

4.3.3 筛选

筛选功能是指从数据清单中选取满足条件的记录，不满足条件的数据被自动隐藏，从而快速提取表格中的信息。筛选分为简单筛选和高级筛选。表格的数据筛选操作是只将满足条件的记录显示出来，方便在大量数据中快速查看想看的数据。

数据筛选分为自动筛选和高级筛选。

4.3.4 分类汇总

分类汇总功能是指把工作表中的数据分门别类地进行统计处理。无须建立公式，表格将会自动对各类别的数据进行求和、求平均值、统计个数、求最大值（最小值）和总体方差等多种计算，并且分级显示汇总的结果，从而增加了工作表的可读性，使用户能更快捷地获得需要的数据并作出判断。

4.3.5 数据透视表

透视表是一种交互式的表，可以进行某些计算，例如求和筛选、排序等，并且计算的结果跟透视表中的排列有关。之所以称为数据透视表，是因为它可以动态地改变透视表的版面布局，可以方便用户从不同角度分析数据。这里还有一个词——"交互"，这就表示其与传统的表格不同，用户可以跟数据透视表做一些人机交互，可以更方便地集中展示想要的数据。

通过数据透视表不仅能方便地查看工作表中的数据信息，而且可以对数据进行分析和处理。创建数据透视表后可在指定的工作表区域中查看创建的数据透视表，其主要由数据透视表布局区域和数据透视表字段列表构成，特点及作用如下：

（1）数据透视表布局区域。生成数据透视表的区域，可以在字段列表区域选中字段名复选框，或右击某个字段名，在弹出的快捷菜单中选择该字段要移动到的位置。

（2）数据透视表字段列表区域。数据透视表字段列表区域用于显示数据源中的列标题，每个标题都是一个字段，如"日期""原料""单价"等。在表格中创建数据透视表都是以表格中的数据为基础进行创建的，当创建数据透视表后，可根据需要设置数据表的布局和格式，并可对数据表中的字段进行编辑。

数据透视表不仅综合了数据排序、筛选、组合、分类汇总等数据分析方法的优点，而且汇总的方式更灵活多变，并以不同方式显示数据。移动字段所处位置即可变换出各种报表。

在以下场景适合优先使用数据透视表处理数据：

（1）需对庞大的数据库进行多条件统计。

（2）需要对得到的统计数据进行行列变换，随时切换数据的统计维度，迅速得到新的数据，满足不同的要求。

（3）需要在得到的统计数据中找出某一字段的一系列相关数据。

（4）需要将得到的统计数据与原始数据源保持实时更新。

（5）需要在得到的统计数据中找出数据内部的各种关系并满足分组的要求。

（6）需要将得到的统计数据用图形表现出来，并且可以筛选控制哪些值用图表来表示。

可以用以下 4 种类型的数据源创建数据透视表：

- 表格数据列表清单（Sheet 工作表）。
- 外部数据源：文本、SQL Server、Microsoft Access 数据库、Analysis Services、Windows Azure Marketplace、Microsoft OLAP 多维数据集。
- 多个独立的表格数据列表（多个 Sheet 工作表）。可以通过数据透视表将这些独立的表格汇总在一起。
- 其他数据透视表。已经创建完成的数据透视表也可以成为另一个数据透视表的数据源。

"志愿者信息分析表"的数据分析

任务实操

阅读本节知识内容，完成任务工作单 4-3-2！扫码观看视频，应用函数完成志愿者信息统计。

4.3.6 志愿者信息分析

步骤 1：首先在"志愿者信息分析表"中的增加一列"服务次数"，并利用格式刷将其格式与其他列保持一致，方便后续进行数据处理。

步骤 2：对"志愿者信息分析表"中的"所学专业"列，按升序进行排列。

选中"志愿者信息分析表"数据区域中的任意单元格，单击"开始"选项卡中的"排序”按钮，在下拉列表中选择“自定义排序”选项，如图 4-31 所示。打开“排序”对话框，设置主要关键字为“所学专业”、次序为“升序”，单击“确定”按钮，如果只选中其中一列，会弹出“排序警告”对话框，如图 4-32 所示，按实际情况给出排序依据后单击“排序”按钮即可。排序后的结果如图 4-33 所示。

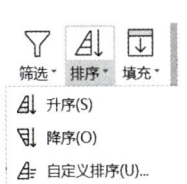

图 4-31　排序下拉列表

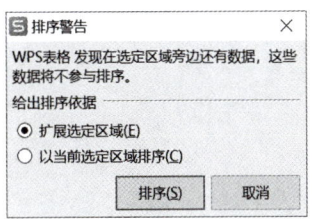

图 4-32　“排序”对话框

	A	B	C	D	E	F	G	H	I	J	K
1	志愿者信息分析表										
2	序号	姓名	性别	出生日期	年龄	民族	政治面貌	身份证号码	所学专业	所在系部	服务次数
3	2	邓婷婷	女	20040602	20	土家	群众	312419[illegible]643	环境工程技术	环境工程学院	5
4	3	伍如欢	男	20061024	18	汉	群众	412463[illegible]612	环境监测技术	环境监测学院	0
5	8	刘世玉	男	20030916	21	汉	群众	422500[illegible]483	环境监测技术	环境监测学院	20
6	9	宋源畅	男	20061002	18	汉	团员	134381[illegible]372	环境监测技术	环境监测学院	2
7	5	徐芳	女	20040704	20	汉	群众	362211[illegible]974	环境修复技术	环境资源学院	15
8	7	李向阳	男	20050707	19	汉	群众	124001[illegible]482	环境修复技术	环境资源学院	10
9	10	唐世玉	男	20051019	19	汉	群众	412760[illegible]639	环境修复技术	环境资源学院	4
10	1	陈思红	女	20051123	19	汉	团员	452116[illegible]398	商务英语	环境经济与信息学院	10
11	6	周野	男	20061112	18	苗	团员	613030[illegible]966	生态环境大数据	环境经济与信息学院	6
12	4	杨歆	男	20050924	19	汉	团员	111699[illegible]969	室内设计	环境艺术学院	9

图 4-33　排序后的结果

步骤 3：筛选出“志愿者信息分析表”中服务次数超过 10 次的学生姓名和所学专业。

在 A14 单元格中输入“服务次数”，在 B14 单元格输入“>=10”。选择数据区域中的任意单元格，单击“开始”选项卡中的“筛选”列表，在下拉列表中选择“高级筛选”选项，打开“高级筛选”对话框。在其中选中“将筛选结果复制到其他位置”单选按钮，“列表区域”选择默认设置，“条件区域”选择 A14:B14 区域，复制到 A15 单元格（也可以复制到新工作表的单元格），单击“确定”按钮，结果如图 4-34 所示。

14	服务次数	>=10									
15	序号	姓名	性别	出生日期	年龄	民族	政治面貌	身份证号码	所学专业	所在系部	服务次数
16	8	刘世玉	男	20030916	21	汉	群众	422500[illegible]483	环境监测技术	环境监测学院	20
17	5	徐芳	女	20040704	20	汉	群众	362211[illegible]974	环境修复技术	环境资源学院	15
18	7	李向阳	男	20050707	19	汉	群众	124001[illegible]482	环境修复技术	环境资源学院	10
19	1	陈思红	女	20051123	19	汉	团员	452116[illegible]398	商务英语	环境经济与信息学院	10

图 4-34　高级筛选

步骤 4：对“志愿者信息分析表”中的服务次数按所学专业进行分类汇总。

对“所在系部”列进行升序排序。单击“数据”选项卡中的“分类汇总”按钮，在弹出的“分类汇总”对话框中，设置分类字段为“所在系部”、汇总方式为“求和”、选定汇总项为“服务次数”，如图 4-35 所示。

步骤 5：制作“志愿者信息分析表”柱形图。

根据“志愿者信息分析表”的汇总内容，选择“所在系部”和“服务次数”标题行以及相应的内容数据作为数据列，选中 J3:J14 区域和 K3:K14 区域，单击“插入”选项卡中的"全部图表"按钮,在弹出的"插入图表"对话框中选择"柱形图"→"簇状柱形图"选项,如图 4-36 所示。单击该图形,即可在"志愿者信息分析表"工作表中插入柱形图。

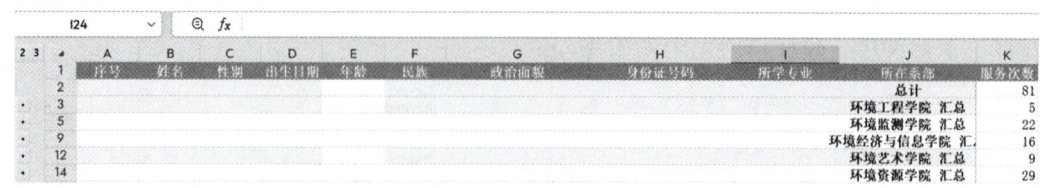

图 4-35　服务次数按所在系部进行分类汇总

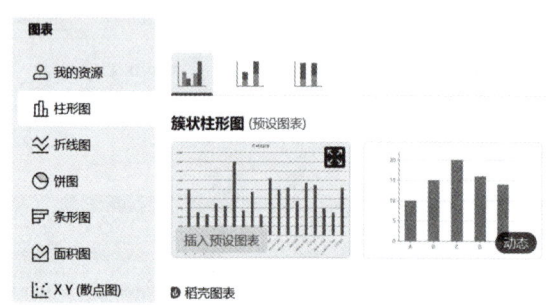

图 4-36　插入柱形图

步骤 6:调整图表大小。

将创建的柱形图移动到一个新工作表中,将工作表名称改为"志愿者信息分析表—柱形图",再选中柱形图,将鼠标指针置于图表区域左上角的空心小圆点上,此时指针将变成双向箭头。按住鼠标左键并拖动鼠标,将柱形图调整到合适尺寸后,释放鼠标左键,即可调整柱形图大小。

步骤 7:美化图形。

选中柱形图,选择图表标题,修改为"各系部服务次数情况表",设置格式为"宋体、20、加粗"。单击"图表工具"选项卡中的"添加元素"下拉按钮,在下拉列表中选择"数据标签"→"数据标签外"选项。这样就完成了柱形图的制作,效果如图 4-37 所示。

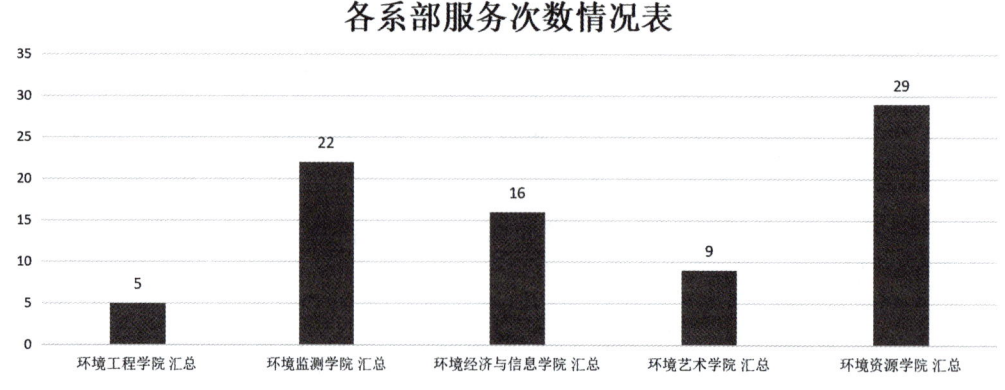

图 4-37　柱形图

步骤8：数据透视表制作。

为了及时了解志愿者的性别构成及各系部学生的参与情况，用数据透视表会更加快捷清晰。具体操作是单击数据区域内的任意单元格，在"插入"选项卡的"表格"功能组中单击"数据透视表"按钮，弹出"创建数据透视表"对话框。保持对话框默认内容不变，单击"确定"按钮即可创建一张空的数据透视表。

在"数据透视表字段列表"窗格中勾选"性别"、"所在系部"和"服务次数"字段的复选框，被添加的字段自动出现在"字段列表"下方的行标签区域和数值区域，同时相应的字段也被添加到数据透视表中，这就完成了数据透视表的设置，效果如图4-38所示。

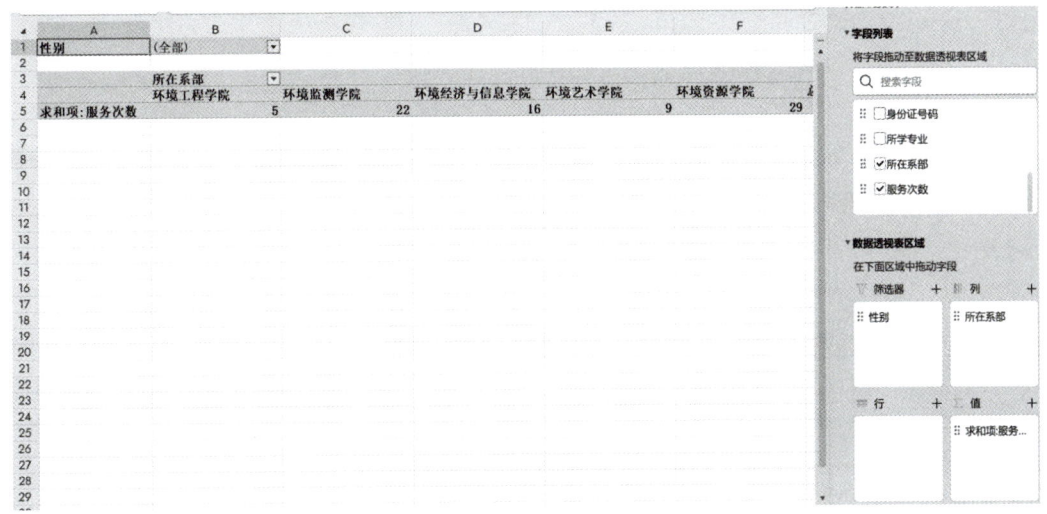

图4-38　数据透视表效果图

步骤9：设置打印"志愿者信息分析表"。

打开"志愿者信息分析表"，单击"页面布局"选项卡中的"纸张方向"按钮，在下拉列表中选择"横向"选项；单击"纸张大小"按钮，在下拉列表中选择A4选项。单击"页面"选项卡中的"打印标题"按钮，弹出"页面设置"对话框，在"工作表—打印区域"文本框中输入"$A$1:$K$12"，单击"确定"按钮，这样就设置好打印区域和打印标题行了，如图4-39所示。

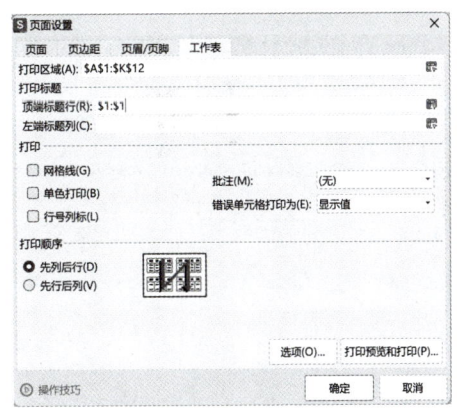

图4-39　页面设置

步骤10：打印"志愿者信息分析表"。

单击"页面布局"选项卡中的"打印预览"按钮，即可对工作表设置打印预览。再单击"直接打印"按钮，在下拉列表中选择"打印"选项，弹出"打印"对话框，选中"打印内容"栏中的"选定工作表"单选按钮，单击"确定"按钮，若已连接打印机，即可打印"志愿者信息分析表"。

第三篇
数字技术

模块 5 大数据——挖掘数字资源

📖 模块导读

大数据——挖掘数字资源

随着大数据在各行各业的渗透和发展，数字经济成为新的经济形态。作为数字经济的核心引擎，数据要素已经成为与土地、劳动力、资本和技术并列的五大生产要素之一。国家"十四五"规划明确提出，迎接数字时代，加快建设数字经济、数字社会、数字政府，以数字化转型整体驱动生产方式、生活方式和治理方式变革。2021年，国家出台有关规定，在政策层面明确了数据是新时代重要的生产要素，是国家基础性战略资源，同时提出以数据流引领技术流、物质流、资金流、人才流，打通生产、分配、流通、消费各环节，促进资源要素的优化配置。熟悉和掌握大数据相关技能，将会更有力地推动国家数字经济建设。

本模块围绕目标设置了"大数据可视化"和"大数据分析报告"两个任务。"大数据可视化"任务旨在介绍大数据基本概念、主要特征和时代背景的基础上，通过对采集到的店风格、店名、店性质、品类描述、品牌描述、所属大区、所属小区、毛利、销售额等信息进行处理、分析、可视化，让读者熟悉大数据可视化的基本流程和步骤，做中学、学中做，突出技能训练。通过"大数据分析报告"任务，读者能快速生成大数据图表报告，能够从海量数据中挖掘具有潜在价值的关系、模式和趋势，构建数据模型，作出预测分析。

可视化管理。可视化管理是数据看板设计的核心理念之一，是指通过使用图表、图像等，将复杂的数据信息简化并直观地展现出来，使得管理人员可以更好地理解数据，更快地作出决策。

【职业能力岗位匹配】

数据分析师是专门从事行业数据搜集、整理、分析，并依据数据做出行业研究、评估和预测的专业人员。

🗺 模块导图

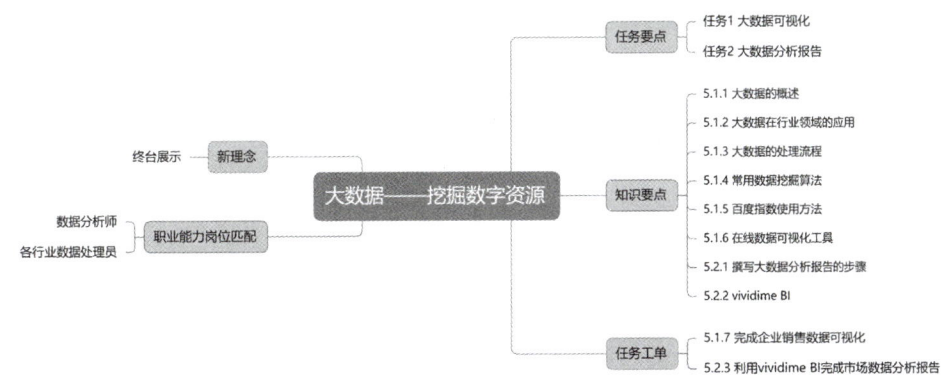

任务 1　大数据可视化

任务描述

现在的社会是一个高速发展的社会，科技发达，信息流通，人们之间的交流越来越密切，生活也越来越方便，大数据就是这个高科技时代的产物。作为普适教育的一环，大数据知识成为大学生必须了解的新一代信息技术。了解大数据的发展历程和知识体系，掌握大数据在金融和环保行业中的典型应用，利用常用工具完成数据可视化的分析。

数据可视化是指将大量的数据资料集中在一起，以生动直观、视觉冲击力极强的图像的形式展现出来，并运用数据分析技术及专业工具来发现隐藏在其中的规律。可视化流程的基本步骤：确定目标分析→数据收集→数据处理→数据分析→结论建议。

> 任务主题：本任务需要采集某一平台的销售情况，包含店风格、店名、店性质、品类描述、品牌描述、所属大区、所属小区、毛利、销售额等信息，对信息进行处理、分析，对数据进行可视化，从不同维度，直观显示销售信息。

技术分析及效果图

- 抓取销售平台信息。
- 借助九数云完成数据分析。

最终效果如图 5-1 所示。

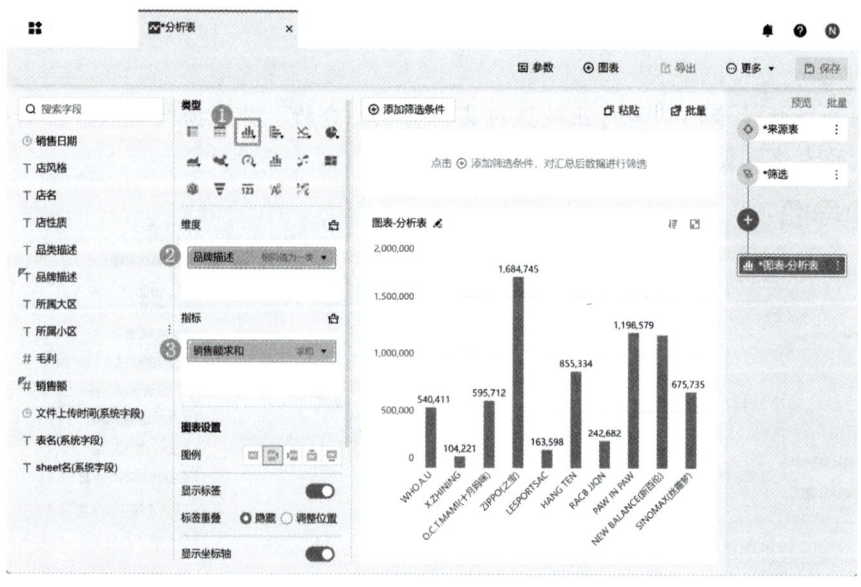

图 5-1　销售情况分析效果图

学习目标

- 了解大数据的可视化流程。
- 熟悉利用百度指数完成数据画像的基本流程。
- 熟悉九数云的基本使用方法。

知识链接

本节可以自行学习；通过预习知识链接，完成知识测评单 5-1-1。基本操作部分可以扫码观看视频演示，夯实知识基础！

学习箴言：爱国，是人世间最深层、最持久的情感！

5.1.1 大数据的概述

（1）基本概念。最早提出"大数据"时代到来的是全球知名咨询公司麦肯锡，麦肯锡称："数据，已经渗透当今每一个行业和业务职能领域，成为重要的生产因素。人们对于海量数据的挖掘和运用，预示着新一波生产率的增长和消费者盈余浪潮的到来。"大数据在物理学、生物学、环境生态学等领域以及军事、金融、通信等行业存在已有时日，却因近年来互联网和信息行业的发展才引起人们的关注。

"大数据"在互联网行业指的是互联网公司在日常运营中生成、累积的用户网络行为数据。这些数据的规模是如此庞大，以至于不能用 GB 或 TB 单位来恰当表示。

大数据有以下特征：

1）数据量大。大数据的计量单位是 PB（1000 个 TB）、EB（100 万个 TB）或 ZB（10 亿个 TB）。

2）类型繁多。数据类型包括网络日志、音频、视频、图片、地理位置信息等，这对数据的处理能力提出了更高的要求。

3）价值密度低。随着物联网的广泛应用，信息感知无处不在，信息量提高，但价值密度较低，如何通过强大的机器算法更迅速地完成数据的价值"提纯"是大数据时代亟待解决的难题。

4）速度快、时效高。速度快、时效高是大数据区分于传统数据挖掘最显著的特征。既有的技术架构和路线已经无法高效处理海量的数据，而对于相关组织来说，如果投入巨大，而采集的信息无法及时得到处理反馈有效信息，那将是得不偿失的。可以说，大数据时代对人类的数据驾驭能力提出了新的挑战，也为人们获得更为深刻、全面的洞察能力提供了前所未有的空间与潜力。

（2）数据发展的时代背景。随着信息技术和人类生活交汇融合，全球数据呈现爆发式增长、海量聚集的特点，对社会经济发展和人民生活产生重要影响。信息基础设施持续完善，网络带宽的持续增加、存储设备性价比的不断提升为数据爆发式增长提供了先决条件。互联网领域的公司最早重视数据资产的价值，最早从大数据中淘金，并且引领大数据的发展趋势。云计算为大数据的集中管理和分布式访问提供了必要的场所和分享的渠道，大数据是云计算的灵魂和必然的升级方向。物联网与移动终端持续不断地产生大量数据，数据类型丰富且内容鲜活，是大数据重要的来源。

（3）大数据的发展历程。大数据的发展历程总体上可以划分为3个重要阶段：萌芽期、成熟期和大规模应用期。

第一阶段：萌芽期，20世纪90年代至21世纪初，随着数据挖掘理论和数据库技术的逐步成熟，一批商业智能工具和知识管理技术开始被应用，如数据仓库、专家系统、知识管理系统等。

第二阶段：成熟期，21世纪前10年，随着Web 2.0应用迅猛发展，非结构化数据大量产生，传统处理方法难以应对，带动了大数据技术的快速突破，大数据解决方案逐渐走向成熟，形成了并行计算与分布式系统两大核心技术，GFS和MapReduce技术受到欢迎，Hadoop平台开始大行其道。

第三阶段：大规模应用期，2010年以后，大数据应用渗透各行业，数据驱动决策，信息社会智能化程度大幅度提高。同时出现跨行业、跨领域的数据整合，甚至是全社会的数据整合，从各种各样的数据中找到对于社会治理、产业发展更有价值的应用。

5.1.2 大数据在行业领域的应用

大数据在更多行业领域的应用

1. 大数据在金融领域的应用

大数据在金融行业中有着诸多的功能发挥，这就对促进金融行业的健康发展有着积极作用。大数据在金融行业中的客户管理方面能发挥积极作用，金融机构的客户基数比较大，其中尤其是互联网金融的发展比较快，互联网金融的客户基数也比较大，业务规模的增长速度比较快，为了加强对客户的管理，就必然要运用大数据技术进行对客户实施细分，识别关键的客户，对客户的实际需求进行挖掘，这样就能有效避免客户的流失。这也是当前金融机构中对客户管理的主要方式，如某银行机构从柜台以及网点和网上银行等多渠道进行了搜集客户和银行的互动信息，其中就涵盖着语音记录、半结构以及非结构数据信息，有效形成了全面性的客户全景视图，对客户的流失可能性进行了预测，这就有助于为工作人员作出正确决策提供相应数据依据，能够有效减少客户的流失。

2. 大数据在环保领域的应用

（1）垃圾分类。据首届中国城市生活垃圾态势与对策学术研讨会，全世界每年生产4.9亿吨垃圾，其中中国城市垃圾就占到1.3亿吨。据估计，2024年世界城市生活垃圾产生量为23亿吨，其中中国城市生活垃圾产生量为2.5亿吨，约45%没有经过妥善处理，每年约三分之一粮食被损耗和浪费，多达1400万吨塑料垃圾进入水生生态系统。

垃圾处理问题已经十分严峻，对垃圾进行分类，进行循环利用已是必然趋势，而大数据技术在垃圾分类上的应用帮助巨大。2018年年底，日本调查分类垃圾之后发现社区垃圾与贫富差距、阶层固化等问题联系了起来。在分类垃圾之后，日本政府发现平民社区烟酒垃圾的数量往往要比富人社区大很多。日本平民平时并没有收拾屋子的习惯，导致每次清理的时候，垃圾数量巨大。然而富人们多数收拾房子以及丢弃垃圾的频率较高，避免了垃圾聚集的情况。值得一提的是，平民社区中CD、画册方面的垃圾较多，富人社区的垃圾却多是废弃网球及落叶。由此可见，日本贫富差距就体现在了垃圾类别里，而隐藏在垃圾里的大数据价值不容小觑。

2018年"小黄狗"智能垃圾分类回收机在重庆等地被投入使用，仅一个小区一天就能回收近垃圾千公斤。《经济信息联播》对小黄狗进行过专门报道，把日常废弃生活垃圾投入该回收箱，不仅能实现资源回收利用，还能获得现金返还。而"小黄狗"智能垃圾分类回收机利用的就是大数据技术，将各种类别不一的垃圾信息聚集并分析、处理，达到智能分类，有效推进生活垃圾强制分类。数据显示，截至该年8月月底，"小黄狗"累计回收饮料瓶超过841500个，回收各类可再生垃圾超过708000千克，减少垃圾焚烧量超过247840千克，减少垃圾填埋量超过460270千克，为我国环境保护工作作出巨大贡献。

（2）空气污染。世界卫生组织的数据显示，室内空气污染每年导致全球430万人死亡，室外空气污染则导致370万人死亡。美国有过成功的环境污染防治经验，主要体现在美国通过建立数据库为利益相关者提供认证指导。美国能源部建立了多个能源效率数据库。一是建筑物性能数据库，这是美国最大的涉及商业住宅建筑能源信息的数据库，整合、清理、匿名化了联邦、州、公用事业单位、能效计划以及私人收集的数据，并向公众公开。二是设备系统能效数据库，帮助企业评估将节能措施集成到设备中的可能性。三是标准能效数据平台，用于收集和管理建筑性能数据，如能源或水的消耗效率，公共部门和私营部门可以根据这些数据进行决策。

大气污染防治过程中，相关组织每天都会接收大量数据，如地面气象观测数据、空气质量实测数据。只有将这些数据融合在一起，才能得到真正预期的结果。通过海量数据进行交叉印证，以自动训练实现精准的预报预警等业务的决策支持功能。

由于污染源的不断增加，对每一个污染源逐一进行重点监测是不现实的。随着我国机动车数量的快速增加，交通排放已成为城市大气污染的主要来源。为了及时准确地发现污染的根源，基于大数据技术，对重污染过程的典型时期和不同条件下污染物分布及其演变规律进行实时模拟计算，分析不同重污染过程中污染物的演变规律和不同来源的污染物浓度，获得对于各类主要污染物的各方面解析与跟踪，达到有效减少大气污染的目的。

5.1.3 大数据的处理流程

数据处理的逻辑大致分为数据采集、数据存储、数据处理、数据应用，如图 5-2 所示。

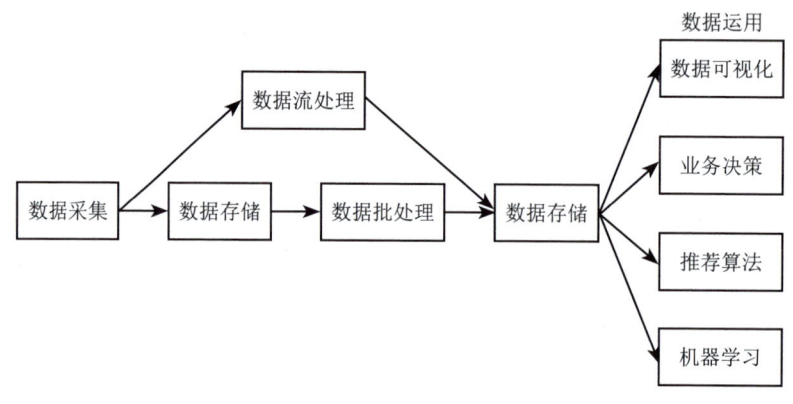

图 5-2　数据处理的逻辑

1. 数据采集

大数据处理的第一步是数据的采集。现在的中大型项目通常采用微服务架构进行分布式部署，所以数据的采集需要在多台服务器上进行，且采集过程不能影响正常业务的开展。基于这种需求，衍生了多种日志收集工具，如 Flume、Logstash、Kibana 等，它们都能通过简单的配置完成复杂的数据收集和数据聚合。

2. 数据存储

采集到数据后，就需要对数据进行存储。通常人们最为熟知的是 MySQL、Oracle 等传统的关系型数据库，它们的优点是能够快速存储结构化的数据，并支持随机访问。但大数据的数据结构通常是半结构化（如日志数据），甚至是非结构化的（如视频、音频数据），为了解决海量半结构化和非结构化数据的存储，衍生了 Hadoop HDFS、KFS、GFS 等分布式文件系统，它们都能够支持结构化、半结构和非结构化数据的存储，并可以通过增加机器进行横向扩展。分布式文件系统完美地解决了海量数据存储的问题，但是一个优秀的数据存储系统需要同时考虑数据存储和访问两方面的问题，比如用户希望能够对数据进行随机访问，这是传统的关系型数据库所擅长的，但却不是分布式文件系统所擅长的，那么有没有一种存储方案能够同时兼具分布式文件系统和关系型数据库的优点？基于这种需求，就产生了 HBase、MongoDB。

3. 数据处理

大数据处理最重要的环节就是数据分析，数据分析通常分为两种方式：批处理和流处理。批处理是指对一段时间内海量的离线数据进行统一的处理，对应的处理框架有 Hadoop MapReduce、Spark、Flink 等；流处理是指对实时生成的数据实时地进行处理，即在接收数据的同时就对其进行处理，对应的处理框架有 Storm、Spark Streaming、Flink Streaming 等。批处理和流处理各有其适用的场景，时间不敏感或硬件资源有限，可以采用批处理；时间敏感和及时性要求高就可以采用流处理。随着服务器硬件的价格越来越低和用户对及时性的要求越来越高，流处理越来越普遍，如股票价格预测和电商运营数据分析等。上面的框架都需要通过编程来进行数据分析，那么如果用户不是一个后台工程师，是不是就不能进行数据的分析了？当然不是，大数据是一个非常完善的生态圈，有需求就有解决方案。为了能够让只熟悉 SQL 的人员也能够进行数据分析，查询分析框架应运而生，常用的有 Hive、Spark SQL、Flink SQL、Pig、Phoenix 等。这些框架都能够使用标准的 SQL 或者类 SQL 语法灵活地进行数据的查询分析。这些框架经过解析优化后转换为对应的作业程序来运行，如 Hive 本质上就是将 SQL 转换为 MapReduce 作业，Spark SQL 将 SQL 转换为一系列的 RDDs 和转换关系（transformations），Phoenix 将 SQL 查询转换为一个或多个 HBase Scan。

4. 数据应用

数据处理完成后，就需要对处理好的数据进行使用，以发挥出数据的价值，这取决于用户实际的业务需求。比如可以将数据进行可视化展现，或者将数据用于优化推荐算法，这种运用现在很普遍，比如短视频个性化推荐、电商商品推荐、头条新闻推荐等。

5.1.4 常用数据挖掘算法

数据挖掘算法是大数据常用的算法，了解并掌握几种常用的数据挖掘算法是非常必要的，同时数据挖掘算法也是学习机器学习的必经之路。数据挖掘算法通常可以分为分类分析和聚类两种。分类分析就是找到数据之间的依赖关系，并且进行预判输出离散类别；聚类通过反复的分区从而输出各个不同类型的数据，最终使得对象之间能彼此联系归于一类。

这里介绍 4 种数据挖掘算法，分别是决策树算法、SVM 算法、EM 算法、朴素贝叶斯算法。

（1）决策树算法。决策树是一种机器学习算法，细致划分可以分为 ID3、C4.5、C5.0 三种。决策树算法应用非常广泛，被应用于公司战略决策管理、证券投资分析等多个方面。

（2）SVM 算法。SVM 支持向量机，在分类超平面的正负两边各找到一个离分类超平面最近的点（也就是支持向量），使得这两个点距离分类超平面的距离和最大。最终目的是在保证对训练数据分类正确的基础上，对噪声设置尽可能多的冗余空间，提高分类器的鲁棒性。

（3）EM 算法。EM 是一种迭代算法，用于含有隐变量的概参数模型的最大似然估计或极大后验概率估计。EM 算法的主要思想需要通过两个步骤：Exception-Step 和（E-Step）Maximization-StepE-Step（M-Step）。E-Step 主要通过观察数据和现有模型来估计参数，然后用估计的参数值来计算似然函数的期望值，M-Step 寻找似然函数最大化时对应的参数。

（4）朴素贝叶斯。朴素贝叶斯分类是贝叶斯分类中最简单也是最常见的一种分类方法。贝叶斯分类是一类分类算法的总称，这类算法都以贝叶斯定理为基础。

5.1.5 百度指数使用方法

百度指数是以百度海量网民行为数据为基础的数据分享平台。在这里，用户可以研究关键词搜索趋势、洞察网民需求变化、监测媒体舆情趋势、定位数字消费者特征；还可以从行业的角度，分析市场特点。以 WPS 为关键词演示使用的一般流程如下：

（1）打开百度指数网站，如图 5-3 所示。

图 5-3　打开网址

（2）输入关键词。在搜索框内输入一个关键词，单击"查看指数"按钮，即可搜索出对应的搜索指数数据，如图 5-4 所示。

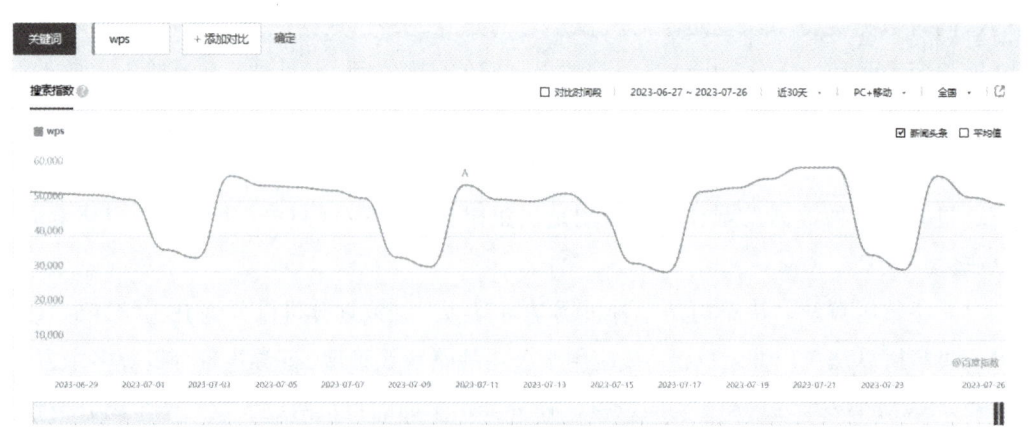

图 5-4　wps 搜索指数

（3）查看需求图谱。单击导航栏下方的“需求图谱”按钮进入需求图谱页面。需求图谱是综合计算关键词与相关词的相关程度，以及相关词自身的搜索需求大小得出的，如图 5-5 所示。

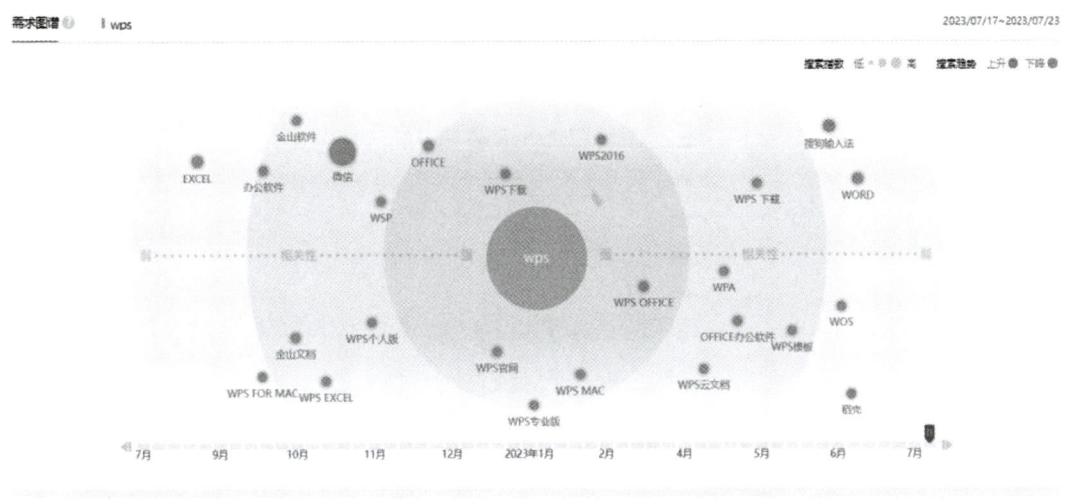

图 5-5　需求图谱

（4）查看相关词热度。在需求图谱中，相关词距圆心的距离表示相关词相关性强度；相关词自身大小表示相关词自身搜索指数大小，红色代表搜索指数上升，绿色代表搜索指数下降，滚动页面，在需求图谱下方可以查看相关词热度数据表，如图 5-6 所示。

相关词热度　2023/07/17~2023/07/23

相关词	搜索热度	相关词	搜索变化率
1. 微信		1. WPS2016	↑
2. 搜狗输入法		2. WPS官网	↑
3. EXCEL		3. WPS FOR MAC	↑
4. WORD		4. WPS个人版	↑
5. OFFICE		5. WPS OFFICE	↑
6. WPS OFFICE		6. WPS下载	↑
7. 金山文档		7. WPSOFFICE	↑
8. OFFICE办公软件		8. 为什么老师说尽量别用WPS	↑
9. WPS下载		9. 金山软件	↑
10. WPS官网		10. WPS专业版	↑

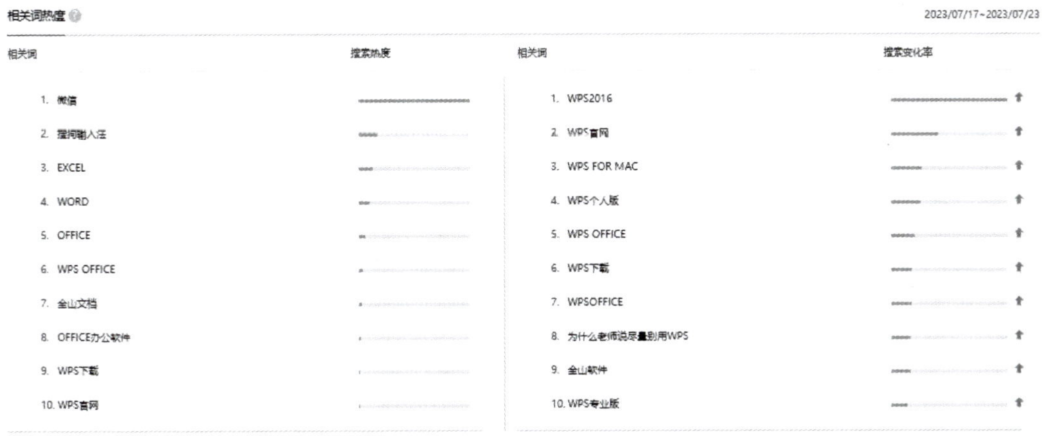

图 5-6　相关词热度

（5）查看人群画像。单击“人群画像”按钮进入“人群画像”页面，地域分布提供关键词访问人群在各省市的分布，可助用户了解关键词的地域分布，如根据特定地域用户偏好进行针对性地运营和推广，如图 5-7 所示。人群属性提供关键词访问人群的年龄、性别分布情况，如图 5-8 所示。

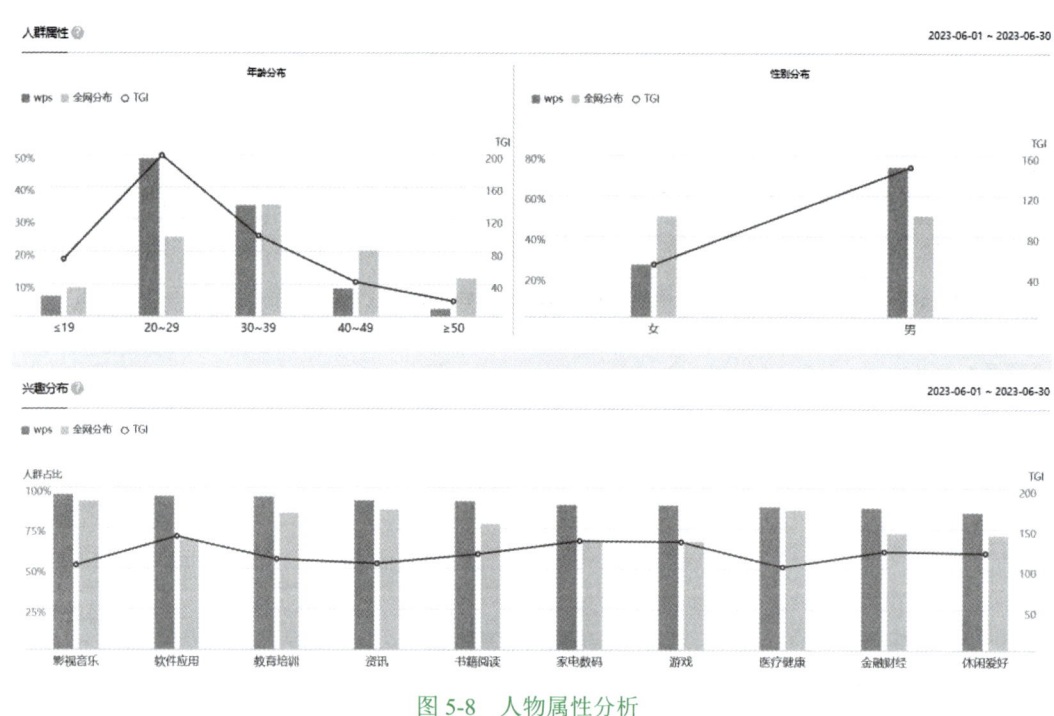

图 5-7　人物画像分析

图 5-8　人物属性分析

5.1.6　在线数据可视化工具

越来越多企业用可视化图表来展示数据，让数据更加直观，数据特点更加突出。

使用九数云可以将业务产生的数据上传，通过简单拖拽完成数据处理与图表制作，并进行仪表板拼接与展示。通过这种方式，业务人员及企业管理人员可以随时了解和掌握企业的运营数据，从而更好地进行资源配置与流程优化。常用功能介绍如下：

（1）数据准备。九数云支持导入多种数据源，例如 Excel 数据源、简道云数据源、数据库、第三方数据源等，如图 5-9 所示。数据导入后可以添加到项目中进一步分析，单个数据表可以添加到多个项目中，并支持跨项目调用。

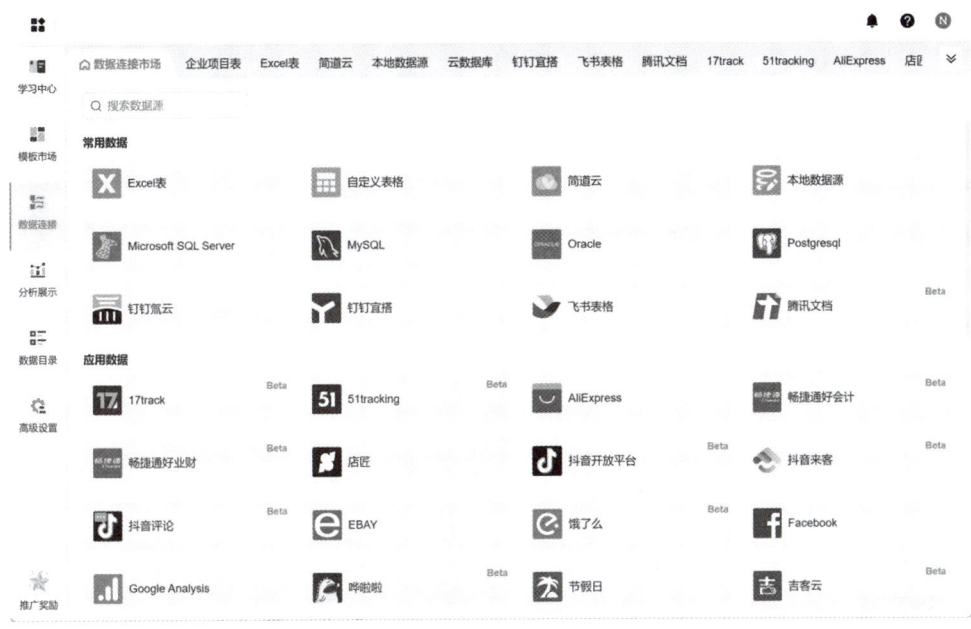

图 5-9　九数云支持导入的数据源

（2）数据处理。分析表是数据分析的核心，可以进行数据加工和构建表间父子关系，包含多种分析步骤，可满足数据清洗、维度汇总、复杂指标运算等需求，如图 5-10 所示。

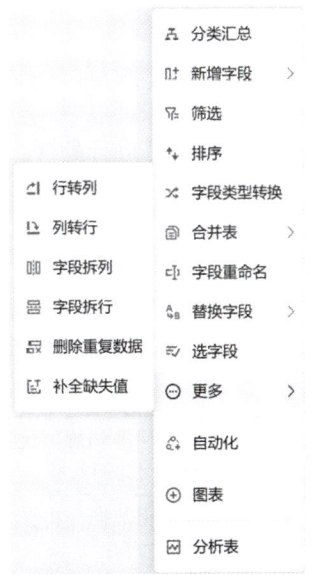

图 5-10　主要数据处理功能

（3）数据分析。九数云支持在图表中求中位数、累计值、排名、同期环期、占比等，方便用户对基础数据做进一步的分析和计算。

（4）可视化图表。九数云提供丰富的图表，例如折线图、矩形树图、指标卡、词云等，并且在透视图表中也能进行简单的数据分析，如图 5-11 所示。

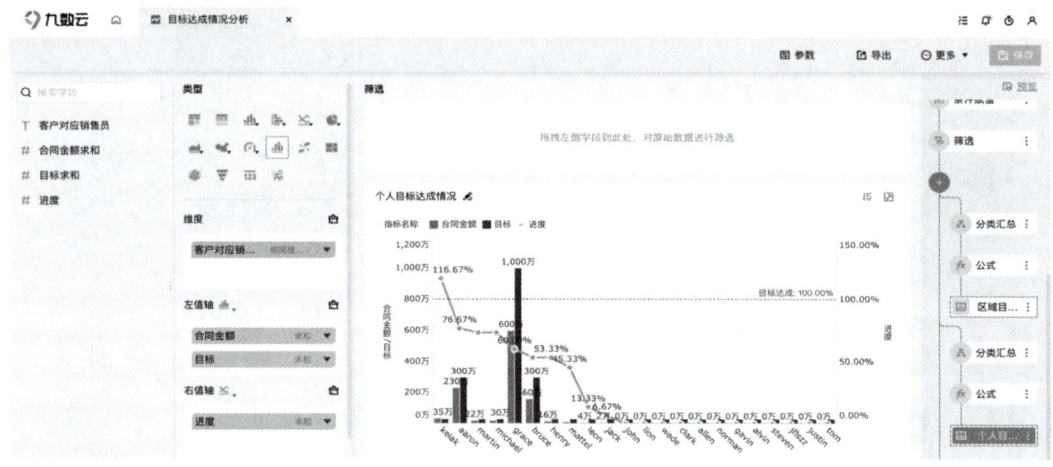

图 5-11　常规的图表

任务实操

阅读本节知识内容，完成任务工作单 5-1-2。扫码观看视频，使用九数云在线数据工具完成数据可视化。

5.1.7　完成企业销售数据可视化

本任务需要对某连锁门店的销售数据信息进行处理、分析，对数据进行可视化，从不同维度直观显示销售情况，任务步骤见表 5-1。

企业销售数据可视化

表 5-1　任务步骤

任务步骤	完成要求
步骤 1：采集数据	根据需求，从业务数据库或互联网上获取数据，也可以通过发放问卷、电话访谈等形式直接收集数据
步骤 2：处理数据	对采集到的原始数据进行数据清洗和规范化，如筛去一些不可信的字段，对空白的数据进行处理，去除可信度较低的问卷
步骤 3：分析数据	将数据联系品牌等多个维度，用数据分析技术及专业工具进行数据可视化，发现隐藏在其中的规律

（1）采集数据。可以人工采集，也可以用采集工具进行数据采集，本任务使用某平

台采集到的后台销售信息，部分数据见表 5-2。

表 5-2 销售情况信息表

2022 年 9 月各门店销售数据									
销售日期	店风格	店名	店性质	品类描述	品牌描述	所属大区	所属小区	毛利/万元	销售额/万元
2022-09-30	时尚馆	成都店	自有店	女士轻便服装	W	中西区	西南	209	1046
2022-09-30	时尚馆	成都店	自有店	女士轻便服装	W	中西区	西南	673	3366

（2）处理数据。

1）单击侧边栏的"数据连接"模块，进入数据连接市场，选择"Excel 表"，如图 5-12 所示。

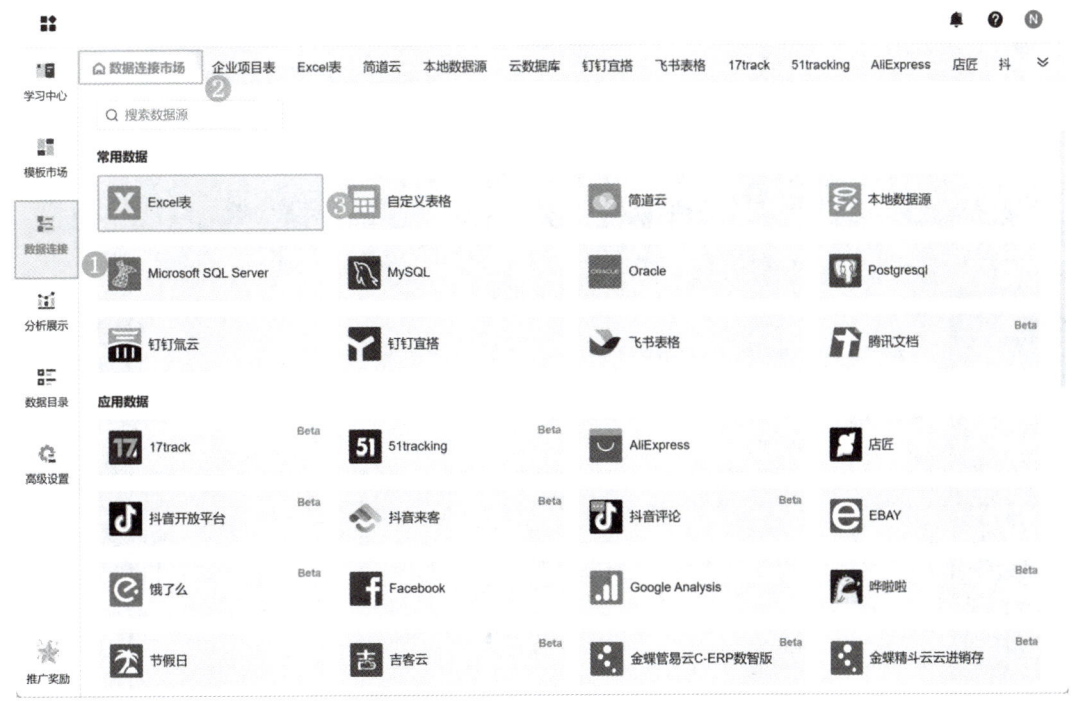

图 5-12 数据连接界面

2）进入"数据源"界面后，会自动出现一个上传数据的弹窗，选择示例数据（需提前采集并下载），单击"打开"按钮。如图 5-13 所示。

3）选择标题行，选择第 2 行作为标题行，第 1 行的数据就不需要导入了，如图 5-14 所示。

（3）分析数据。

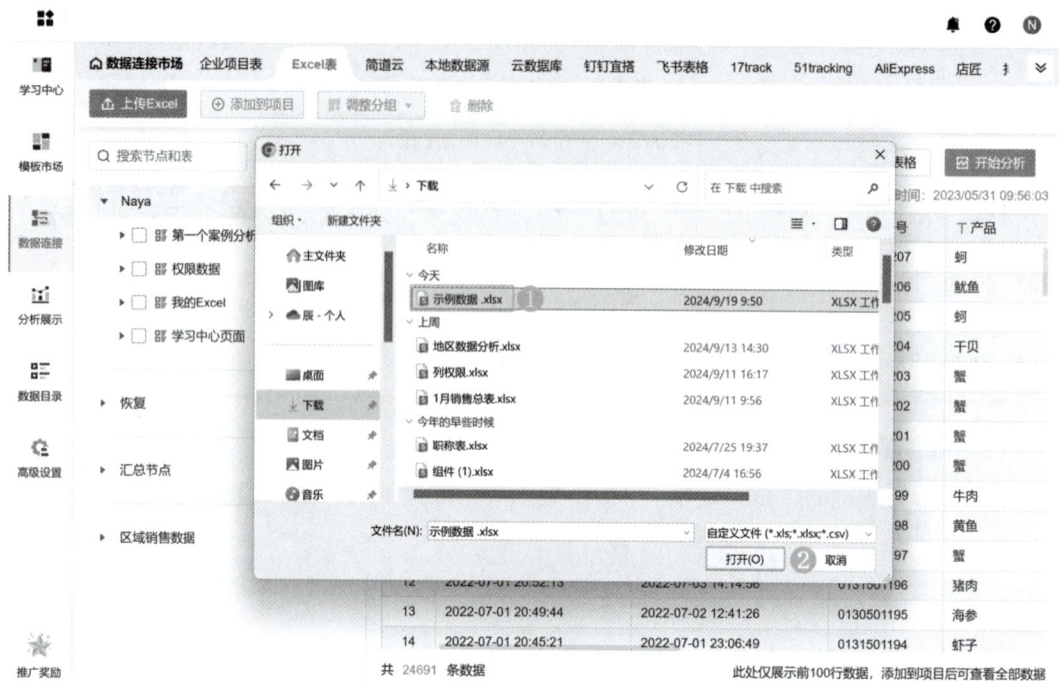

图 5-13　上传数据的弹窗界面

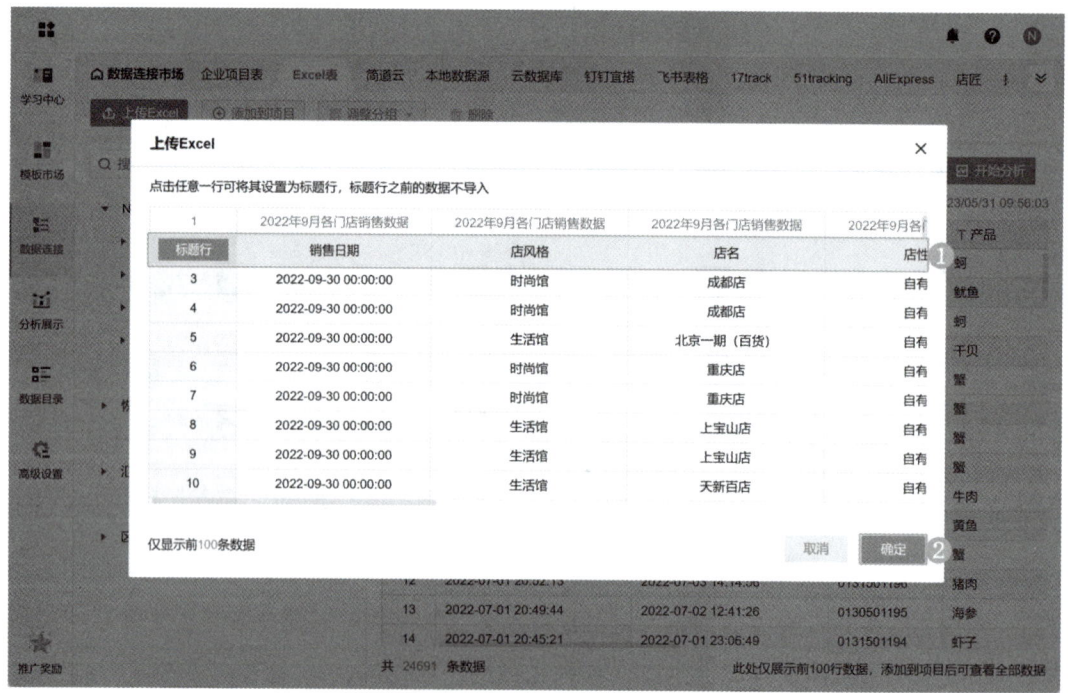

图 5-14　选择第 2 行作为标题行

1）在项目中，选中示例数据，单击"创建分析表"按钮，创建一张空白的分析表，如图 5-15 所示。

图 5-15　创建分析表

2）单击"+"按钮，添加多个分析步骤，对数据进行处理和分析。添加一个"筛选"步骤，如图 5-16 所示。

图 5-16　增加筛选步骤

3）对"店性质"字段设置条件，筛选出"自有店"的数据，如图 5-17 所示。

图 5-17 筛选出"自有店"数据

（4）制作图表。

1）在分析表中，单击功能栏"+图表"按钮就可以进入"图表编辑"界面，如图 5-18 所示。

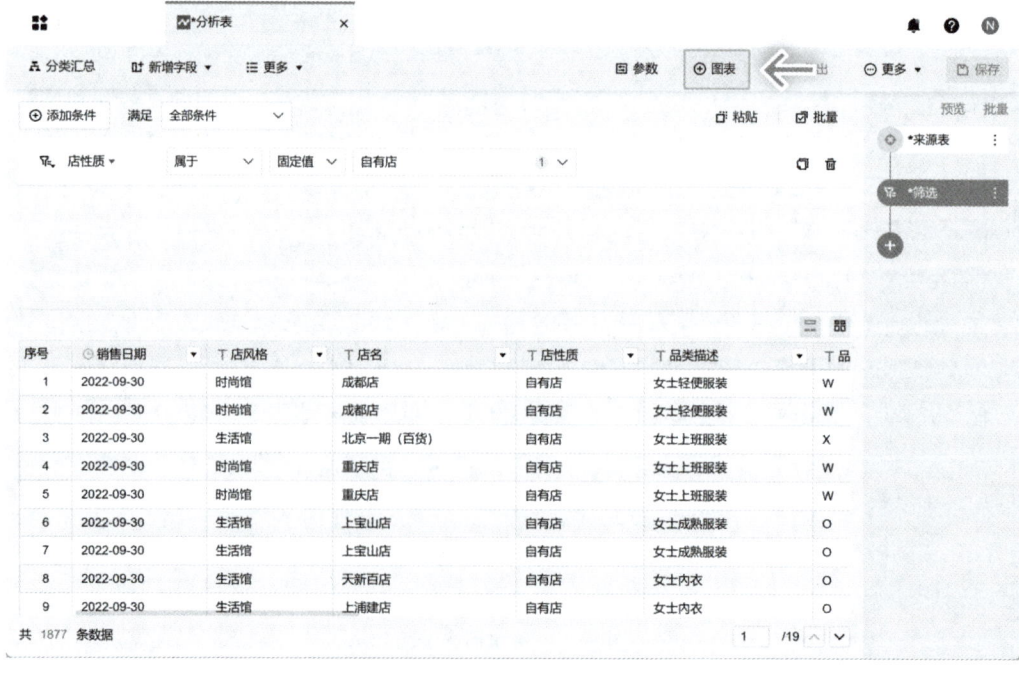

图 5-18 "图表编辑"界面

2）制作一张柱形图。将"品牌描述"字段拖入维度栏,将"销售额"字段拖入指标栏。这样在柱形图中,就展示了每个品牌的销售额总和,如图 5-19 所示。

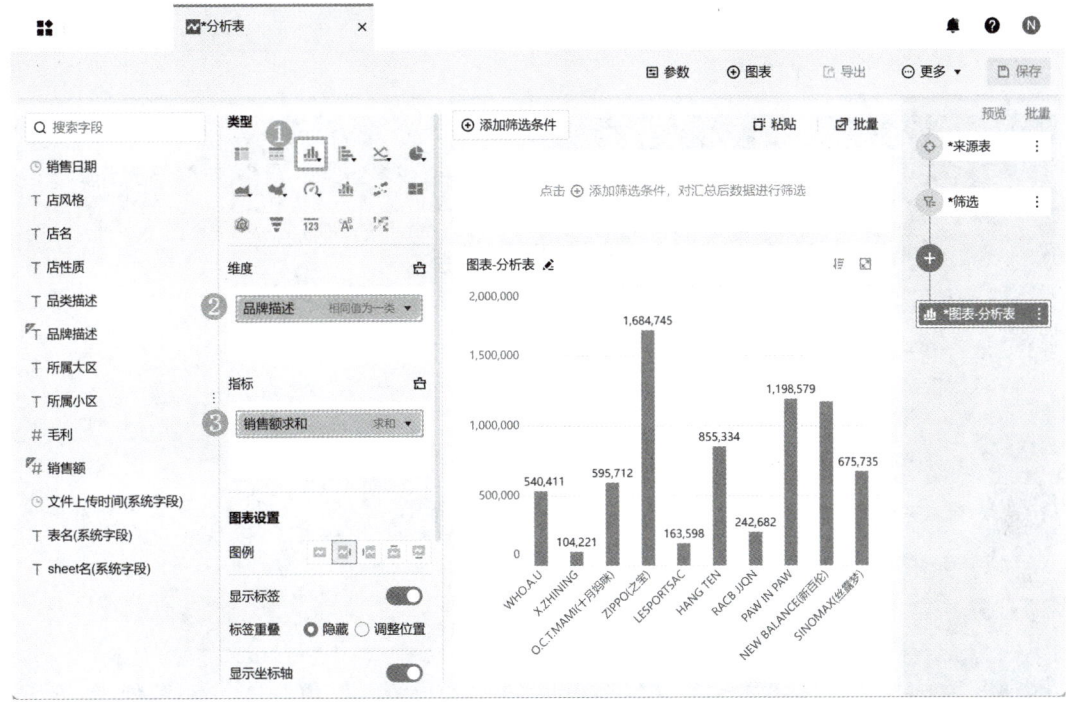

图 5-19　销售总额图

任务❷　大数据分析报告

任务描述

数据分析在金融、医疗、教育、物流、零售等多个行业得到了广泛应用,为企业创造了显著价值。随着互联网、物联网等技术的快速发展,大数据规模不断扩大和类型不断增加,数据分析工具和技术也在不断升级和进步。未来,大数据分析将在更多领域发挥重要作用,推动各行各业的发展和创新。

大数据分析报告是对大量数据进行收集、处理、分析和解释的过程,旨在为企业决策提供科学、严谨的依据,降低投资风险。撰写大数据分析报告需要明确报告的目的、受众和主要内容,并遵循一定的步骤和格式。

任务主题:本任务需要分析某连锁公司的市场利润情况,需要提交大数据分析报告以了解公司各门店、产品利润情况。

技术分析及效果图

- 构建地区产品利润图。
- 借助 vividime BI 完成数据分析，并生成大数据分析报告。

最终效果如图 5-20 所示。

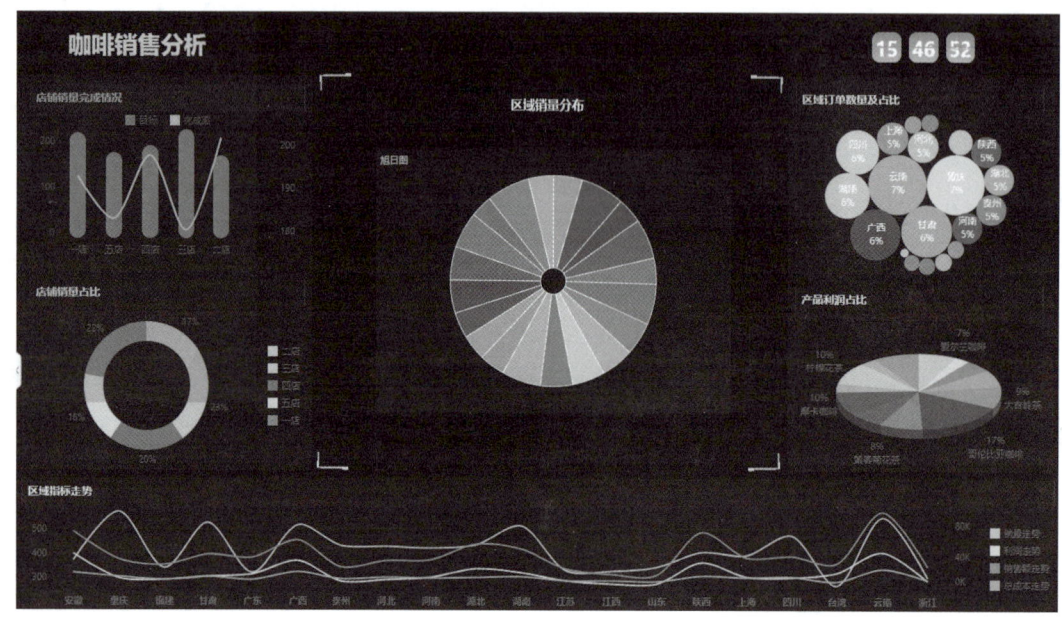

图 5-20　效果图

学习目标

- 了解大数据分析报告的一般构成。
- 熟悉 vividime BI 的基本使用方法。

知识链接

> 本节可以自行学习，通过预习知识链接，完成知识测评单 5-2-1。基本操作部分可以扫码观看视频演示，夯实知识基础！
> 学习箴言：年轻人很重要的一条，就是要学做有原则的人！

5.2.1　撰写大数据分析报告的步骤

大数据分析报告

撰写大数据分析报告一般包含如下步骤：

（1）确定调研主题。明确报告所要探讨的领域，如人工智能在金融、医疗、教育等行业的应用。

（2）收集数据。通过查阅文献、实地考察、专家访谈等形式，收集与主题相关的数据和资料。

（3）分析数据。运用统计学、机器学习等方法，对收集到的数据实行分析，挖掘有价值的信息。

（4）撰写报告。依照逻辑顺序，将分析结果、问题发现、解决方案和优化建议等内容整合，形成完整的报告。

（5）修订与完善。在完成初稿后，进行修订，确保内容的准确性、完整性和可读性。

5.2.2 vividime BI

永洪 BI（vividime BI）是集自服务数据准备、探索式自助分析、深度分析、企业级管控和高性能计算为一体的一站式大数据平台。永洪一站式大数据分析平台把大数据分析所需的产品功能全部融入一个平台，进行统一管控，可提供文本数据源、SQL 数据源、多维数据源和其他数据源连接，支持跨库跨源数据连接，提供灵活可视化的自服务数据轻度建模与转换，通过直观易用的拖拽式操作，轻松融合多源数据。下面通过电商公司大数据分析报告制作简要说明 vividime BI 的操作方法。

（1）打开永洪科技网站，选择产品 vividime Desktop 并下载软件，单击"登录"按钮注册账号，如图 5-21 所示。

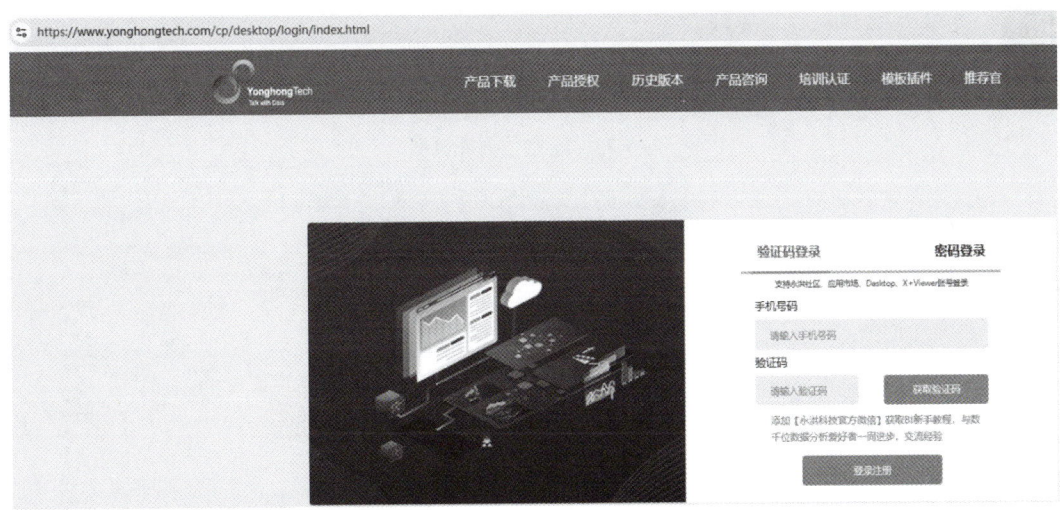

图 5-21　登录注册页面

（2）启动并登录平台，如图 5-22 所示。

（3）连接数据库，如图 5-23 所示。

（4）制作可视化报告，如图 5-24 所示。

图 5-22　平台登录页面

图 5-23　连接数据库页面

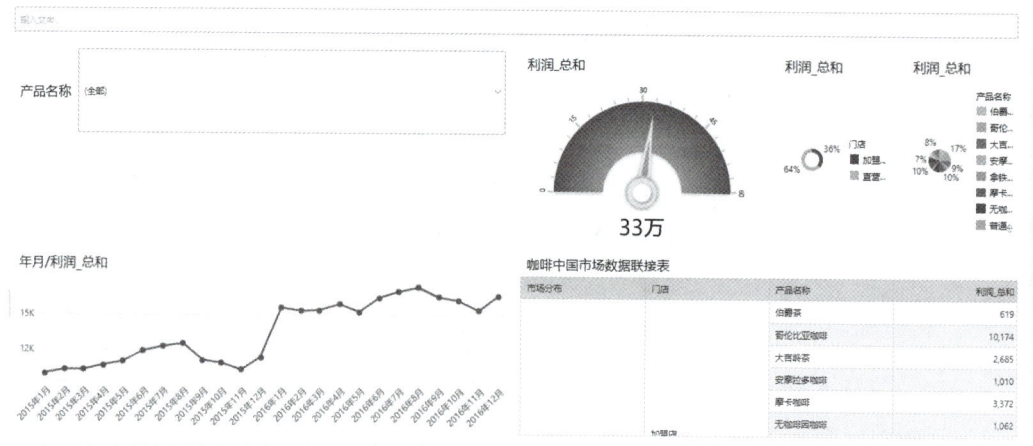

图 5-24　可视化报告页面

（5）保存报告，如图 5-25 所示。

图 5-25　保存报告效果图

任务实操

阅读本节知识内容，完成任务工作单 5-2-2。扫码观看视频，使用 vividime BI 工具完成数据分析报告。

5.2.3　利用 vividime BI 完成市场数据分析报告

市场数据分析报告

假设有一位大型连锁公司的市场分析师，需要向上级报告产品利润情况。在分析利润数据时，他发现有些产品的利润似乎比其他产品高，而某些地区的利润并没有达到预期。分析师希望能更清晰地呈现各产品各地区的利润差异与变化，并确定影响利润的因素，然后把自己的发现分享给经理以及团队成员。这样团队可以根据分析师的研究结果，采取相应的行动，有针对性地提高公司的盈利能力。

通过 vividime BI，可以按地区构建产品利润地图，按时间构建产品利润的变化趋势图，按市场、门店、产品构建利润明细表，最终得到利润分析报告。可以将分析报告保存到本地计算机，也可以通过邮件的形式发送给经理及团队其他成员。

步骤 1：启动并登录。

（1）下载 vividime BI 后，双击 BI 桌面快捷方式。

（2）在产品的登录页面输入用户名、密码，登录"产品"首页。

步骤 2：数据连接。

数据源作为软件的第一级接口与数据库相连接，配置数据库连接信息可为后续数据分析操作提供输入。BI 支持丰富的数据库类型，包括 SQL 数据源、多维数据源、文本数据、Mongo 数据源等。

1）在"添加数据源"页面，选择数据源的类型。
2）在"创建数据源连接"页面，选择设置方式，完成 URL 等必要信息的填写。
3）单击"测试连接"按钮，页面返回"测试成功"信息。
4）单击顶部菜单栏上的"保存"按钮，保存为 manager。

步骤 3：制作可视化报告。

一份完整的利润分析报告主要包括报告主题的文本组件、各地区利润分布的地图组件、统计这两年产品为公司带来利润总额的仪表组件、利润随时间变化折线图组件、所有产品利润具体信息的明细表、门店利润占比的环形图组件、各产品利润占比的饼图组件以及分析产品是否与一些因素相关的过滤组件。

（1）新建大屏报告，如图 5-26 所示。

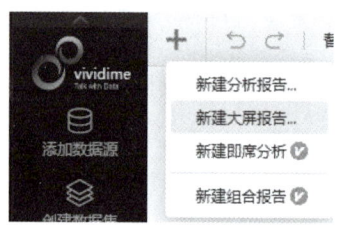

图 5-26　新建大屏报告

（2）选择大屏报告模板。可以根据数据源的数据情况选择合适的大屏报告模板，如图 5-27 所示。

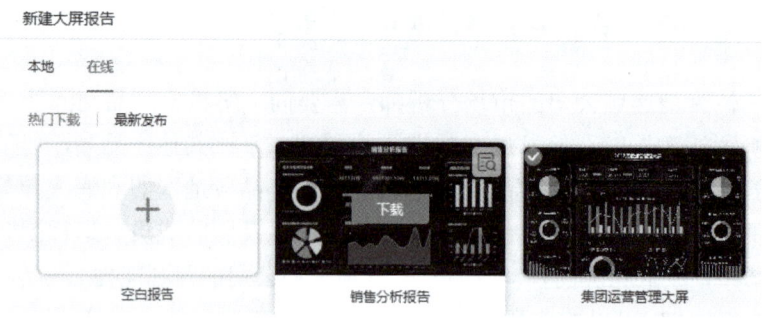

图 5-27　选择合适的模板

（3）替换数据集。选择模板后，需要对每个组件绑定数据集，如图 5-28 所示。

图 5-28　替换布局图

替换后会生成预览图，如图 5-29 所示。

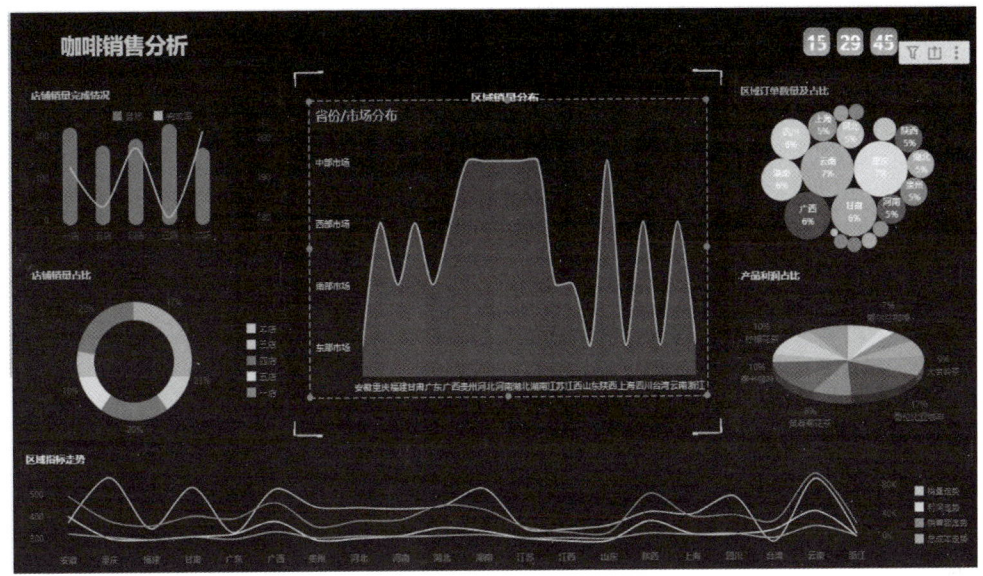

图 5-29　生成预览图

（4）增加组件。若对局部效果不满意，可以删除组件后换为其他组件。此处以增加旭日图为例，如图 5-30 所示选择组件。

图 5-30　添加旭日图组件

（5）绑定数据。选定数据集后，可根据需要对行和列进行选定，具体操作如图 5-31 所示。

图 5-31　对组件绑定数据集

（6）调整组件大小。

适当调整各组件大小、位置，使报告显示更合理。

简单几步设置，一份简洁、统一的报告就制作完成，具体效果如图 5-20 所示。

（7）保存报告。

报告制作完成后，您需要保存报告。保存后的报告，可在查看报告模块中进行分析使用。

1）在顶部菜单栏单击"保存"按钮。

2）选择保存路径，输入报告名称。

3）单击"确定"，保存报告。

模块 6 数字媒体
——新媒体传递信息

大数据——新媒体传递信息

模块导读

数字媒体是指以二进制数的形式记录、处理、传播、获取过程的信息载体，包括数字化的文字、图形、图像、声音、视频影像等感觉媒体及其表示媒体等（统称逻辑媒体），以及存储、传输、显示逻辑媒体的实物媒体。理解数字媒体的概念，掌握数字媒体技术是现代信息传播的通用技能之一。本模块包含数字媒体基础知识、数字文本、数字图像、数字声音、数字视频等内容。

【新技术】

Microsoft Designer 是一款免费的人工智能驱动的平面设计应用，可以帮助用户设计高质量的社交媒体帖子、数字明信片等。AI 设计师为用户的想法提供一键式的设计建议，也可以帮助用户根据文字描述创造出真实的图像和艺术。

Wav2Lip 的 AI 模型，只需要一段人物视频和一段目标语音，就能够让音频和视频合二为一，人物嘴型与音频完全匹配。

AI 剪辑神器可以通过关键词生产原创视频，处理视频，添加水印、二维码、网站品牌等，信息引流轻松简单完成。视频自动发布软件配置完成后，不需要任何手动操作，实现真正的自动化。

【职业能力岗位匹配】

数字媒体技术是现代信息传播的通用技能之一，要认识数字媒体，了解数字媒体的发展趋势，把握未来数字媒体将给人们日常生活、学习和工作带来的改变。经过调研，音频剪辑师、视频编辑师及图形图像处理工程师对该技能的要求较高。

数字技能基础

模块导图

任务① 数字文本处理技巧

任务描述

当前数字媒体技术在娱乐、教育、广告、医疗和交通等领域得到了广泛的应用，呈现出较快的发展趋势。未来，人工智能、虚拟现实、移动设备和无线网络等技术的发展将推动数字媒体技术向更加智能、沉浸式和便捷的方向发展。老师要求同学们从网上收集资料，分析研究，了解我国数字媒体技术的发展趋势，以小组形式进行团队合作，完成小组调查报告。

任务主题：随着互联网和智能手机的普及，中国数字媒体用户规模呈现出快速增长的趋势。中国互联网络信息中心第51次《中国互联网络发展状况统计报告》显示，截至2022年12月，中国网民规模达10.67亿，短视频用户规模达10.12亿，用户使用率高达94.8%。数字媒体用户规模的快速增长为数字媒体行业的发展提供了巨大的市场潜力。

技术分析及效果图

- 数字媒体和数字媒体技术的概念。
- 数字媒体技术的典型应用及发展趋势。

- 数字文本处理技术。
- 数字文本的基本操作过程。

学习目标

- 理解数字媒体和数字媒体技术的概念。
- 了解数字媒体技术的发展趋势，如虚拟现实技术、融媒体技术等。
- 了解数字文本处理的技术过程。
- 掌握文本准备、文本编辑、文本处理等基本操作。
- 掌握文本存储和传输、文本展现等操作。

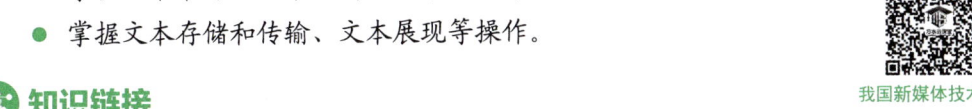

我国新媒体技术发展

知识链接

本节可以自行学习，通过预习知识链接，完成知识测评单 6-1-1。扫码观看视频，深入了解我国数字媒体技术的发展现状及趋势。

学习箴言：以聪明才智贡献国家，以开拓进取服务社会！

数字媒体产业是当今信息技术领域发展最为迅速的行业之一，它涵盖互联网、移动互联网、电子商务、大数据、人工智能等多个领域及垂直细分领域，为人们的生产和生活带来了前所未有的便利和效益。

6.1.1 数字媒体的基本概念

1. 数字媒体

数字媒体是指以机器可读格式编码的任何媒体，可以在数字电子设备上创建、查看、分发、修改、收听和保存，包括通过 Internet 传输以在 Internet 上查看的文本、音频、视频和图形。其中数字可以定义为用一系列数字表示的任何数据，媒体是指广播或传达信息的方法。

数字媒体的示例包括软件、数字图像、数字视频、视频游戏、网站和网页、社交媒体、数字数据和数据库，诸如数字音频、电子文档和电子书。数字媒体通常与印刷媒体（如印刷书籍、报纸和杂志）以及其他传统或模拟媒体（如摄影胶片、录音带或录像带）形成对比。

2. 数字媒体技术

数字媒体技术是指基于计算机技术和数字传输技术，用于处理、传输和存储多媒体信息的技术系统。数字媒体技术包括音频、视频、图像等多媒体数据的采集、编辑、压缩、传输、解码、显示等一系列技术过程。

数字媒体技术是当今信息社会的重要组成部分，它的应用范围非常广泛，涉及广播、电视、电影、游戏、广告、教育、医疗等各个领域。数字媒体技术的快速发展，为人们带来了更加丰富、便捷、高效的多媒体信息传播和交流方式。数字媒体技术的发展离不开计算机技术、通信技术和数字信号处理技术的不断创新和进步。同时，在数字媒体技术的发展中，随着网络技术的不断发展，数字媒体技术也逐渐向着网络化、智能化、交互化的方向发展，为人们带来更加全面、深入的数字化体验。

3. 数字媒体与传统媒体的区别

（1）数字化。传统媒体几乎以纸质、模拟信号等方式进行表现、存储和传播，数字媒体却以二进制的形式，利用计算机进行处理、存储和传播。

（2）集成性。数字媒体是建立在数字化处理的基础上，将数字媒体技术结合文字、图形、声音、动画等各种媒体的一种应用，其应用范围比传统媒体更广泛。

（3）交互性与趣味性。数字媒体的人机交互作用在传统媒体领域中是较难实现的。互联网、移动流媒体、数字游戏、数字电视及IPTV等为人们提供了宽广的娱乐空间，并体现其无穷的趣味。

（4）技术与艺术的融合。数字媒体传播需要信息技术与人文艺术的融合，这是传统媒体无法实现的。

6.1.2 数字媒体的典型应用

1. 数字文本处理

文字是一种书面语言，由一系列称为字符的书写符号构成。文字信息在计算机中使用文本来表示。文本是基于特定字符集成的、具有上下文相关性的一个字符流，每个字符均使用二进制编码表示。文本是计算机中最常见的一种数字媒体，其在计算机中的处理过程包括文本准备、文本编辑、文本处理、文本存储与传输、文本展现等，根据应用场合的不同，各个处理环节的内容和要求可能有很大的差别。

2. 数字图像处理

计算机中的数字图像按其生成方法可以分成两大类，即图像和图形。图像是指从现实世界中通过扫描仪、数码相机等设备获取的图像，也称为取样图像、点阵图像或位图图像；图形是指使用计算机制作或合成的图像，也称为矢量图形。使用计算机对数字图像进行去噪、增强、复制、分割、提取特征、压缩、存储、检索等操作处理，称为数字图像处理。

3. 数字声音处理

声音是传递信息的一种重要媒体，也是计算机信息处理的主要对象之一，它在多媒体技术中起着重要的作用。计算机处理、存储和传输声音的前提是必须将声音信息数字化。数字声音是一种连续媒体，数据量大，对存储和传输的要求比较高。数字音频处理技术是对原始音频进行取样、编码、转换，并将其合理融合，同时运用声学参数编码技术进行转换，分析人的听觉特性，完善数字音频的效果，其包含了语音的合成、识别及音量的增加与减少等。

4. 数字视频处理

数字视频是一组连续画面的信息集合，与加载的同步音频共同呈现动态视觉效果和听觉效果。数字视频处理技术通过对视频的采集、剪辑、叠加、视频声音同步、视频特效等方式,实现最终需要的视频图像。

5. 数字媒体信息的获取及输出技术

数字媒体信息的获取,主要根据声音或图像获取相关信息,并运用计算机软件对获取的信息进行处理和输出。其主要作用是丰富数字媒体的内容,设计人性化的交互界面,主要涉及的技术包括硬复制、声音系统、视频系统以及虚拟现实等。

6.1.3 数字媒体的发展趋势

1. 虚拟现实技术

数字媒体技术发展到今天,与许多技术学科有着千丝万缕的联系。其中,最为明显且最具研究价值的当属虚拟现实技术。无论是从技术特点还是从社会需求来讲,虚拟现实技术与数字媒体技术都有着非常密切的联系。

(1) 虚拟现实是一门典型的交叉学科,它所涵盖的知识结构与数字媒体技术有非常大的相似性,例如计算机图形学、数字图像处理、计算机视觉、视频技术等。除此之外,它还涉及了仿真技术、人工智能技术、计算机网络技术、多传感器技术等内容。虚拟现实强调了这些技术的综合应用。

(2) 虚拟现实强调技术创新性与应用创新性。从技术上来讲,虚拟现实在不同学科的交叉融合中,能够不断产生新思想和新方法,例如近几年出现的各种人机交互新方法,各种立体显示新技术等;从应用上来讲,虚拟现实具有强烈的"身临其境"的沉浸感和发人想象的刺激性。因此利用虚拟现实技术,人们能够将自己的创意和想象进行实践,在虚拟场景中进行规划、设计和测试,从而激发新的创意。

(3) 虚拟现实的社会应用越来越广泛。例如,在教育方面,已经出现了各种虚拟教学平台,学生能够身临其境地进行学习实践,从而加深学习效果;在娱乐方面,已经出现了各种新式的游戏交互方式;在广告展览方面,各种数字体验馆、数字展览馆、数字科技馆不断涌现,这些场馆都或多或少应用了虚拟现实技术,进而使参与者达到身临其境的享受。另外,正在逐步普及的 3D 电视机也是虚拟现实领域中立体现实技术的体现。如今,虚拟现实的应用需求也越来越强调与艺术的结合,要求作品既具有交互体验性,也具有观赏性。上述方面都充分说明,虚拟现实技术与数字媒体技术有着非常密切的关系,两者对技术的要求都有许多共同点。从某种意义上讲,虚拟现实是数字媒体技术在实际应用中的一种综合体现。

2. 融媒体技术

融媒体是充分利用媒介载体,把广播、电视、报纸等既有共同点,又存在互补性的不同媒体,在人力、内容、宣传等方面进行全面整合,实现"资源通融、内容兼融、宣传互融、利益共融"的新型媒体宣传理念。

融媒体技术是指用于融媒体内容采集、存储、制作、播出、分发、传输、接收等各环节各种技术的统称,涉及计算机应用技术、通信技术、信息与网络技术等,其技术体系错综复杂，因其应用于媒体，故与媒体的传播属性、业务流程息息相关。

融媒体技术整合了云计算、大数据、互联网等新信息技术应用于传统媒体，加快了传统媒体生产流程再造，促进了媒体生产的集约化、数字化和智能化。

6.1.4　数字文本处理技术

1. 数字文本的概念

文本是通过文字、符号的形式表现、传递信息的方式。人们能通过阅读文本数据中的文字、符号获得信息，文本数据是学习、生活、研究资料的主要成分。数字文本是纸质的文本转换成的计算机能识别的二进制文件，也称为文本数据资源。

2. 数字文本处理技术化过程

数字文本处理技术化过程是指将传统的文本处理方式采用数字化技术进行处理，以提高效率、减少成本、增强信息处理能力的过程。

（1）数字化文本输入。数字化文本输入是数字文本处理的第一步，主要包括将传统的手写文字、打印文字或扫描读取的图片中文字等文字信息，通过键盘、扫描仪等设备转换成计算机可以识别的数字形式。数字化文本输入可以选用字符识别软件或光学字符识别（Optical Character Recognition，OCR）技术。

（2）文本分析和建模。在数字文本处理中，文本分析和建模是对数字化文本进行语音、语法、文法等分析和处理的过程。分析和建模可以采用自然语言处理、机器学习等技术，对文本进行分词、词性标注、实体识别、情感分析等处理。通过自然语言处理技术，计算机可以理解人类语言的含义和逻辑关系，提高文本处理的准确性和效率。

（3）文本处理。文本处理是数字文本处理过程中的核心环节，主要包括文本清洗、去重、分类、聚类、推荐等处理操作。文本的处理需要考虑文本所在的行业领域、应用场景和用户需求等，为用户获取有价值的信息和资源，提高数字文本的应用价值。

（4）文本展示和输出。文本展示和输出是将数字文本处理结果可以进行可视化展示和输出的过程，以便于人类用户对文本进行查看和理解。文本展示和输出技术可以选用HTML、XML、JSON等格式进行文本转换，也可以采用数据可视化技术、图表分析技术等方法对文本处理结果进行展示。

6.1.5　数字文本处理

1. 文本输入方法

数字文本的采集有输入和下载两种，其中输入又分为人工输入和自动输入。人工输入又称键盘输入，即英文直接输入，中文采用拼音输入法、五笔输入法等输入，人工输入速度慢且劳动强度大，不适用于需要处理大量文字资料的办公自动化、文档管理、图书情报管理等场合。自动输入分为采用手写板输入法、语音输入法、扫描输入法输入。

（1）手写板输入法。利用压敏或磁感应等方法识别文字信号，被计算机接收后再在显示器中显示。

（2）语音输入法。利用语音识别手段将人们的声音通过麦克风输入计算机，由计算机分析判断整理出语音内容，并用文字形式显示出来。

（3）扫描输入法。利用扫描仪、数码相机等外围设备将印刷型或手写体的文字转换为数字信号输入计算机，此方法输入的文字是以图像形式展现的，再利用识别软件转换为人们常用的文本文字。

文本下载分为电子资源下载和网页下载两种。电子资源下载主要是下载数据库和网上的非网页文本，一般是原格式（如 DOC、PDF、PDG、CAJ 等）文件下载。网页下载主要是 HTML 格式的网页文本，采用复制、粘贴的方法转到 Word、写字板、记事本中以便于编辑，采用此方法复制到 Word 时，可采用"无格式粘贴"的方式去除粘贴的网页格式。

2. 文本输入工具

数字文本输入工具主要有键盘、麦克风、手写板和手写笔、扫描仪等。

（1）键盘。把文字输入计算机的主要工具。目前汉字主要是按字形或发音特征，或利用汉字的形、音特征相结合的编码方法将汉字输入计算机。

（2）麦克风。将人类自然语言转化为计算机能识别的文本信息的主要工具。

（3）手写板和手写笔。将人们的手写文本直接输入计算机的主要工具。只有在微机配上图形输入板才能进行手写文本，以让机器自动识别转换为数字文本信息。

（4）扫描仪。一种捕获影像的装置，作为一种光机电一体化的电脑外设产品，它可将影像转换为计算机可以显示、编辑、存储和输出的数字格式。

3. 文本编辑软件

常用的文本编辑软件有 Word、WPS、记事本等，主要用于键盘输入和网上下载的采集过程。

4. 文本存储

文本可保存为 DOC、DOCX、TXT 等格式。

5. 文本输出方式方法

完成文本编辑后，通过打印方式或导出 PDF 文件，输出文本。

任务实操

阅读本节知识内容，完成任务工作单 6-1-2。扫码观看视频，深入了解我国数字媒体技术的发展及典型应用，掌握数字文本处理的基本操作。

6.1.6　我国数字媒体技术发展研究报告撰写

随着移动化趋势的加强和视频内容的热门化，数字媒体平台在不断创新，为用户提供更加便捷、个性化的服务。本任务以"数字媒体技术"为主题,通过互联网进行信息检索,完成我国数字媒体技术发展研究报告的撰写,运用文本处理技术进行相关操作。

步骤 1:文本输入素材准备。

使用网络搜索引擎,搜索关于我国数字媒体技术发展现状及趋势研究的文章作为素材,如图 6-1 所示。

图 6-1　素材搜索

步骤 2:文本输入。

文本输入的常见方法:键盘输入(拼音输入法、五笔输入法等)、手写输入(手写板和手写笔)、语音输入(麦克风)、扫描输入(OCR 软件识别)。

步骤 3:文本编辑、处理。

在 Word 文字处理软件中输入文本,并对本文进行编辑、修改和排版,掌握字体设置、段落设置等相关操作,如图 6-2 所示。

图 6-2　文本排版前(左)、排版后(右)

步骤 4：文本存储和传输。

将编辑好的文本保存到指定的位置，保存的文件通常有文本文件（.txt）、Word 文档（.docx）、WPS 文档（.wps）等类型，如图 6-3 所示。

图 6-3　文本存储

步骤 5：文本输出。

电子文本输出通常以 PDF 格式文件保存；书面文本输出可用打印机将文本打印输出。

任务 2　数字图像处理技术

任务描述

为丰富大学生校园文化生活，提升学生的审美情趣，展现大学生的青春风采，学院将于 12 月 16 日举办为期一周的大学生校园文化艺术节。学生文艺部向全院征集优秀设计作品，就本次大学生校园文化艺术节设计并制作活动宣传海报。

> 任务主题：大学生校园文化艺术节旨在进一步丰富大学生校园文化生活，营造积极向上、清新高雅、健康文明的校园文化氛围，打造和谐校园，展现学生的青春风采和精神风貌，激发学生对艺术的兴趣和爱好，培养学生健康的审美情趣、良好的艺术修养和追求真理的科学精神，引导他们向真、向善、向美，得到全面和谐的发展。

技术分析及效果图

- 数字图像的概念。

数字技能基础

- 常用的数字图像格式。
- 数字图像的格式转换。
- 数字图像的基本操作。

学习目标

- 理解数字图像的概念和数字图像的格式。
- 了解常用的数字图像格式。
- 掌握数字图像去噪、增强、复制等基本操作。
- 掌握数字图像分割、提取特征、压缩、存储、检索等基本操作。

数字图像处理技术

知识链接

本节可以自行学习,通过预习知识链接,完成知识测评单 6-2-1。扫码观看视频,了解数字图像的概念,掌握数字图像的处理技术。

学习箴言:专业要学得宽一些,基础要打得厚!

当前数字图像处理技术已经在智能交通、人脸识别、生物医学工程等领域取得了广泛应用。随着人工智能、深度学习、大数据等技术的发展,数字图像处理技术迎来了新的机遇和挑战。数字图像处理技术将会朝着更加高速、高分辨率、立体化、多媒体、智能化和标准化方向发展。

数字图像是以二维数字组形式表示的图像,其数字单元为像素,数字图像的有效应用通常需要建立在几何学、光度学或传感器校准等知识的基础上,数字图像处理领域就是研究图像与物理图像的映射算法的。

数字图像处理(Digital Image Processing)是将图像信号转换成数字信号并利用计算机对其进行处理。早期数字图像处理的目的是提高图像的视觉效果。数字图像处理技术的广泛应用为国家科学与经济发展创造了巨大的财富。

6.2.1 数字图像处理的基本概念

1. 数字图像

数字图像,又称数码图像或数位图像,是二维图像用有限数字数值像素的表示。由数组或矩阵表示,其光照位置和强度都是离散的。数字图像是由模拟图像数字化得到的、以像素为基本元素的、可以用数字计算机或数字电路存储和处理的图像。

数字图像可以由许多不同的输入设备和技术生成,如数码相机、扫描仪、坐标测量机等,也可以从任意的非图像数据合成得到,如数学函数或三维几何模型。三维几何模型是计算机图形学的一个主要分支。

2. 图像单位

像素（又称像元或 Pixel）是数字图像的基本元素。像素是在模拟图像数字化时对连续空间进行离散化得到的。每个像素都具有整数行（高）和列（宽）位置坐标，且具有整数灰度值或颜色值。通常，像素在计算机中保存为二维整数数组的光栅图像，这些值经常用压缩格式进行传输和储存。

3. 数字图像格式

数字图像格式指的是数字图像存储文件的格式。不同文件格式的数字图像，其压缩方式、存储容量及色彩表现不同，在使用中也有所差异。

同一幅图像可以用不同的格式存储，但不同格式之间所包含的图像信息并不完全相同，其图像质量也不同，文件大小也有很大差别。每种图像格式都有自己的特点，有的图像质量好，包含信息多，存储空间大；有的压缩率较高，图像完整，占用空间较少。在什么场合使用哪种格式的图像应由每种格式的特性来决定。

目前比较流行的图像格式包括光栅图像格式 BMP、GIF、JPEG、PNG 等，以及矢量图像格式 WMF、SVG 等。大多数浏览器都支持 GIF、JPG 以及 PNG 图像的直接显示。SVG 格式作为 W3C 的标准格式在网络上的应用越来越广。

6.2.2 数字图像的常见格式

1. JPEG 格式

JPEG 格式是最为常见的图像文件格式，是一种有损压缩格式，能够将图像压缩在很小的储存空间中，占用磁盘空间少，但图像中重复或不重要的资料会被丢失，因此容易造成图像数据的损伤。JPEG 压缩技术十分先进，它用有损压缩方式去除冗余的图像数据，在获得极高压缩率的同时能展现十分丰富的图像，而且 JPEG 是一种很灵活的格式，具有调节图像质量的功能，适合应用于互联网，可减少图像的传输时间。为此，JPEG 格式是目前网络和彩色扩印最为流行的图像格式。

2. BMP 格式

BMP 图形文件是 Windows 采用的图形文件格式，在 Windows 环境下运行的所有图像处理软件都支持 BMP 图像文件格式。Windows 系统内部各图像绘制操作都是以 BMP 为基础的。BMP 位图文件默认的文件扩展名是 .bmp。这种格式的特点是包含的图像信息较丰富，几乎不进行压缩，但由此导致了占用磁盘空间过大。

3. PNG 格式

PNG 格式是一种采用无损压缩算法的位图格式，支持索引、灰度、RGB 三种颜色方案以及 Alpha 通道等特性。其设计目的是试图替代 GIF 和 TIFF 文件格式，同时增加一些 GIF 文件格式所不具备的特性。PNG 使用从 LZ77 派生的无损数据压缩算法，它的压缩比高，生成文件体积小。PNG 文件的扩展名为 .png。

4. GIF 格式

GIF 格式不属于任何应用程序，所有相关软件都支持该格式，公共领域有大量的软件在使用 GIF 图像文件。GIF 格式已经成为网络上图像传输的通用格式，速度要比传输其他图像文件格式快得多，所以经常用于动画、透明图像等。它的最大缺点是最多只能处理 256 种色彩，故不能用于存储真彩色的图像文件。

5. WMF 格式

WMF 格式是一种图元文件，图元文件的扩展名包括 .wmf 和 .emf 两种，其属于矢量类图形，是由简单的线条及封闭线条（图形）组成的矢量图。

6. SVG 格式

SVG 格式一般指可缩放矢量图形，是一种描述二维图形的语言。SVG 格式作为独立格式或与 XML 文件混合使用时使用 XML 语法；在 HTML 文档中使用的 SVG 代码使用 HTML 语法。SVG 支持三种类型的图形对象：矢量图形形状（如由直线和曲线组成的路径）、图像和文本，可以对图形对象进行分组、样式化转化和合成。

6.2.3 数字图像的格式转换

随着社会的发展和科技的进步，计算机辅助设计软件层出不穷，且功能越来越强大、越来越完善，版本更新升级的周期越来越短，不少新的图像文件格式随着新的设计软件的推广而被广泛使用，数字技术涉及的媒体形式越来越多，各种应用软件又有其独特的图像存储格式，这就形成了图像文件格式的多样性。人们面对这种多样性发展趋势，解决图像格式兼容的态度是积极的。为此，各种各样的图像格式转换软件应运而生。

常用的进行图像格式转换的软件有 Photoshop、AutoCAD、ACDSee、CorelDRAW 等。Photoshop 作为位图制作类型的杰出软件，功能十分强大，且适合大多数数码图像格式的转换；AutoCAD 作为矢量图制作类型在工程图形设计中得到最为广泛的应用，它也可实现位图与矢量图之间的图像格式互换；ACDSee 作为位图浏览软件，它的浏览功能强大，格式转换、图片处理能力也很强，是一个很好的图像管理器；CorelDRAW 是基于矢量图形的设计软件，也可对位图的进行处理，实现了位图与矢量图形的图像格式互相转换。

数字图像案例效果

任务实操

阅读本节知识内容，完成任务工作单 6-2-2。扫码观看视频，掌握手机图像处理 App Canva 来设计制作大学生校园文化艺术节宣传海报。

6.2.4 手机图像处理 App——Canva 可画

Canva 可画（以下简称 Canva）是一款备受欢迎的图像处理工具，可用于制作各种设计，如社交媒体内容、名片、宣传单等。它非常容易上手，对于高效的设计工作具有重要意义。

使用 Canva 可以告别传统使用 Photoshop 等复杂工具的作图模式，轻松完成海报、PPT、Logo、传单、PPT、小说/公众号封面、简历、微商电商主图/详情页、朋友圈配图、照片拼图、名片、邀请函、视频封面等图片制作。

Canva 的功能：

（1）一键抠图。上传图片，手指一点，便可轻松移除图片背景，还可下载透明背景图片。

（2）添加贴纸、照片滤镜。可以为照片添加好看的贴纸，使用酷炫的滤镜。

（3）一键变换图片尺寸。一张设计图，可被一键调整成不同尺寸，满足不同平台的不同图片尺寸需求。

（4）一键应用图片颜色到页面。上传图片后，若发现整体设计颜色不协调，可以直接点击图片，选择"应用图片颜色到页面"项，整体设计自动协调颜色。

（5）添加动态效果。图像处理不止于静态，还可以为设计添加淡入、浮出、放大等有趣的动态效果，让图片动起来。

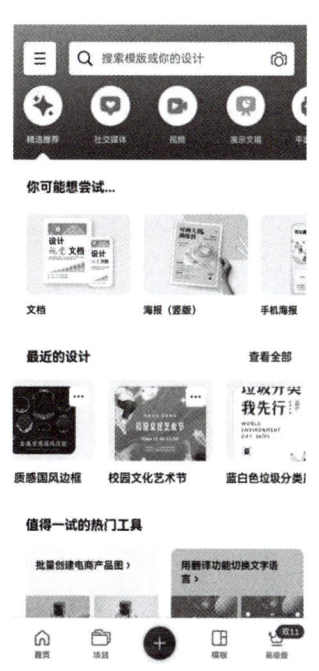

图 6-4 Canva 界面

（6）制作视频。不管是编辑视频，还是将图片制作成视频，都可以用 Canva 可画轻松完成。

6.2.5 Canva 的使用方法

1. 注册和登录

打开 Canva，输入电子邮件地址和密码，然后单击"登录"按钮即可。也可以使用微信或手机号码登录 Canva。

2. 创建设计

Canva 提供了众多模板，可以选择心仪的设计类型。从横幅、卡片、海报到社交媒体内容，都可在 Canva 中找到。选择一个模板后，可以调整它的大小和位置，还可以使用 Canva 的各种工具来添加文本、形状、图像、标志、背景等元素。

3. 编辑图形和文本

Canva 的编辑界面非常友好。可以选择要添加到画布中的元素，如编辑文本框、形状、线条、图像、图标、插图、背景等，还可以设置颜色、字体、大小等属性。

4. 添加素材、视频或者音频

更改模板上的文字，或点击左下角紫色的"+"号按钮可直接添加各种素材，Canva 提供了约 6000 万幅图片素材插画、6000 以上种中英文字体、约 70 万个视频、约 5 万个音频。

5. 添加新图层

Canva 提供了一个多图层设计工具。可以在同一画布上添加多个图层，点击"添加新图层"按钮添加新图层。这样可以创建复杂的设计而无需移动元素。也可以使用它来创建具有多个元素和图层的设计。

6. 滤镜和效果

Canva 提供了大量的滤镜和效果供用户使用。可以从视觉效果下拉菜单中选择要应用的滤镜类型或效果类型。

7. 共享和导出

Canva 支持导出 PNG、JPG、PDF 和 GIF 格式，可以直接将设计导出到社交媒体、电子邮件中，如微信、微博、抖音、小红书等平台，也可直接保存到手机本地，或者生成在线链接分享给他人，以便与其他人共享或合作编辑。

6.2.6 设计制作校园文化艺术节宣传海报

任务要求：为大学生校园文化艺术节设计制作活动宣传海报，文件尺寸为 42 厘米 ×59.4 厘米，使用 Canva 进行后期制作排版，导出图片为 JPG 格式，并通过微信发送给学生文艺部的同学。

步骤 1：素材准备。

找到 Canva 界面中间位置的"素材集合"，可查看全部素材，选择不同的分类，将需要的图片、文字、Logo 等素材下载保存，如图 6-5 所示。

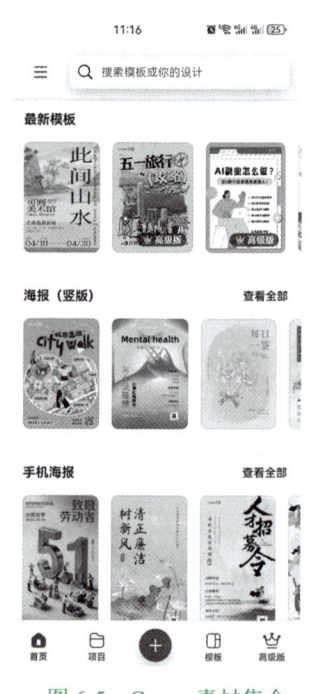

图 6-5　Canva 素材集合

步骤 2：编辑作品。

（1）创建海报。点击界面下方的"+"号按钮，选择"海报（竖版）"设计类型，尺寸为 42 厘米 ×59.4 厘米。进入"设计"界面后，可看到模板和样式栏目。搜索"校园文化节"主题模板，并在样式栏目中选择与目标风格相符的配色组合，如图 6-6、图 6-7 所示。

（2）编辑海报。点击选定的海报模板，对模板上的各个元素进行编辑，如图片大小调整、文案修改、字体样式、元素大小和特效的设置，还可以添加样式、特效，进行裁剪，增加动态效果，设置透明度的变化等，如图 6-8、图 6-9 所示。

（3）添加素材。将之前下载的素材添加到模板中，进行美化排版，如图 6-10、图 6-11 所示，并添加滤镜和效果。若添加的素材与模板整体设计颜色不协调，可以直接点击图片，在底部菜单栏中找到"更多"项，选择"将颜色应用于页面"项，则整体设计自动协调颜色。

模块 6　数字媒体——新媒体传递信息

图 6-6　创建海报

图 6-7　搜索海报模板

图 6-8　确定海报模板

图 6-9　元素编辑

图 6-10　添加素材

图 6-11　美化排版

（4）保存作品。海报编辑完成后，点击界面顶部的"…"按钮，输入海报文件名，点击"保存"命令，如图 6-12 所示，还可以将作品同步到电脑端 Canva 上编辑设计。

步骤 3：发布作品。

在 Canva 主界面，可以找到最近设计的作品，点击作品右上角的"…"按钮，点击

173

"下载"按钮，选择文件类型为JPG，设置尺寸和品质后，点击"下载"命令，如图6-13所示，完成后即可进入"分享"界面，可以将作品分享到朋友圈或者分享给微信好友。

图6-12 保存作品

图6-13 下载发布作品

任务❸ 数字声音处理技术

任务描述

为传承红色文化，展现当代大学生风采，激发大学生的爱国热情和审美情趣，提高大学生的文化素养和艺术修养；同时为营造富有激情、富有青春气息的校园文化氛围，推动校园文化建设，学院特举办红色诗歌朗诵比赛活动，要求大家录制一段人声朗诵的爱国诗歌，并选择合适的背景音乐与人声进行音频混合，实现爱国诗歌朗诵配乐效果。

任务主题：红色诗歌朗诵比赛具有深刻的教育意义。旨在传承红色文化，激励大学生爱国、爱党、爱人民，弘扬正义、勇毅、进取的精神，推动社会前进。爱国诗歌是对中国共产党和革命先烈的崇高赞颂，是对中国革命历史和红色文化的珍贵记录和传承。通过朗诵红色诗歌，大学生更加深刻地认识中国革命的艰辛和胜利，感受革命先辈们的心路历程和坚定信念，从中不断汲取奋斗的力量和智慧。

技术分析及效果图

- 数字声音的概念。
- 常见的数字音频格式。
- 声音的数字化过程。
- 超级音乐编辑器 App 的基本操作。

学习目标

- 理解数字声音的基本知识。
- 了解数字声音的特点。
- 熟悉处理、存储和传输声音的数字化过程。
- 掌握通过移动端应用程序进行声音录制、剪辑与发布等操作。

数字音频

知识链接

> 本节可以自行学习,通过预习知识链接,完成知识测评单6-3-1。扫码观看视频,了解数字声音的概念,掌握数字音频的处理技术。
>
> 学习箴言:要有逢山开路、遇河架桥的意志,为了创新创造而百折不挠、勇往直前。

数字音频处理是一种利用数字化手段对声音进行录制、存放、编辑、压缩或播放的技术,它是随着数字信号处理技术、计算机技术、多媒体技术的发展而形成的一种全新的声音处理手段。数字音频的主要应用领域是音乐后期制作和录音。

计算机数据是以0、1的形式存取的,因此数字音频首先将音频文件转化为电平信号,接着再将这些电平信号转化成二进制数据保存,播放的时候再把这些数据转换为模拟的电平信号后传送到喇叭播出。数字声音和一般磁带、广播、电视中的声音就存储播放方式而言有着本质区别。相比而言,它具有存储方便、存储成本低廉、存储和传输的过程中没有声音的失真、编辑和处理非常方便等特点。

6.3.1 数字音频的基本知识

1. 采样率

音频采样率是指录音设备在单位时间内对模拟信号采样的多少,采样频率越高,声音越真实越自然。采样频率一般分为11025Hz、22050Hz、24000Hz、44100Hz、48000Hz五个等级。

2. 压缩率

压缩率通常指音频文件压缩前和压缩后大小的比值,用来简单描述数字声音的压缩效率。

3. 比特率

比特率是另一种数字音乐压缩效率的参考性指标，表示记录音频数据每秒钟所需要的平均比特值。bps（b/s）表示每 1 秒内传送的比特数，通常使用 kbps（每秒钟 1024 比特）作为单位。CD 中的数字音乐比特率为 1411.2kbps，近乎于 CD 音质的 MP3 数字音乐需要的比特率大约是 112kbps～128kbps。

4. 量化级

量化级简单地说就是描述声音波形的数据是多少位的二进制数据，通常用 bit 做单位，如 16bit、24bit。16bit 量化级记录声音的数据是用 16 位的二进制数，因此，量化级也是数字声音质量的重要指标。形容数字声音的质量时，通常描述为 24bit（量化级）、48kHz 采样，比如标准 CD 音乐的质量就是 16bit、44.1kHz 采样。

6.3.2 常见的数字音频格式

1. WAV 格式

WAV 格式，是微软公司开发的一种声音文件格式，也叫波形声音文件，是最早的数字音频格式，被 Windows 平台及其应用程序广泛支持。WAV 格式支持许多压缩算法，支持多种音频位数、采样频率和声道，采用 44.1kHz 的采样频率，16bit 量化级，跟 CD 一样，对存储空间需求太大不便于交流和传播。

2. MIDI 格式

MIDI 又称作乐器数字接口，是数字音乐/电子合成乐器的统一国际标准。它定义了计算机音乐程序、数字合成器及其他电子设备交换音乐信号的方式，规定了不同厂家的电子乐器与计算机连接的电缆和硬件及设备间数据传输的协议，可以模拟多种乐器的声音。MIDI 文件就是 MIDI 格式的文件，在 MIDI 文件中存储的是一些指令。把这些指令发送给声卡，由声卡按照指令将声音合成出来。

3. CD 格式

CD 格式，扩展名为 CDA，其取样频率为 44.1kHz，16bit 量化级，参数与 WAV 相同，但 CD 存储采用了音轨的形式，又叫"红皮书"格式，记录的是波形流，是一种近似无损的格式。

4. MP3 格式

MP3 全称是 MPEG-1 Audio Layer 3，它在 1992 年合并至 MPEG 规范中。MP3 格式能够以高音质、低采样率对数字音频文件进行压缩。换句话说，音频文件（主要是大型文件，比如 WAV 文件）能够在音质丢失很少的情况下（人耳根本无法察觉这种音质损失）把文件压缩到更小的程度。

5. MP3Pro 格式

MP3Pro 格式是由瑞典 Coding 科技公司开发的，其中包含了两大技术：一是来自 Coding 科技公司所特有的解码技术，二是由 MP3 的专利持有者法国汤姆森多媒体公司和德国 Fraunhofer 集成电路协会共同研究的一项译码技术。MP3Pro 格式能够在用较低的比特率压缩音频文件的情况下，最大程度地保持压缩前的音质。

6. WMA 格式

WMA 格式是微软在互联网音频、视频领域的力作。WMA 格式是以减少数据流量但保持音质的方法来达到更高的压缩率，其压缩率一般可以达到 1:18。此外，WMA 格式还可以通过加入 DRM 方案防止被复制，或者加入播放时间和播放次数限制，甚至加入播放机器的限制，可有力地防止盗版。

7. MP4 格式

MP4（MPEG-4）格式是一套用于音频、视频信息的压缩编码标准，由国际标准化组织（ISO）和国际电工委员会（IEC）下属的动态图像专家组（Moving Picture Experts Group，即 MPEG）制定，第一版在 1998 年 10 月通过，第二版在 1999 年 12 月通过。MPEG-4 格式的主要用途在于网上流、光盘、语音发送（视频电话），以及电视广播。

8. SACD 格式

SACD 格式是由 Sony 公司正式发布的。它的采样率为 CD 格式的 64 倍，即 2.8224MHz。SACD 重放频率带宽达 100kHz，为 CD 格式的 5 倍，24bit 量化级，远远超过 CD，声音的细节表现更为丰富。

6.3.3 声音数字化过程的基本步骤

声音的数字化过程，也称为音频数字化或音频采样，包括以下步骤：

（1）采样率选择。首先要确定音频的采样率，即每秒钟记录声音样本的数量。常见的采样率有 44.1kHz、48kHz 等。较高的采样率可以更准确地还原原始声音，但也会占用更多的存储空间。

（2）模拟到数字转换。通常使用模数转换器将模拟声音信号转换为数字信号。模拟声音信号通过电子设备中的麦克风或其他录音设备捕捉，并转换为数字信号。

（3）量化和编码。采样后的模拟声音信号被量化为一系列数字值。量化是将连续的模拟信号分割成离散的级别，并将每个级别用一个数字表示。通常使用的量化级是 16bit 或 24bit。接下来，使用编码技术将量化后的数字值转换成二进制形式，以便于存储和处理。

（4）数据压缩（可选）。对于需要减少存储空间或传输带宽的情况，可以对音频数据进行压缩。音频压缩算法可以去除冗余信息，减少数据量，但也可能引入一定的失真。常见的音频压缩格式有 MP3、AAC 等。

（5）存储和处理。最后，将数字化的音频信号以适当的格式存储在数字媒体设备（如计算机、移动设备）或存储介质（如硬盘、闪存卡）中。对存储的音频数据可以进行后续的处理，包括编辑、混音、回放等操作。

通过以上步骤，声音的模拟信号被转换为数字信号，并可以通过数字化设备进行存储、传输和处理。这样就实现了声音的数字化，使其可以被计算机和数码设备所识别和处理。数字化的音频信号可以以高质量进行复制、传输和还原，同时为音频领域的后续处理和创新提供了更大的灵活性。

任务实操

阅读本节知识内容，完成任务工作单 6-3-2。扫码观看视频，掌握手机音频剪辑 App 超级音乐编辑器来录制创作祖国赞诗歌朗诵音频。

6.3.4 手机音频剪辑 App——超级音乐编辑器

超级音乐编辑器是一款非常强大的音频剪辑软件，支持对 MP3、M4A、AAC 等多种格式文件进行音频剪辑，支持剪切、拼接、混音、变声、淡入淡出、快慢速、格式转换、音频提取、升降调、均衡器、消除人声等多种功能编辑操作。

超级音乐编辑器是一款可免费使用的软件，使用时无需注册与登录，安装好后直接打开就可以进行音频编辑操作。它可以自动识别手机里的所有音乐文件，默认按时间顺序进行排列，同时还支持搜索功能。编辑后的音频可以在工作区中查看，在设置中修改音视频存储的位置。素材库内还有 1000 多种音乐素材，涵盖了多种应用场景，支持试听和下载。同时每个功能都配有图文教程，适合新手操作。超级音乐编辑器的特点如下所述。

1. 一站式处理音频

超级音乐编辑器功能相当齐全，包括音频剪切、合并、提取、变速、降噪等，每一个功能都简单易懂，使用起来非常方便，很轻松就可以上手，一键处理即可实现专业效果。

2. 音频格式转换

超级音乐编辑器支持将修改后的音频输出为 .mp3、.wav、.m4a、.wma 等格式的音频文件，可批量转换音频文件格式，转换后保证音频的完整与高品质。

3. 音频剪辑

把需要编辑的音频素材导入，然后在编辑区选中片段可进行剪辑。除了基本的剪辑复制等功能，还能够设置淡入淡出、消除人声、音频变调、降噪等更多声音特效，编辑功能相当强大。

4. 音频分割

超级音乐编辑器有三种音频分割模式可以选择：自定义分割、平均分割和按时间分割，可对单个文件进行分割操作，也可以批量处理所有文件，操作简易，对新手友好。

5. 智能降噪

超级音乐编辑器采用 AI 算法，识别音频中的环境噪声，有效将音频上的杂音消除干净，保持纯净原声。

6.3.5 超级音乐编辑器的功能

音频编辑：支持音频混音、变音、淡入淡出、快慢速等功能。

音频剪切：自定义音频裁剪范围，一键随意快速剪切。

音频拼接：支持两个或多个音频文件合并成一个音频文件。

格式转换：可以将一种音频格式转换为另一种格式。

视频转音频：可以从视频中提取音频。

视频编辑：支持视频加音频、混音、快慢速等。

单声道音频转多声道：音频单声道立体声转换。

变声：提高音调、节拍、速率调整变音。

插入音频：随时插入个性化音频，制作精彩音乐。

调整音量：自由调整音量声音。

升降调：自由调节音乐音调。

均衡器：提供多种参数可选，个性化调整。

音频压缩：压缩音频大小，方便分享给朋友。

消除人声：去除音频人声，保留其他声音。

图 6-14 超级音乐编辑器界面

6.3.6 祖国赞诗歌朗诵音频录制

任务要求：用手机录制一段爱国诗歌朗诵，并选择合适的背景音乐与人声进行音频混合，使用手机音频剪辑 App 进行后期剪辑，保存为 MP3 格式，并将音频通过 QQ 或者微信发送给学生文艺部的同学。

步骤 1：音频素材准备。

（1）录制声音。点击超级音乐编辑器 App 界面下方的"录音"功能，进入"录音"界面，如图 6-15 所示，点击右上角的设置按钮，进行格式、采样率和比特率的选择，确定后点击"录音"按钮，开始录音。录音结束后，点击"完成"按钮，然后输入录音的名字，点击"确认"按钮，可以看到已录制音频的信息界面，通过回放确认效果满意后，记下录音文件的时长，即完成录制。

（2）音频剪切。点击 App 界面下方的"素材库"，在"本地音乐"或"音乐库"中选取一首合适的 MP3 音乐文件，如图 6-16 所示。点击音乐名右上角的"…"按钮，在弹出的菜单中选择"音频剪切"项，进入"剪切音频"界面，拖动界面上方的波形窗口，选择比录音时长多 6～10 秒的一段音乐，可使用下方"播放"按钮来试听剪辑预览效果，并适当调整参数，满意后点击"保留选中"按钮，输入名字后先点击"确定"按钮再点击右上角的"保存"按钮，如图 6-17 所示。通过回放确认效果满意后，可点击右上角的"回到主页"按钮回到主界面。

步骤 2：进行混音。

（1）导入声音文件。点击界面上方的"多轨编辑"按钮，再点击左下角的"选择音频"按钮，可看到本地音乐、文件夹和音乐库三个栏目，界面下方列表显示了刚才录制好的声音文件，点击此声音文件后回到多轨编辑界面，可看到声音文件已导入，如图 6-18～图 6-20 所示。

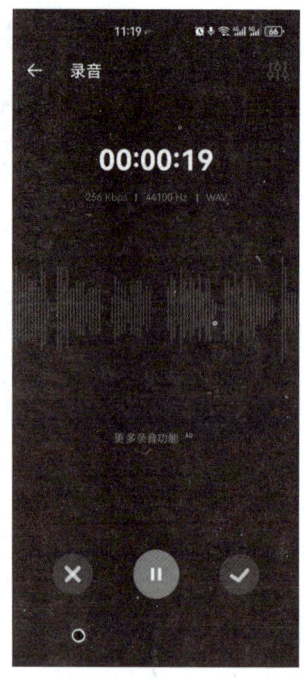
图 6-15 录制声音

图 6-16 素材库选择

图 6-17 剪辑背景音乐

图 6-18 剪辑声音文件

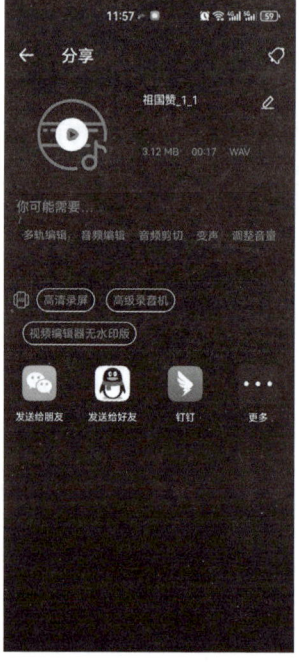
图 6-19 保存声音文件

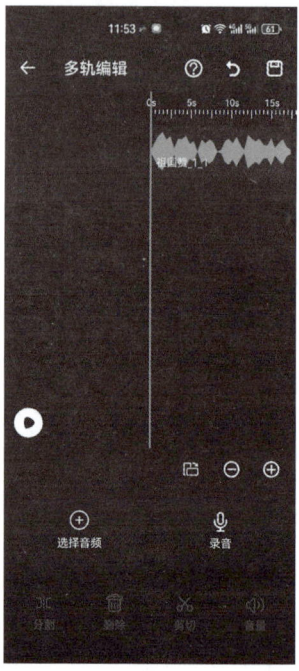
图 6-20 导入声音文件

（2）导入音乐文件。在"多轨编辑"界面中，再点击"选择音频"按钮，可看到下方列表显示了刚才剪切好的音乐文件，点击文件后进入"多轨编辑"界面，可看到音乐文件已导入，如图 6-21 所示。

（3）进行音频混合。点击"多轨编辑"界面上的"放大"或"缩小"按钮调整界面，将波形调到合适的位置。点击"音量"按钮，可以对指定的音乐文件进行"淡入"和"淡出"的音效设置，如图6-22所示，调整"淡入"和"淡出"的时间，并对背景音乐的音量进行调整，确定后，点击左侧的"试听"按钮，试听满意后，点击"保存"按钮，输入保存的名字，点击"确认"按钮，进入"制作成功信息"界面，点击"播放"按钮，可听到最终的效果。

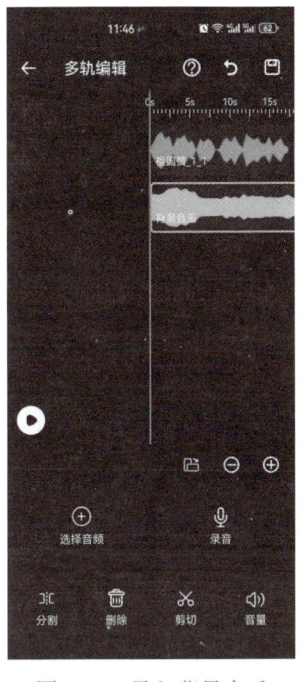

图6-21　导入背景音乐

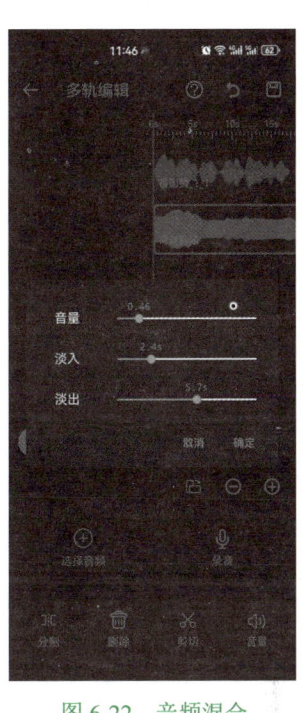

图6-22　音频混合

步骤3：发布音频。

在"素材库"界面找到完成的诗朗诵文件，点击右边的"…"按钮，选择"分享"，选择QQ或微信，再找到指定用户，即可发送给对方。

任务④　数字视频处理技术

任务描述

我们的祖国，幅员辽阔，物产丰富，经过大自然千百万年的雕琢，构成了一幅景色旖旎绚丽多彩的画卷。黄河，世世代代流淌着母亲的乳汁；长江，岁岁年年奔涌着智慧的巨浪。江河湖海，日夜奔腾；五岳山川，巍巍耸立；万里长城，绵延不绝；雄伟故宫，端庄磅礴，这是祖国文化与历史的永恒，更是祖国伟大与强盛的见证。

为展现祖国的大好河山，秀丽风景，要求大家拍摄几段美丽的自然风光或者城市标志性建筑，制作成 2 分钟的视频片段，并选择合适的背景音乐，添加字幕效果和视频特效，完成大美中国的视频宣传片。

> **任务主题**：大美中国视频制作不仅展示了祖国山河的壮美、青山绿水的美好景色，还展示了我国各地生态环境的逐步改善。学生在创作过程中不仅能提高专业技能操作和审美能力，还能激发热爱祖国、以家乡为骄傲的情感。

技术分析及效果图

- 数字视频的概念。
- 常见的数字视频格式。
- 数字视频处理的技术过程。
- 剪映 App 的基本操作。

学习目标

- 理解数字视频的基本知识。
- 了解数字视频的特点。
- 熟悉数字视频处理的技术过程。
- 掌握通过移动端应用程序进行视频制作、剪辑与发布等操作。

知识链接

数字视频

> 本节可以自行学习，通过预习知识链接，完成知识测评单 6-4-1。扫码观看视频，了解数字视频的概念，掌握数字视频的处理技术。
>
> 学习箴言：现在，青春是用来奋斗的；将来，青春是用来回忆的！

随着人工智能技术的不断发展，数码影像技术在日常生活、学习教育、商业娱乐等各个领域都有着非常广泛和深入的应用。在深度学习等人工智能算法支持下，数码影像技术可以实现自动化处理和分析，从而提高诊断效率和准确性，为医疗领域带来更多的发展机会。随着技术的不断创新与发展提高，数码影像技术还可以实现虚拟现实、增强现实等技术，创造出更加真实、奇妙的视觉感受，为人们带来更加丰富、多样化的生活体验。

6.4.1 数字视频的基本知识

1. 数字视频

数字视频是以数字形式记录的视频。先用摄像机之类的视频捕捉设备将外界影像的颜色和亮度信息转变为电信号，再记录到储存介质（如录像带），就形成了数字视频。

数字视频和模拟视频是相对的。数字视频有不同的产生方式、存储方式和播出方式。比如通过数字摄像机可直接产生数字视频信号，存储在数字带、P2卡、蓝光盘或者磁盘上，从而得到不同格式的数字视频。然后通过 PC 中特定的播放器等播放。

2. 数字视频的基本概念

数字视频主要包括采样、量化和编码三个基本概念。

（1）采样。将连续时间的模拟信号转换为离散时间的数字信号的过程。数字视频中的采样可以理解为将模拟视频信号中的每一帧画面以固定的时间间隔抽取出来，并保存为数字信号。

（2）量化。将采样后的模拟信号转换为离散幅度的数字信号的过程。数字视频中的量化通常是将视频信号的亮度和色度分别量化为数字信号，并保存为像素值。

（3）编码。数字信号用一定的编码方式表示为二进制数，以便于数字信号在网络中传输、储存和处理。数字视频中的编码通常采用如 MPEG、H.264 等压缩编码标准。

3. 视频分辨率和帧率

视频分辨率是指视频画面像素点的数量，用宽度 × 高度表示。目前常见的视频分辨率有 720P（1280×720）、1080P（1920×1080）、2K（2560×1440）、4K（3840×2160）等，分辨越高，存储视频文件需要的空间越大。

帧率是指视频每秒显示的帧数，单位为 fps，即"帧 / 秒"，常见的有 25fps、30fps、60fps 等。视频帧率越高，画面越流畅。

6.4.2 数字视频的特点

（1）数字化。数字视频通过采样、量化和编码等过程将模拟信号转换为数字信号，使得视频信号可以在计算机等数字设备上进行处理。

（2）压缩。数字视频可以通过压缩技术将视频信号压缩，以便于传输和储存，减少网络带宽的占用和存储空间的使用。

（3）实时性要求高。数字视频常用于视频通话、监控等需要实时传输的场合，因此需要具备高实时性和低延迟性。

（4）清晰度高。传统模拟视频存在失真、画面抖动等问题，而数字视频可以通过采用高清晰度的视频技术和编码算法，提高视频的清晰度和质量。

6.4.3 数字视频的文件格式

1. AVI 格式

AVI 格式是 Microsoft Video for Windows 软件所使用的视频文件格式，是目前较为流行的一种视频文件。在计算机系统中，AVI 文件一般可实现从硬盘或光盘播放，具有加速加载、播放以及高压缩比、高视频序列质量的特点。AVI 格式的优点是兼容好、调用方便、图像质量好，缺点是文件体积过于庞大。

2. MOV 格式

MOV 格式是 Apple 公司的 QuickTime for Windows 视频处理软件所使用的视频文件格式。与 AVI 文件格式类似，它也采用了 Intel 公司的 Indeo 视频有损压缩技术，视频信息和音频信息也是混排在一起的。但是，QuickTime 原本是在 Macintosh 机上运行的软件，它不仅包含对视频数据的处理，且包含对声音、图像以及可视化会议等应用的支持。一般认为 MOV 文件的视频质量要比 AVI 文件的质量好。

3. MPG 格式

MPG 文件是使用 MPEG 方法进行压缩的全动态视频图像，由于这种文件压缩比很高，所以不仅大多数专用的视频处理软件（如 QuickTime）支持这种文件格式，甚至许多图像处理软件（如 Photoshop、CorelDraw 等）也支持它。

4. DAT/VOB 格式

DAT/VOB 格式是 VCD、DVD 盘上使用的视频文件格式，其也是基于 MPEG 压缩方法的一种文件格式。区别在于 VCD 盘上的 DAT 文件使用 MPEG-1 标准压缩，而 DVD 盘上的 VOB 文件使用 MPEG-2 标准压缩。

5. RM/RMVB 格式

RM 格式是由 RealNetworks 公司开发的一种文件格式。它通常只能容纳 Real Video 和 Real Audio 编码的媒体。该格式文件带有一定的交互功能，允许编写脚本以控制播放。尤其是 RM 的可变比特率版本的 RMVB 格式，体积很小，非常受下载者的欢迎。

6. ASF/WMV 格式

ASF 是 Microsoft 为 Windows 98 所开发的串流多媒体文件格式，其是 Windows Media 的核心。这是一种包含音频、视频、图像以及控制命令脚本的数据格式。

7. MP4 格式

MP4 是一套用于音频、视频信息的压缩编码标准，由国际标准化组织（ISO）和国际电工委员会（IEC）下属的动态图像专家组（MPEG）制定。MPEG-4 格式的主要用途在于网上流、光盘、语音发送（视频电话）以及电视广播。MPEG-4 包含了 MPEG-1 及 MPEG-2 的绝大部分功能及其他格式的长处，并加入及扩充对虚拟现实模型语言的支持，面向对象的合成档案（包括音效、视讯及 VRML 对象），以及数字版权管理（DRM）及其他互动功能。

目前手机拍摄视频的格式主要有 MP4、MOV、AVI 等格式，安卓手机一般为 MP4 格式，iOS 手机一般为 MOV 格式。不同格式的视频可以使用格式转换软件进行转换。

6.4.4 数字视频制作的基本步骤

1. 准备素材文件

依据具体的视频剧本以及提供或准备好的素材文件可以更好地组织视频编辑的流程。素材文件可包括通过采集卡采集的数字视频 AVI 文件，由 Adobe Premiere（Pr）或其他视频编辑软件生成的 AVI 和 MOV 文件、WAV 格式的音频数据文件、无伴音的动画 FLC 和 FLI 格式文件，以及各种格式的静态图像（包括 BMP、JPG、PCX、TIF），等等。

2. 进行素材的剪切

各种视频的原始素材片段都称为一个剪辑。在视频编辑时，可以选取一个剪辑中的一部分或全部作为有用素材导入最终要生成的视频序列。剪辑的选择由切入点和切出点定义。切入点指在最终的视频序列中实际插入该段剪辑的首帧切出点为末帧。也就是说切入和切出点之间的所有帧均为需要编辑的素材，使素材中的瑕疵降低到最少。

3. 进行画面的粗略编辑

运用视频编辑软件中的各种剪切编辑功能进行各个片段的编辑剪切等操作。完成编辑的整体任务。目的是将画面的流程设计得更加通顺合理，时间表现形式更加流畅。

4. 添加画面过渡效果

添加各种过渡特技效果，使画面的排列以及画面的效果更加符合人眼的观察规律，更进一步进行完善。

5. 添加字幕（文字）

在做电视节目、新闻或者采访的片段中，必须添加字幕，以更明确地表示画面内容，使人物说话的内容更加清晰。

6. 处理声音效果

在片段的下方进行声音的编辑（在声道线上），可以调节左右声道或者调节声音的高低、淡入淡出等效果。

7. 生成视频文件

对建造窗口中编排好的各种剪辑和过渡效果等进行最后生成结果的处理称为编译，经过编译才能生成最终的视频文件。最后编译生成的视频文件可以自动地放置在一个剪辑窗口中进行控制播放。

6.4.5 数字视频的应用

数字视频在现代社会中有着广泛的应用，例如：

（1）视频会议。数字视频可以用于远程视频会议，实现不同地区之间的实时交流。

（2）在线教育。数字视频可以用于在线教育，使学生能够通过网络观看教学视频，并获得更加生动、直观的学习体验。

（3）视频监控。数字视频可以用于视频监控，例如交通监控、安防监控等领域，帮助人们更好地完成监控任务。

（4）娱乐产业。数字视频也广泛应用于娱乐产业，例如电影、电视剧、游戏等领域，通过数字视频技术使得用户能够获得更好的视听体验。

（5）医疗领域。数字影像技术可以进行影像诊断和分析、手术导航和规划、医学影像教育与研究，同时也为医学领域的进一步发展提供了数据支持。

（6）影视广告。数字摄影技术可以为电影电视剧提供更高的分辨率和更多的灵活性，实现更加复杂、精细的特效，在广告中展现更加生动、精彩的画面表现。

（7）虚拟现实和游戏领域。数码影像技术通过 AI 多摄技术、虚拟现实技术等高科技手段的相互融合，让用户在使用过程中能够感受到更加丰富、绚丽的画面效果。让用户在虚拟现实和游戏世界中获得更加真实、沉浸式的游戏体验。

随着技术的不断发展，数码影像技术的前景也十分广阔，为人们带来更加美好、多彩的未来。

数字视频案例效果

任务实操

阅读本节知识内容，完成任务工作单 6-4-2。扫码观看视频，掌握手机视频剪辑 App 剪映创作剪辑大美中国宣传视频的方法。

6.4.6 手机视频剪辑 App——剪映

剪映是抖音官方推出的一款手机视频编辑剪辑应用，带有全面的剪辑功能，支持变速、多样滤镜效果，以及丰富的曲库资源。软件发布的系统平台有 iOS 版、Android 版、MacOS 版。剪映是一款基本免费软件，操作简单易上手，功能强大，剪映用技术手段对烦琐的视频剪辑功能进行了优化，让视频剪辑新手也可以轻松使用丰富的剪辑效果。

剪映主要设置了两大版块：一个是"剪辑版块"，另一个是"剪同款"版块。其中"剪辑版块"中包含的功能有剪辑、音频、文字、贴纸、画中画、特效、滤镜、比例、背景、调节等，如图 6-23 所示。

剪映的基础剪辑功能如下：

（1）分割。将一段视频分割成多个部分，先选中视频，点击"剪辑"，然后点击"分割"，可以对每个部分进行单独编辑，也可以把不需要的部分分割出来进行删除。

（2）变速。变速有两种作用，加速可以让耗时的动作在短时间内完成，减速可以让快速发生的动作放慢。有时为了配合音乐的节奏，会对同一段视频进行变速调整。

（3）音量、降噪。音量的调整非常重要，涉及观众观看体验；如果是在室外或较嘈杂的场景，建议将音量降低，同时开启降噪，可以优化视频中的背景噪音，带给观众更好的视听体验。

（4）变声。剪映支持"萝莉""大叔""女生""男生""怪物"等变声，但一般剪辑视频的时候建议使用原声，增加作品的辨识度；想要制作搞笑效果时可以进行变声。

图 6-23 剪映 App 界面

（5）音频。可以给视频添加背景音乐，其主要功能是添加视频声音以外的音乐或者音效。

（6）音乐。含有抖音 App 的所有曲库，在音乐的选择上设置了非常丰富的分类，满足各类场景需求，如"抖音""Vlog""流行""旅行""伤感""美食""炫酷"等。

（7）音效。为了提升视频的趣味性，除背景音乐外，剪映还支持添加更多好玩的音效，如游戏中的"三杀""五杀""拳皇 KO"等，"周星驰笑声""情景剧笑声"等提升气氛的声音，"心跳加速""仙女变身"等综艺音效，还有打斗、欢呼、动物、搞怪等其他音效，在编辑视频的时候添加音效以表现作者的情绪。

（8）提取音乐。除了系统内置的音乐，剪映也支持从其他视频中提取音乐作为素材添加在视频中，但是要注意版权。

（9）录音。可以将录音的后期解说添加在视频中，例如在拍摄外景时不方便说话，可以在视频编辑时录音，将当时的的感悟说出来，增加视频的可看性。

（10）字幕。将当时的将人物说的话显示成文字，更加准确地展示出来。

（11）解说。可以添加地点解说、物品解说、事物解说等，对视频中的某些事物进行更加具体的描述，增加视频的丰富性，让观众了解其中的背景。

（12）片头、转场、片尾。针对过渡画面增加文字说明，比如片头可以提示视频的主题，片尾可以给观众留言等。

（13）新建文本。在视频的进程中随意增加想要的文字。剪映提供丰富的字体样式，如"新青年体""后现代体"等。除了字体，还可以设计文字的颜色、边框、标签、字间距等。另外，文字的出场动画、退场动画、循环动画都可以自由设置，让文字活泼动感。

（14）识别字幕。剪映支持语音识别成字幕。点击"开始识别"按钮，就可以将视频中的人声识别转换为文字。

（15）添加贴纸。添加动画贴纸可以增加画面内容的趣味性和可看性。剪映提供了非常多的贴纸，特别是 Vlog 系列的贴纸，满足 Vlog 的多种场景。如"健身""学习""起床""购物""美食"等场景。

（16）特效。剪映上的转场非常多样，都在"特效"工具中。"开幕"转场适合开场，与之相呼应的是"闭幕"转场，可以应用在结尾片段，前后呼应，可制作类似电影镜头的画面。"变清晰"转场很适合在 Vlog 剪辑中应用，如开场画面在雨天，能给人从朦胧到清晰的感觉。除"特效"可以设置转场之外，点击两个视频片段之间的按钮，也可以设计转场。

（17）转场。比"特效"中的转场更加多样化，例如有"叠化""上移""擦除"等基础转场；还有"推进""旋转""向上"等运镜转场，这些运镜转场是 Pr 等专业视频剪辑软件中需要用户自行制作的，但在剪映中可以一键完成。除此之外，还有"故障""马赛克"等特效转场，可以应用于多场景切换，让转场不再单调。

（18）画面比例。视频支持 16:9 的常规横屏显示比例，也可以在剪映中直接调整画面尺寸，还可通过"双指缩放"控制画面的缩放比例。除此之外，还有丰富的画布颜色、画布样式提供选择，特别适合编辑文艺风格的 Vlog。

（19）美颜。"美颜"功能非常强大，能识别人脸进行"瘦脸""磨皮"等美化，但不建议将磨皮参数调得太大，因为会降低画质的清晰度。

6.4.7 制作大美中国宣传片

任务要求：拍摄城市的标志性建筑物或者自然风光，使用手机视频制作 App 进行后期剪辑，时长 2 分钟，视频分辨率为 1080P，帧率为 30fps，导出短视频并发布到微信朋友圈、QQ 空间、抖音等自媒体平台。

步骤 1：拍摄视频素材。

使用手机的视频拍摄功能，设置好相应的视频分辨率和帧率，拍摄几段自然风光或城市标志性建筑片段。要求构图优美、画面亮度合适、色彩真实自然、固定镜头稳定、运动镜头速度均匀。

步骤 2：剪辑视频。

（1）打开剪映 App，开始创作。打开剪映 App，点击"剪辑"功能，点击"开始创作"按钮，选择相应的素材，点击"添加"按钮，把视频素材添加到项目的时间线后，就可以开始剪辑了，如图 6-24、图 6-25 所示。

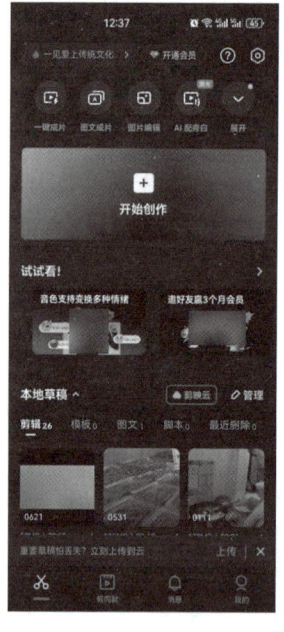
图 6-24　开始创作

图 6-25　添加视频素材

（2）视频剪辑。根据创意需要对原始视频素材进行后期加工和处理，包括素材剪辑、加入音频、制作字幕、使用特效和滤镜等操作。

1）调整视频素材的排序顺序：点击并拖动视频素材可调整排列顺序。

2）调整视频素材长度：点击素材，拖动视频两端的边框调整视频长度，如图 6-26 所示。

3）视频特效和滤镜的应用：点击"特效"或"滤镜"工具，为视频素材加入相应的视频特效或滤镜，实现需要的画面创意，如图 6-27 所示。

图 6-26　调整视频长度

图 6-27　视频特效

4）音频应用：点击"音频"工具，根据作品主题风格选择合适的音乐、解说词、音效等，起到烘托作品主题的作用，如图 6-28 ～图 6-30 所示。

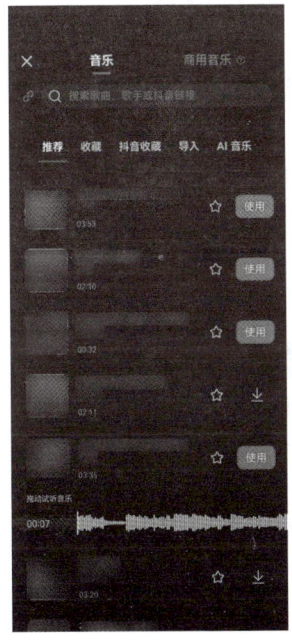

图 6-28　选择音频素材

图 6-29　添加音频

图 6-30　编辑音频

5）字幕制作：点击"文字"工具，根据需要制作字幕，如图 6-31 ～图 6-33 所示。

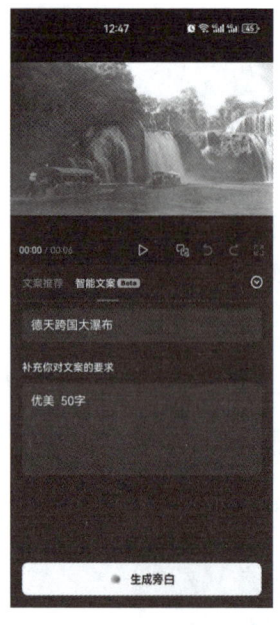 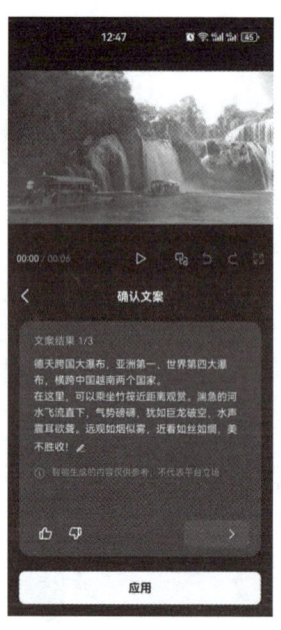 

图 6-31　智能文案　　　　图 6-32　文案生成　　　　图 6-33　添加字幕

编辑过程中，通过播放预览，并根据需要调整视频、音频、字幕的效果。

（3）导出视频。导出视频前，点击"导出"功能左边的视频分辨率和帧率选项，选择需要的参数，然后导出视频成品，如图 6-34、图 6-35 所示。

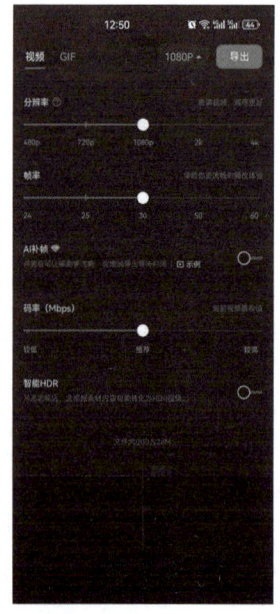 

图 6-34　导出视频　　　　　　　　图 6-35　发布视频

步骤 3：发布视频。

将导出的视频发布到微信朋友圈、QQ 空间、抖音等自媒体平台。

模块 7 人工智能
——构建未来数字世界

人工智能——构建未来
数字世界

模块导读

本模块介绍人工智能技术模型及应用场景，说明人工智能基础知识、人工智能大模型技术、人工智能应用场景，展示使用人工智能生成内容（AIGC）助力数字化学习办公、就业面试、创造数字生活的方法。人工智能（AI）是推动未来数字世界发展的关键因素之一，随着自然语言处理和机器学习技术的发展，AI助手将能够更好地理解人类的需求和意图，提供更准确、个性化的服务。

AI赋能数字化学习办公。AI可以提供个性化的学习体验，帮助学生找到最适合自己的学习方法。例如，通过分析学生的学习行为和成绩来推荐适合他们的课程和活动。AI可以一键生成文档、演示文稿和数据图表。

AI赋能就业面试。AIGC技术可以生成优质图文个人简历、模拟个性化面试，根据求职者的简历、经历和职位要求，生成个性化的面试问题和场景。这种定制化的面试方式能够更准确地评估求职者的能力和潜力，提高面试的效率和准确性。

AI创造数字娱乐生活。AI可以一键生成视频展示美好生活，AI打造的3D数字人丰富了人们的生活，AI可以创造新的娱乐形式，如虚拟现实游戏、交互式电影等。同时，AI也可以帮助艺术家创作出更具创新性的作品。

【新技术】

人工智能最令人兴奋的方面之一是它有可能改变各种行业，从医疗保健和金融到运输和制造。例如，在医疗保健方面，人工智能可以用来帮助诊断疾病，预测患某些疾病的风险，并为病人制定个性化的治疗计划。在金融领域，人工智能可用于检测欺诈，分析金融数据，并制定投资策略。在交通方面，人工智能可以帮助优化交通流，提高自动驾驶车辆的安全性并减少拥堵。

【职业能力岗位匹配】

AIGC赋能职业岗位能力，主要体现在以下几个方面：

提升工作效率：AIGC技术能够自动化处理大量重复性、烦琐的任务，从而释放员工的时间和精力，使他们能够专注于更复杂、更具创造性的工作。例如，在财务绩效分析中，

AIGC可以提供针对性的外部财务信息与内部绩效总结，提高财务规划与分析的效率。此外，AIGC还能推动代码重构，加快主机迁移，简化软件开发流程，从而提高开发效率。

增强创造力和创新能力：AIGC具有强大的内容创作能力，可以生成各种形式的内容初稿，如文本、图片等，这为创意工作者提供了丰富的灵感来源。例如，在营销内容创作中，AIGC能够助力创意生成与大规模创作，支持用户以不同语言编写适用于不同渠道的邮件，并推送个性化的产品或服务建议。这种能力使创意工作者能够更快速地迭代想法，探索新的创意方向。

优化客户互动体验：AIGC有助于打造高度个性化的消费体验。通过聊天功能优化客户服务，AIGC能够拓宽客服聊天机器人的应用场景，从而加速客户拓展与数据收集。在聊天机器人的用例中，AIGC可实现自然的对话、更好地应对方言及外语，打造自动化自助服务，并通过虚拟座席提供客户支持。这不仅能降低客户运营成本，还能提升客户满意度和忠诚度。

促进职业转型和技能升级：随着AIGC技术的不断发展和应用，许多传统职业可能会面临被替代的风险。然而，这也催生了新的职业发展机会，如提示词工程师、人工智能训练师等。为了适应这种变化，个体需要重新评估职业锚，提升AI素养和相关技能。同时，企业也需要提供数智技术和技能培训，帮助员工掌握新技能，实现职业转型和升级。

模块导图

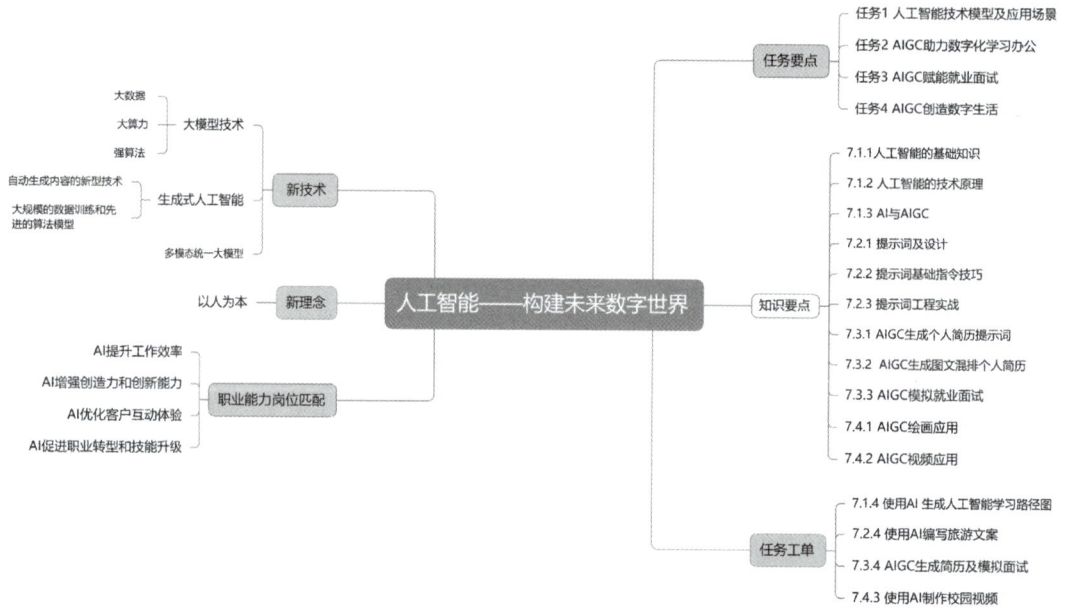

任务① 人工智能技术模型及应用场景

任务描述

学校组织同学们进行人工智能的知识学习,引导同学们运用人工智能技术改变学习和生活方式。先了解人工智能的发展历程和人工智能技术模型,再掌握在互联网及各传统行业中的典型应用,就能制定人工智能的学习路线。

> 任务主题:了解人工智能的概念和技术应用方法,为自己设计一条人工智能学习路径。要求使用思维导图工具完成人工智能学习路径图,并与小组同学在线协同完善。

技术分析

- 检索人工智能的基础知识。
- 使用人工智能应用工具。

人工智能基础知识

学习目标

- 了解人工智能的定义。
- 了解人工智能的基本特征。
- 了解人工智能的社会价值。
- 了解人工智能的发展历程。
- 掌握在互联网及各传统行业中的典型应用。
- 掌握 AIGC 的概念、原理、场景。

知识链接

> 本节可以自行学习,通过预习知识链接,完成知识测评单 7-1-1。基本操作部分可以扫码观看视频演示,夯实知识基础!
> 学习箴言:追梦需要激情和理想,圆梦需要奋斗和奉献。

7.1.1 人工智能的基础知识

人工智能利用计算机系统模拟、实现和扩展人类的智能,其基本特征是具有感知环境、策划、学习、沟通、推理和解决问题的能力。人工智能系统可以自动学习、调整和提高自己的性能，而不需要明确的编程。它可以分析大量数据来发现复杂的模式，并利用这些模式进行决策和预测，如图7-1所示。

1. 基本概念

人工智能是指利用计算机系统模拟、实现和扩展人类的智能。人工智能系统能够完成复杂的任务，如视觉识别、决策制定、翻译等。人工智能有可能通过提高各种领域的效率、准确性和安全性带来巨大的社会价值。例如，人工智能系统可以帮助医生诊断疾病，改善交通安全，并减少能源消耗。然而，人

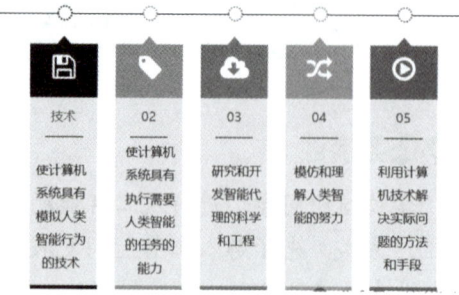

图7-1　人工智能的应用领域

们也担心人工智能对工作、隐私和安全的影响，以负责任和道德的方式发展人工智能是很重要的。

2. 基本特征

人工智能的基本特征包括以下几个方面。

（1）智能化。智能化是人工智能最显著的特征之一，它指的是机器能够模拟和展现出人类的智慧和思维能力。

（2）自主化。人工智能的自主行动意味着机器能够在没有人类直接干预的情况下执行任务。

（3）学习化。学习能力是人工智能的核心所在，它使机器能够从海量的数据中提取信息，通过不断地实践和优化来提高自身的性能。

（4）感知化。感知能力是指人工智能系统通过计算机视觉、语音识别等技术"看见"周围环境和理解人类语言的能力。

（5）通用化。通用人工智能是一种理想状态的人工智能，它不仅能够完成特定任务，还能像人类一样灵活应对复杂多变的环境，具备跨领域的知识和技能。

（6）协同化。人机协同强调的是人工智能与人类之间的合作关系，而不是单纯的替代。

（7）跨界化。随着技术的发展，人工智能正越来越多地与其他学科和技术融合，形成新的研究领域和应用模式。

7.1.2　人工智能的技术原理

人工智能的技术原理涉及多种方法和技术，如图7-2所示，其中包括但不限于下述几个主要方面。

1. 机器学习（Machine Learning）

机器学习是人工智能的核心技术之一，其主要思想是让计算机系统能够通过数据学习并改进性能，而不需要明确地编程规则。机器学习算法可以分为监督学习、无监督学习和强化学习等不同类型。在监督学习中，算法通过已知输入和输出的训练数据来学习，以预测新数据的输出。在无监督学习中，算法试图发现数据之间的隐藏结构和模式。在

强化学习中，算法通过与环境的交互来学习如何做出最优的决策。

图 7-2　人工智能的技术原理

2. 深度学习（Deep Learning）

深度学习是机器学习的一种特殊类型，其核心思想是构建多层神经网络模型，以便能够从数据中自动学习特征表示。深度学习模型通常由多个神经网络层组成，每一层都将数据进行一系列非线性变换，逐步提取和抽象数据的特征，最终实现对复杂数据的高级表示和分析。

3. 神经网络（Neural Networks）

神经网络是一种受人类神经系统启发的计算模型，用于解决各种问题，尤其在机器学习和人工智能领域中得到了广泛应用。神经网络由多个神经元（也称为节点）组成，这些神经元之间通过连接权重相互连接，形成了一个网络结构。

4. 自然语言处理（Natural Language Processing，NLP）

自然语言处理是人工智能领域的一个重要分支，旨在使计算机能够理解、处理和生成自然语言文本。自然语言处理技术涵盖了一系列任务和技术，包括但不限于：

（1）文本分类（Text Classification）。将文本按照预定义的类别进行分类，如垃圾邮件识别、情感分析等。

（2）命名实体识别（Named Entity Recognition）。识别文本中具有特定意义的实体，如人名、地名、组织机构名等。

（3）语言模型（Language Modeling）。建模文本的语言结构和概率分布，用于预测下一个单词或句子的概率。

（4）信息抽取（Information Extraction）。从文本中提取结构化的信息，如事件、关系等。

（5）文本生成（Text Generation）。根据给定的条件生成自然语言文本，如机器翻译、摘要生成等。

（6）问答系统（Question Answering Systems）。根据用户提出的问题，在文本数据中找到相应的答案并进行回答。

（7）机器翻译（Machine Translation）。将一种语言自动翻译成另一种语言的任务。

（8）对话系统（Dialogue Systems）。实现计算机与人之间的自然语言交互，如智能助手、聊天机器人等。

5. 计算机视觉（Computer Vision）

计算机视觉是人工智能领域的一个重要分支，旨在使计算机系统能够理解、分析和处理图像与视频数据。计算机视觉技术涵盖了从图像获取、预处理、特征提取，到图像识别、目标检测、场景理解等多个方面。

7.1.3 AI 与 AIGC

1. AIGC 的概念

人工智能是一个广泛的领域，它涵盖了各种技术和方法，旨在让计算机系统表现出类似人类的智能。这种智能可以体现在多个方面，如感知、推理、学习、沟通等。AI 技术通过机器学习、自然语言处理等技术，使计算机系统能够执行视觉识别、语言交流、决策支持等任务，并广泛应用于医疗、金融、教育、交通等多个领域。

人工智能生成内容（AI Generated Content，AIGC）指的是利用人工智能技术，尤其是机器学习和深度学习算法，自动生成或辅助生成各种类型的内容，包括但不限于文本、图像、音频和视频。AIGC 是 AI 领域的一个子集，专注于利用 AI 技术，尤其是机器学习和深度学习模型，自动生成内容。这些内容可以是文本、图像、音乐或视频，涵盖了数字内容创作的方方面面。AIGC 的出现，不仅为创作者提供了新的工具，也在互联网内容生产方式上带来了变革。AIGC 通常专注于特定的创作任务，而不具备通用人工智能（AGI）的广泛智能和通用学习能力。

2. AIGC 的工作原理

大型语言模型（LLM）的核心功能是生成文本，如图 7-3 所示，它通过预测文本序列中下一个最可能出现的词来做到这一点。也就你输入一段文字即提示词（Prompt）后，它把这一段文字作为一个文本序列的开头，然后在它的后面开始一个词一个词地"生成"。所以评估 LLM 使用单位 token/s，也就是评估一秒能生成多少个词。

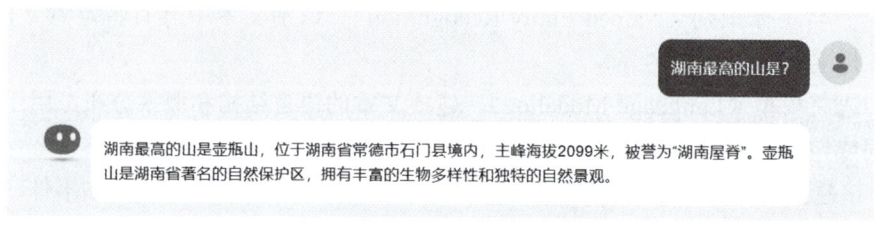

图 7-3　大型语言模型

以 ChatGPT 为例说明。ChatGPT 的能力来自它的神经网络在大量文本数据上的预训练。通过这种训练，神经网络学习到了语言的模式和结构，使其能够生成连贯且语义上合理的文本。这就有个问题，实际上 ChatGPT 是不了解内容、概念与知识的。但是能保证在生成文本时"关注"输入序列的不同部分，从而更好地捕捉语言的上下文和含义。

同样的，生成文本时采用了一种策略，即不是仅仅选择概率最高的词，而是在一定调节下选择，以增加文本的多样性和创造性。也就是同一个 Prompt 得到的不是同一个结果，但是输出给用户的是 ChatGPT 认为最合适的结果，如图 7-4 所示。

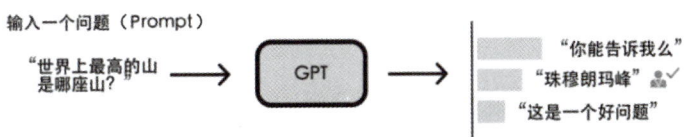

图 7-4　对话

在 ChatGPT 的神经网络中，直接用于学习的不是"文本序列"，是文本序列变化得到的 token（令牌、词元）。而嵌入技术就是一种将词汇或短语转换成数值形式（通常是向量）的方法。这些数值表示能够捕捉词汇的语义特征，即它们的含义和用法。通过嵌入，每个词汇都被放置在一个高维的"语义空间"中。在这个空间里，语义上相似的词汇会彼此靠近，而意思相差较远的词汇则相距较远。它是文字知识的高维压缩。

列举一些数据：GPT-3 的训练用了 4000 亿 token，也就大概是 3500 多亿文字；GPT-4 的训练用了 13 万亿的 token，也就是大概 10 万亿文字（可能有大量的图像与视频数据）；LLAMA2 的训练用了 2 万亿 token，也就是大概 1.5 万亿文字。

3. AIGC 应用场景

AIGC 在设计工作中的优势：根据想法快速出图，成度高；快速获取灵感，提升工作效率。常见的 AIGC 应用平台如图 7-5 所示。

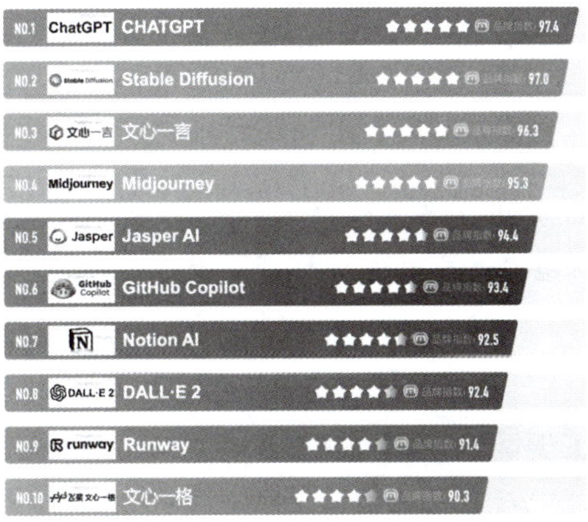

图 7-5　常见的 AIGC 应用平台

AIGC 的应用领域极为广泛，涵盖了文字、图像、音频和视频等多个方面。以下是关于这些方面的一些应用场景和应用行业的具体介绍。

（1）文字方面。

1）应用场景：AIGC 可以辅助新闻报道和文章撰写，尤其在需要大量数据和信息的热点新闻报道中，AIGC 能够快速生成内容，提高产出效率。此外，AIGC 还能进行文学创作，通过深度学习技术，分析文学作品的语言风格和叙事技巧，生成具有独特风格的文学作品。

2）应用行业：新闻传媒、出版业、广告文案等。

3）AI 写作平台：DeepSeek、ChatGPT、文心一言、星火大模型等。

（2）图像方面。

1）应用场景：AIGC 可以生成高质量、独特的图像作品，包括绘画、插图、设计、艺术品等。同时，它还能在广告、电视节目、游戏和漫画等媒介形式中发挥重要作用，生成与现实的情境相似或更加有趣和有想象力的图像内容。

2）应用行业：广告设计、艺术创作、游戏开发、影视制作、零售等。

3）AI 绘图平台：Midjourney、Stable Diffusion、堆友等。

（3）音频方面。

1）应用场景：AIGC 可以创作音乐、歌曲、声音效果或其他音频内容，提供新颖和多样化的音乐体验。同时，它还能通过语音识别技术，将音频转化为文字，或者根据文字生成对应的音频，为音视频制作提供极大的便利。

2）应用行业：音乐制作、影视配音、语音助手、有声读物等。

3）AI 音频平台：DeepMusic、百度语音等。

（4）视频方面。

1）应用场景：AIGC 可以生成影片、动画、短视频等，具备专业级的画面效果和剧情呈现。此外，它还能自动分析视频素材，进行剪辑、特效添加等操作，生成高质量的视频作品。

2）应用行业：影视制作、动画制作、短视频、在线教育等。

3）AI 视频平台：runway、腾讯智影、sora 等。

任务实操

> 阅读本节知识内容，完成任务工作单 7-1-2。扫码观看视频，掌握使用 DeepSeek 工具完成人工智能学习路径思维导图的方法。

7.1.4 使用 AI 生成人工智能学习路径图

1. 使用 AI 生成人工智能学习路径文案

打开 AI 工具 DeepSeek 官方网站，单击"开始对话"按钮，进入对话界面，在右下角的文本框中输入提示语句"作为初学者，了解人工智能概念特征、工具应用的学习路径规划，并列举文本、图像、音频、视频方面的常用 AI 工具"，如图 7-6 所示，单击文本框右下角的蓝色箭头按钮，即可生成学习路径文本内容。最后将文字复制到 WPS 文档中，设置每个部分标题级别，保存为"人工智能学习路径.docx"文档。

2. 制作人工智能学习路径思维导图

打开思维导图工具 Xmind，新建思维导图，选择第 1 行第 4 个商务模板。单击"文件"→"导入"按钮，导入先前保存好的文档，可以生成人工智能学习路径思维导图，如图 7-7 所示。

模块 7　人工智能——构建未来数字世界

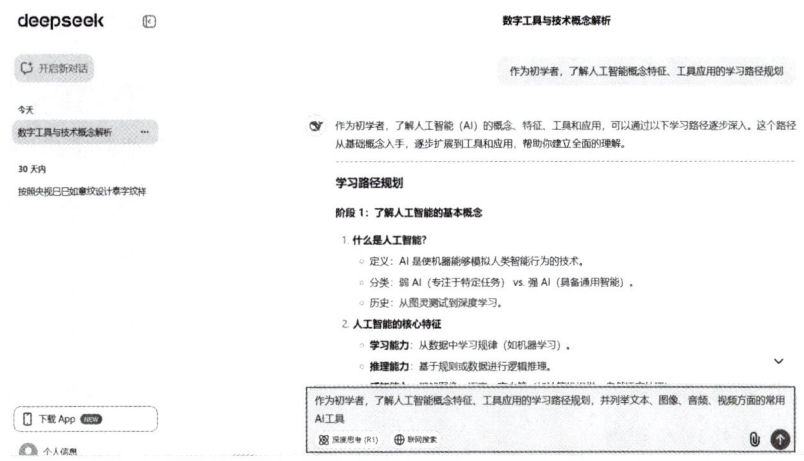

图 7-6　DeepSeek 生成文案

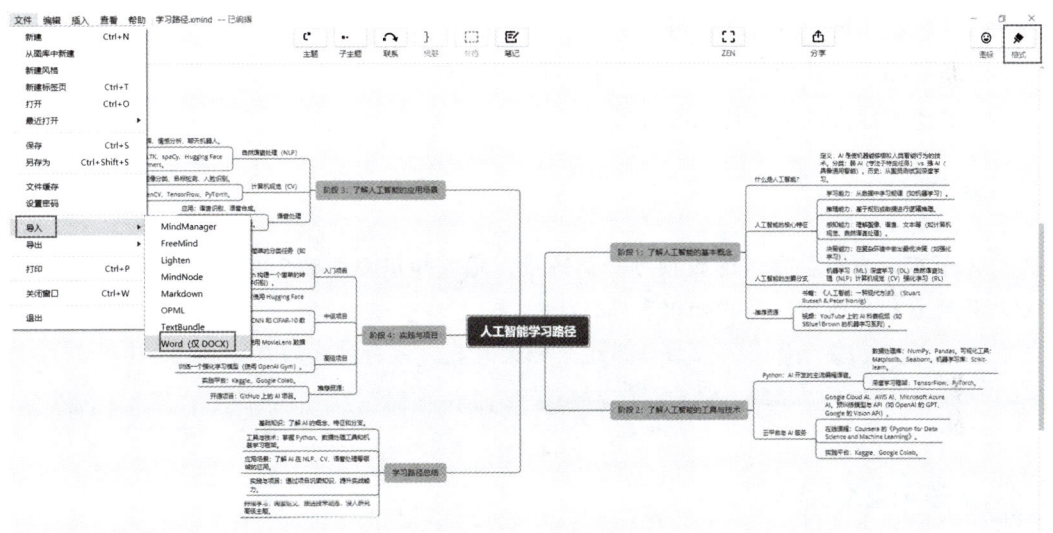

图 7-7　生成思维导图

任务② AIGC 助力数字化学习办公

任务描述

　　人工智能技术是一种模拟人类智能的技术，它可以通过机器学习和深度学习等技术，让计算机具备自主学习和决策的能力。通过使用人工智能技术，可以让机器完成一些复杂的任务，例如语音识别、图像识别、自然语言处理等。体验人工智能技术，就像打开了一个充满无限可能的新世界大门。李同学要完成课外拓展作业—旅游宣传文案，他用 AI 工具检索时，发现对同一个主题输入不同的描述要求，得到的结果不一样，于是他进一步了解提示词设计内容，用 AI 工具高效完成了旅游宣传文案的文档和 PPT。

> **任务主题**：人工智能是当前讨论热度最高的领域，很多同学都特别关注如何成为一名相关工作从业者。使用人工智能制作 PPT 是一个很有创意的想法，请用 AI 工具，完成"中国五大景点自由行攻略"的 PPT 制作。

技术分析

- 提示词的应用。
- 模型交互与指令格式。
- 自然语言处理与理解。

学习目标

- 理解提示词的概念和作用。
- 掌握指令格式的设计。
- 熟悉智能生成与自动化的应用。

知识链接

> 本节可以自行学习，通过预习知识链接，完成知识测评单 7-2-1。基本操作部分可以扫码观看视频演示，夯实知识基础！
>
> 学习箴言：每个青年都应该珍惜这个伟大时代，做新时代的奋斗者！

7.2.1 提示词及设计

提示词（Prompt）是指通过向模型输入特定的指令或问题，来引导模型生成特定的响应或执行特定的任务，而无需对模型结构本身进行调整。这一概念随着大型语言模型（LLM）的发展而流行，并催生了一个新兴的领域——提示词工程（Prompt Engineering）。提示词本质上是一种"引导"，它提供了明确的指令和上下文，帮助模型理解任务的具体需求，使得模型能够更精确地定位输出的方向和内容。

在大模型的交互过程中，一开始模型并没有任何预设条件，其输出的回答是基于大规模预训练得出的概率进行推理的，这可能会导致输出的结果不及人类预期。而提示词的应用，能够显著提升模型的"回答质量"，尽管它本身并不会对模型的性能进行任何修改。

提示词的效果因模型而异，甚至因模型的版本而异，需要大量的实验来调优。同时，由于自然语言的复杂性，提示词往往是离散的，难以精确优化。这种脆弱性意味着很难为提示词找到一个明确的最佳结构，通常需要通过大量实验和迭代来探索。

7.2.2 提示词基础指令技巧

提示词的基本格式如图 7-8 所示。

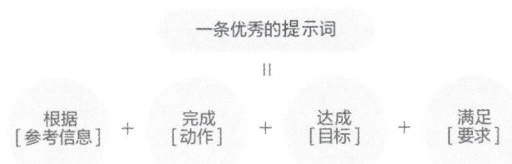

图 7-8　提示词的基本格式

参考信息：包含模型完成任务时需要知道的必要背景和材料，如：报告、知识、数据库、对话上下文等。

动作：需要模型帮你解决的事情，如撰写、生成、总结、回答等。

目标：需要模型生成的目标内容，如答案、方案、文本、图片、视频、图表等。

要求：需要模型遵循的任务细节要求，如按××格式输出、按××语言风格撰写等。

例如：请以唐代诗人的身份，在面对黄山云海时，根据已有唐诗数据，撰写一篇作者借由眼前景观感叹人生不得志的七言绝句，并严格满足七言绝句的格律要求，如图 7-9 所示。

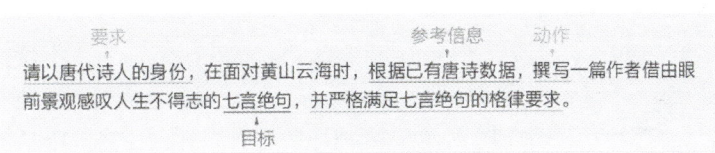

图 7-9　七言绝句的格律要求

例如：请以高中数学老师的身份，在高中课堂上，根据《高中数学必修一》内容，逐步解答学生关于集合的数学问题，并给出解题步骤及相关知识点，如图 7-10 所示。

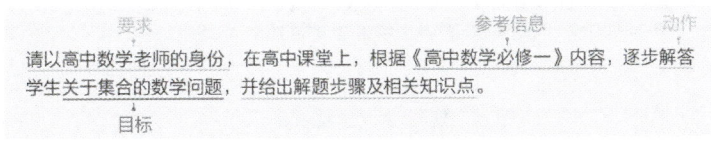

图 7-10　解题步骤及相关知识点

7.2.3 提示词工程实战

1. 数据处理

想用 Excel 函数公式处理数据，却觉得公式繁多记不住、操作复杂不会用、数据量大难处理？设想这样一个场景：有许多零散的数据，需要逐个复制到 Excel 表格中，是不是觉得非常烦琐？文心一言可以化身数据小能手，直接帮你将数据变成表格。如果还想添加新列并进行计算，只需向文心一言提供计算公式，便可迅速生成所需表格。

如在文心一言的对话框中输入如图 7-11 所示的数据和计算公式。

图 7-11　数据处理提示词

可以得到如图 7-12 所示回复。

图 7-12　回复表格

2. 代码纠错

在一次编程中，小李正在编写一个函数来寻找数组中两个数的索引，使它们的和等于给定的目标值。然而，由于循环范围设置错误，他的代码抛出了一个索引越界的错误。经过文心一言的调试，他修正了代码，并成功找到了正确的索引对，提交了答案。

代码纠错

如可以在文心一言的对话框中输入图 7-11 所示提示词进行代码纠错。

> 我正在编辑[python]代码，遇到了 [if nums[i] + nums[j] == target:
> IndexError: list index out of range]
> ，请帮我检查并改正错误点。我的原始代码如下：
> [def twoSum(nums, target):
> n = len(nums)
> for i in range(n):
> for j in range(i + 1, n + 1):
> if nums[i] + nums[j] == target:
> return [i, j]
> return []
>
> print(twoSum([0, 3, 1, 7], 8))]

图 7-13　代码纠错提示词

可以得到如图 7-14 所示回复。

在你的代码中，IndexError: list index out of range 错误发生的原因是在内层循环中，j 的范围设置为了 range(i + 1, n + 1)。在 Python 中，range(start, stop) 生成的序列是从 start（包含）到 stop（不包含）的整数序列。因此，当 j 尝试访问 nums[j] 时，当 j 等于 n 时，它会尝试访问 nums[n]，这是不存在的（因为列表索引是从 0 到 n-1）。

为了解决这个问题，你应该将内层循环的范围设置为 range(i + 1, n)，确保 j 的最大值是 n-1，这是列表 nums 的最后一个有效索引。下面是修改后的代码：

```python
def twoSum(nums, target):
    n = len(nums)
    for i in range(n):
        for j in range(i + 1, n):  # 修改这里，确保 j 的最大值是 n-1
            if nums[i] + nums[j] == target:
                return [i, j]
    return []

print(twoSum([0, 3, 1, 7], 8))  # 这将输出 [0, 3]
```

这段代码现在应该可以正常运行，而不会抛出 IndexError，并且正确地找到和为指定目标值的两个数的索引。在这个例子中，0 + 8 = 8 的索引对是 [0, 3]。

图 7-14　回复代码

3. 实习日志

某高校为了提升学生的实践能力，要求商务英语专业的学生在大三期间进行为期六个月的实习，并要求每位学生每天记录实习日志，以此作为实习成绩的一部分。此举旨在让学生将课堂所学应用于实际工作中，同时培养学生的职业素养和记录习惯。

如可以在文心一言的对话框中输入如图 7-15 所示内容生成一篇实习日志模板。

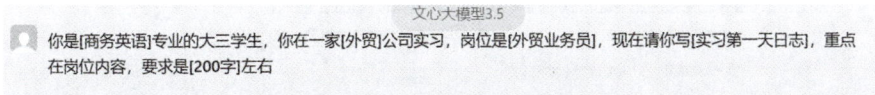

> 你是[商务英语]专业的大三学生，你在一家[外贸]公司实习，岗位是[外贸业务员]，现在请你写[实习第一天日志]，重点在岗位内容，要求是[200字]左右

图 7-15　实习日志提示词

可以得到如图 7-16 所示回复。

图 7-16　回复模板

任务实操

观看本节知识内容，完成任务工作单 7-2-2。扫码观看视频，掌握使用 AI 编写旅游文案的方法，为湖南的世界自然遗产做宣传。

7.2.4　使用 AI 编写旅游文案

使用 AI 编写旅游文案

1. 旅游宣传文案

可以在文心一言的对话框中输入如图 7-17 所示提示词。

图 7-17　旅游宣传文案提示词

可以得到如图 7-18 所示回复。

图 7-18　回复文案

2. 地推 PPT

一键生成 PPT 功能只需简单操作，人工智能就能根据用户的需求，快速生成专业级别的 PPT。从标题页到内容页，每一页都经过精心设计，不仅美观大方，而且信息层次分明，重点突出。人们不再需要花费大量时间在排版、设计、调整格式等烦琐工作上，可以专注内容的创作和呈现让工作更高效，让演示更专业。

（1）通过文心一言生成 PPT 大纲。可以在图 7-18 所示对话的对话框中继续输入如图 7-19 所示的提示词。

> 根据小红书推文，编写一份地推的PPt

图 7-19　地推 PPT 提示词

可以得到如图 7-20 所示回复。

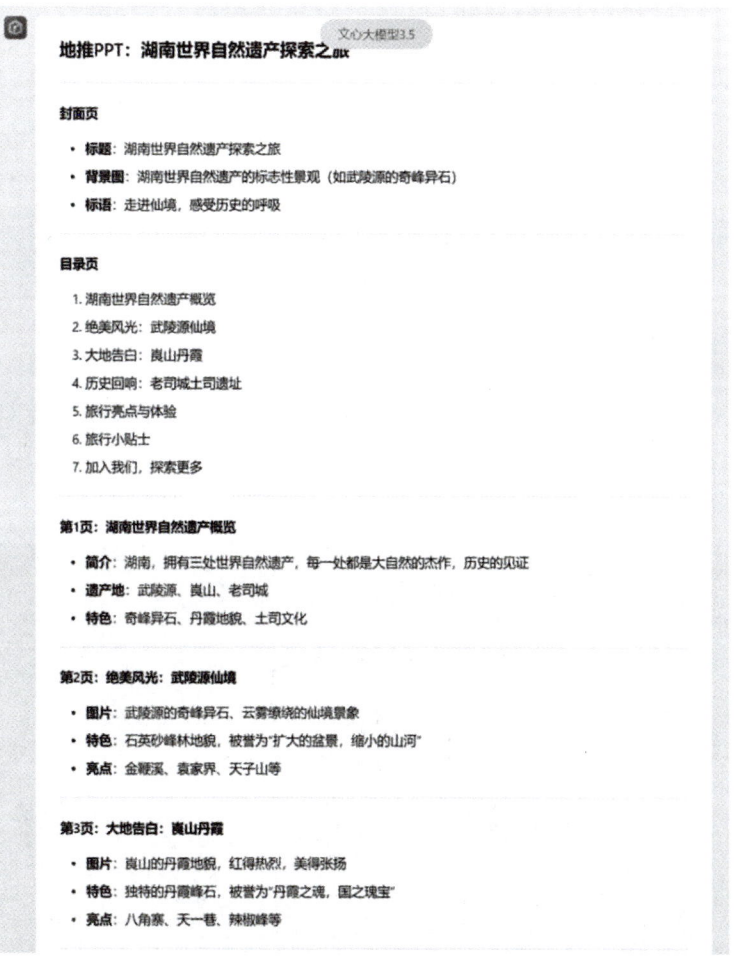

图 7-20（一）　回复 PPT 内容

图 7-20（二）　回复 PPT 内容

将以上 PPT 复制到 Word 中，并保存。

（2）智能生成。登录 ChatPPT 网站，注册并登录后，使用"导入文件生成"功能，开始创作，如图 7-21 所示。

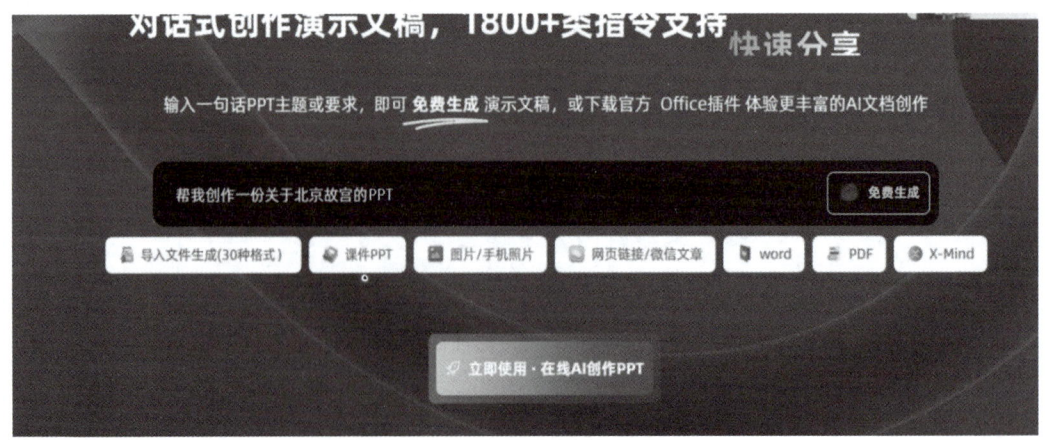

图 7-21　ChatPPT 网站

上传 PPT 大纲文档，并进行需求选择，如图 7-22、图 7-23 所示。

 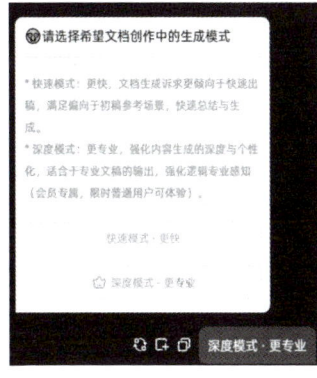 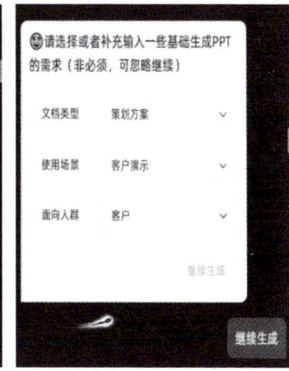

图 7-22　上传大纲

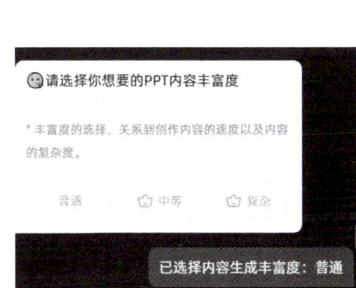  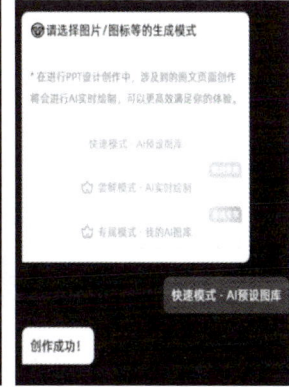

图 7-23　生成

最后生成 PPT，可选择 PDF 或者 PPT 格式导出，如图 7-24 所示。

图 7-24　导出

任务❸ AIGC 赋能就业面试

AIGC 赋能就业面试

📝 任务描述

李同学作为应届毕业生，马上面临实习就业，需要制作一份个人简历作为应聘资料。他在设计和制作过程中遇到了瓶颈，比如如何设计一份吸引人的个人简历，如何描述学习和工作经历，如何生成图文简历才能一眼被选中。他在检索过程中，发现了很多 AI 工具可以帮助他突破瓶颈，一键生成图文混排简历，并且还可以与数字人进行模拟面试。

> **任务主题**：AIGC 是人工智能 1.0 时代进入 2.0 时代的重要标志。AIGC 技术可以帮助求职者更好地了解就业市场的需求和趋势，从而提升就业竞争力。通过大数据分析和人工智能技术，求职者可以获得更专业的简历制作、模拟面试等方面的指导。

🔧 技术分析

- AI 工具——讯飞星火——输入任务提示词。
- AI 简历——夸克 AI 简历——生成图文个人简历。
- AI 工具——讯飞星火／有时 AI 面试——模拟就业面试。

🎯 学习目标

- 了解 AI 简历中提示词的结构。
- 掌握 AI 简历优化的提示词。
- 能根据 AI 简历模板填写简历信息。
- 能正确使用夸克 AI 简历生成图文个人简历。
- 能正确使用有时 AI 面试小程序进行模拟面试。

🔍 知识链接

> 本节可以自行学习，通过预习知识链接，完成知识测评单 7-3-1。扫码观看视频，了解数字化学习工具等。
>
> **学习箴言**：我们每个人都要终身学习。

7.3.1 AIGC 生成个人简历提示词

AIGC 生成个人简历提示词

使用 AI 制作个人简历时，提示词的编写非常重要，它能够帮助 AI 更好地理解用户需求并提供相应的优化建议。

1. 基本格式和要求

基本格式：任务提示词 = 定义角色 + 背景信息 + 任务目标 + 输出要求。

（1）定义角色。说明自己的身份，例如"李明，长沙环境保护职业技术学院，计算机应用技术，2022年9月—2025年6月"。

（2）背景信息。说明自己的学习或工作经历，例如"2023年11月，获得国家奖学金，平均成绩90分；2024年10月，在湖南新生命网络科技公司实习，做前端开发；熟悉 HTML5、CSS3、Javascript、Java、Bootstrap 前端框架、Vue"。

（3）任务目标。清楚地告诉 AI 需要做什么，例如"请告诉我如何优化这份简历，使其更符合目标职位前端工程师的要求"。

（4）输出要求。明确希望 AI 输出的具体内容，例如"希望原意不变的基础上，重点更突出，逻辑更清晰，更顺畅"。

在 AIGC 大模型工具——讯飞星火中输入如下提示词，生成简历：

> 李明，长沙环境保护职业技术学院，计算机应用技术，2022年9月—2025年6月；2023年11月，获得国家奖学金，平均成绩90分；2024年10月，在湖南新生命网络科技公司实习，做前端开发；熟悉 HTML5、CSS3、Javascript、Java、Bootstrap 前端框架、Vue。求职目标：前端工程师。
>
> 李明正在求职，请为他制作一份专业的简历，以便能够吸引用人企业，并获得满意的职位。需要你写一份简历，应聘岗位 [岗位名称]，[岗位要求]，简历要求如下：列出基本资料、个人评价、工作经历等。

注意事项：

（1）清晰表达。尽量使用简洁明了的语言，避免模糊或复杂的表述。

（2）多次迭代。提示词需要不断优化和迭代，没有标准答案，需要多次尝试和调整。

（3）提供足够信息。确保提供给 AI 足够的信息，包括目标职位的描述、过往经历等，这样 AI 才能给出更有针对性的建议。

生成的简历如图 7-25 所示。

2. 个人简历修改及优化

输出的简历内容应该是简历制作的起点，而不是终点。在讯飞星火初步输出简历内容后，可以通过提示词用以下方式来优化简历：

（1）调整和审查输出的准确性。如：请帮我在原简历的基础上增加一些可以量化的指标，结果如图 7-26 所示。

> **讯飞星火**
>
> 根据您提供的信息，以下是一份针对李明同学的简历范本：
>
> **个人信息**
> - 姓名：李明
> - 性别：男
> - 出生日期：[年/月/日]（可选）
> - 联系电话：[您的电话号码]
> - 电子邮箱：[您的电子邮箱地址]
> - 居住地址：[您的居住地址]（可选）
> - LinkedIn：[您的LinkedIn个人资料链接]（可选）
>
> **求职意向**
> - 职位名称：前端工程师
> - 行业领域：信息技术/互联网
> - 期望薪资：面议
> - 到岗时间：2025年6月后
>
> **教育背景**
> - 最高学历：大专在读
> - 毕业院校：长沙环境保护职业技术学院
> - 专业名称：计算机应用技术
> - 毕业时间：预计2025年6月
>
> **学术成就**
> - 2023年11月，获得国家奖学金，平均成绩90分。
>
> **实习经历**
> - 公司名称：湖南新生命网络科技公司
> - 职位名称：前端开发实习生
> - 工作时间：2024年10月至今
> - 主要职责：
>   - 参与公司项目的前端开发工作，负责页面布局、交互设计及功能实现。
>   - 使用HTML5、CSS3、Javascript等技术进行网页开发。
>   - 利用Java和Vue框架进行项目开发，提升用户体验。
>   - 与后端开发人员协作，确保前后端接口对接顺畅。
>
> **技能专长**
> - 编程语言：熟悉HTML5、CSS3、Javascript、Java。
> - 前端框架：掌握Bootstrap前端框架、Vue.js。
> - 其他技能：良好的团队合作精神，较强的学习能力和问题解决能力。
>
> **获奖情况**
> - 2023年11月，获得国家奖学金。
>
> **自我评价**
>
> 我是一名计算机应用技术专业的学生，对前端开发充满热情。在校期间，我努力学习专业知识，并通过实践不断提升自己的技能。我曾获得国家奖学金，并在湖南新生命网络科技公司实习，积累了一定的项目经验。我熟悉HTML5、CSS3、Javascript等前端技术，并能够熟练使用Java和Vue框架进行开发。我希望能够在贵公司担任前端工程师一职，为公司的发展贡献自己的力量。
>
> **附加信息**
> - 证书：无（可根据实际添加）
> - 培训经历：无（可根据实际添加）
> - 推荐人：无（可根据实际添加）

图 7-25　讯飞星火生成个人简历

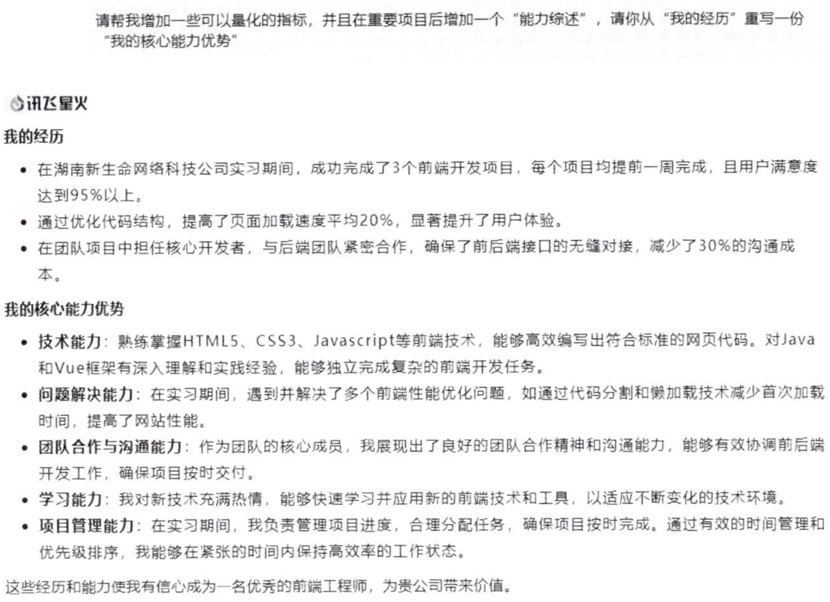

模块 7　人工智能——构建未来数字世界

请帮我增加一些可以量化的指标，并且在重要项目后增加一个"能力综述"，请你从"我的经历"重写一份"我的核心能力优势"

讯飞星火

我的经历
- 在湖南新生命网络科技公司实习期间，成功完成了3个前端开发项目，每个项目均提前一周完成，且用户满意度达到95%以上。
- 通过优化代码结构，提高了页面加载速度平均20%，显著提升了用户体验。
- 在团队项目中担任核心开发者，与后端团队紧密合作，确保了前后端接口的无缝对接，减少了30%的沟通成本。

我的核心能力优势
- **技术能力**：熟练掌握HTML5、CSS3、Javascript等前端技术，能够高效编写出符合标准的网页代码。对Java和Vue框架有深入理解和实践经验，能够独立完成复杂的前端开发任务。
- **问题解决能力**：在实习期间，遇到并解决了多个前端性能优化问题，如通过代码分割和懒加载技术减少首次加载时间，提高了网站性能。
- **团队合作与沟通能力**：作为团队的核心成员，我展现出了良好的团队合作精神和沟通能力，能够有效协调前后端开发工作，确保项目按时交付。
- **学习能力**：我对新技术充满热情，能够快速学习并应用新的前端技术和工具，以适应不断变化的技术环境。
- **项目管理能力**：在实习期间，我负责管理项目进度，合理分配任务，确保项目按时完成。通过有效的时间管理和优先级排序，我能够在紧张的时间内保持高效率的工作状态。

这些经历和能力使我有信心成为一名优秀的前端工程师，为贵公司带来价值。

图 7-26　讯飞星火优化个人简历

（2）让 AI 以面试官的角度看你的简历，用个人风格让你脱颖而出。提示词如下：

> 你是一名资深的 Web 前端方向的面试官。
> ## 背景信息
> 我要去应聘 Web 前端的岗位，需要你作为专业的面试官，对我的工作经历进行修改和优化。
> ## 任务目标
> 让我的简历更适合目标岗位，并且能突出我在工作中起到的作用。
> ## 输出要求
> 如果你明白了，请回答"明白了，请发送个人简历内容"。

（3）让 AI 针对不同公司修改简历，提高个人简历的实用性。提示词如下：

> 你是一名资深的 Web 前端方向的面试官。
> ## 背景信息
> 我将发给你 3 份不同公司的 Web 前端的职位要求，请你针对这 3 份不同的职位要求进行分析。
> ## 任务目标
> ①请先告诉我这 3 个职位要求差别大不大，如果不大的话，你直接回复"不大"，并且告知我应聘注意事项
> ②如果这 3 个职位要求差别比较大，请你分别告诉我这 3 个职位的应聘注意事项。
> ## 输出要求
> 如果你明白的话，我将向你发送 3 个职位要求。

7.3.2 AIGC 生成图文混排个人简历

1. 在夸克 AI 简历中快速创建个人简历

操作流程：AI 简历→选择快速创建/选模板→填写信息→生成图文个人简历，如图 7-27 所示。

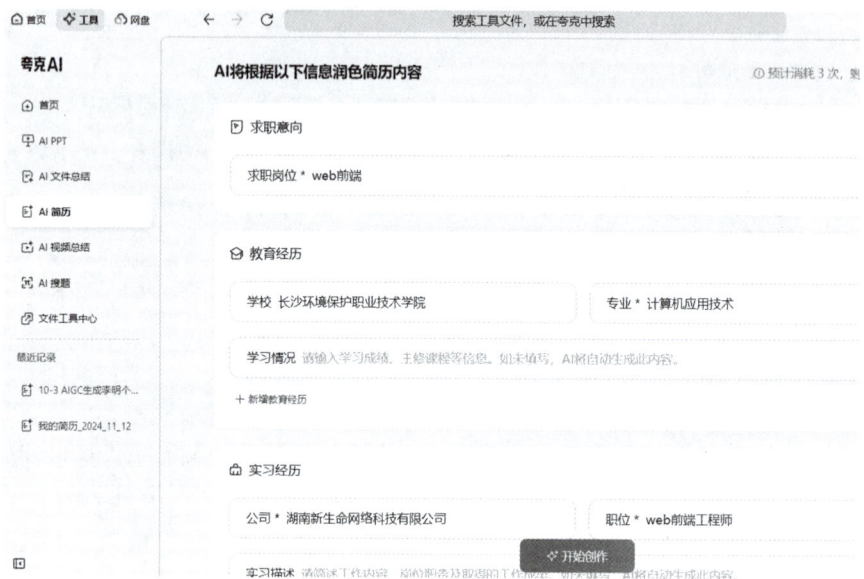

图 7-27　夸克 AI 简历—快速创建

2. 在夸克 AI 简历中导出图文混排的简历

操作流程：AI 写简历→导入简历→更换风格→选择模板→生成图文个人简历→导出简历，如图 7-28 所示。

图 7-28　夸克 AI 简历—导入简历

7.3.3 AIGC 模拟就业面试

1. 模拟面试提示词

在讯飞星火中模拟面试。提示词如下：

> 你是一名资深的 Web 前端面试官，对我进行模拟面试。
> ## 背景信息
> 我现在要面试的岗位是 A 公司的 Web 前端工程师岗位。
> ## 任务目标
> 请你对我提出跟这个岗位相关的面试问题，以判断我是否合适。
> ## 输出要求
> 我们的对话采用一问一答的方式进行，你一次只能提出一个问题，并且不需要解析。一共问我 5 个问题。
> 如果你明白的话，我将发送你这个岗位的描述，你就可以提问了。

AIGC 模拟就业面试

对话如图 7-29 所示。

图 7-29　讯飞星火—模拟面试

2. 数字人面试

数字人面试系统是一种利用人工智能技术进行模拟面试的训练系统。"有时" AI 面试小程序为高校毕业生提供了就业指导和实训系统，结合 AI 评测技术和岗位面试题库，通过模拟面试帮助毕业生增强应聘能力，提升就业竞争力。数字人面试的功能特点如下。

（1）自动化面试流程。系统可以自动安排面试时间，并发送通知给求职者。在预定时间，系统自动启动面试，无需人工干预。

（2）多维度评估。系统可以从多个维度（如语言表达、逻辑思维、情绪管理等）对求职者进行综合评估，生成详细的面试报告。

（3）动态互动。根据求职者的回答，系统可以生成动态的后续问题，深入挖掘其能力和经验。

任务实操

> 阅读本节知识内容，完成任务工作单 7-3-2。扫码观看视频，掌握使用 AI 简历工具生成图文个人简历及参与数字人面试的方法。

7.3.4 AIGC 生成简历及模拟面试

AIGC 生成简历及模拟面试

（1）在讯飞星火中 AI 生成个人简历文档，如图 7-30 所示，输入提示词生成并优化个人简历后，复制到文档，保持为"个人简历.docx"。提示词如下：

> 张华，长沙环境保护职业技术学院，环境监测专业，2021年9月—2024年6月；2022年11月，获得国家励志奖学金，平均成绩96；2023年10月，在湖南环保公司实习，做环境监测工程师；具备环境监测与评估能力。求职目标：环境监测工程师。

图 7-30　讯飞星火生成个人简历文档

（2）在夸克 AI 简历中生成个人简历，再将个人简历文档导入，选择模板，一键生成图文个人简历，最后导出个人简历，如图 7-31 所示。

图 7-31　夸克 AI 简历生成图文简历

（3）在"有时"AI 面试小程序中进行 AI 模拟面试，如图 7-32 所示，登录后选择面试岗位，进行面试前检测。检测完成后，点击"知道了"按钮，进入面试界面，点击"开始面试"按钮，面试官会针对所选岗位进行提问，模拟真实面试场景。面试结束后，点击"查看报告解析"，系统将自动分析面试情况，出具面试报告，可在训练记录中查看面试报告及题目解析。

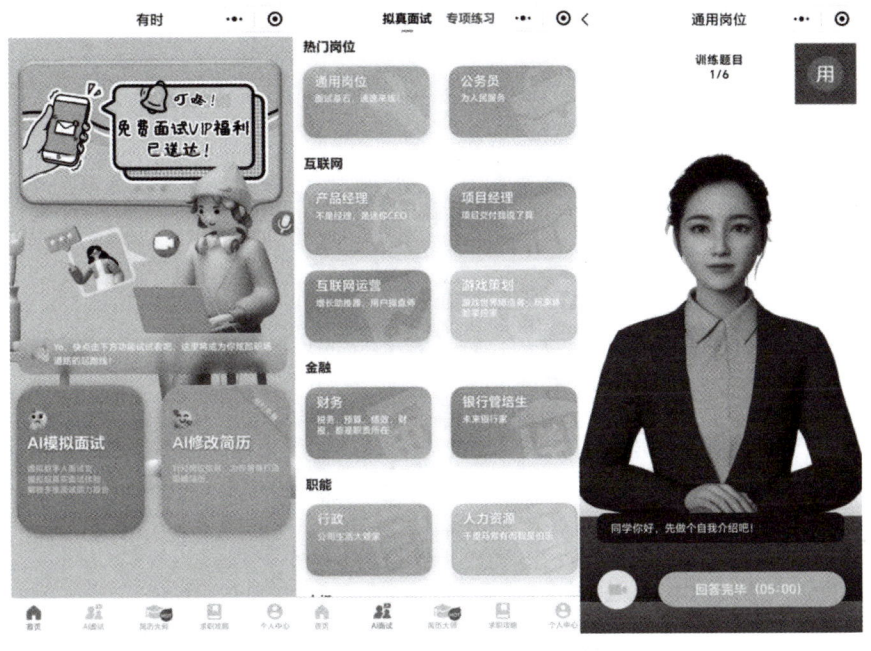

图 7-32　"有时"AI 面试模拟面试

任务❹ AIGC 创造数字生活

任务描述

在数字化时代，AIGC 技术正以其革命性的力量重塑人们的数字生活。AIGC 技术能够通过算法自动创作或编辑图像、视频和文本等内容，极大地丰富了数字媒体的创作方式。在校园生活中，AIGC 技术的应用为同学们提供了一个全新的平台，让他们能够以前所未有的方式记录和分享校园生活的精彩瞬间。李同学通过 AIGC 工具，可以轻松创作校园生活视频，展现校园文化的多样性和活力。

> 任务主题：编写关于 AIGC 在校园生活视频制作中的应用是一个既有趣又富有教育意义的任务。请用 AI 工具制作校园生活视频。

技术分析

- AIGC 绘画应用。
- AIGC 视频应用。

学习目标

- 理解 AIGC 技术。
- 掌握 AIGC 绘图方法。
- 掌握 AIGC 视频制作方法。
- 培养创新思维和实践能力。

知识链接

> 本节可以自行学习，通过预习知识链接，完成知识测评单 7-4-1。基本操作部分可以扫码观看视频演示，夯实知识基础！
> 学习箴言：有信念、有梦想、有奋斗、有奉献的人生，才是有意义的人生！

7.4.1 AIGC 绘画应用

AIGC 在绘画方面的应用已经取得了显著的进展，为艺术创作领域注入了新的活力。

AIGC 绘画主要基于深度学习和神经网络技术。主流常用的智能绘图工具如图 7-33 所示。

文字生成法

图 7-33　AIGC 的绘画应用

AI 绘图的方法多种多样，其中文字生成法、图片生成法和线稿生图法是三种常见且实用的方式，三者共同的步骤如图 7-34 所示。

图 7-34　步骤

下面将详细介绍这些方法。

1. 文字生成法

文字生成法是指通过 AI 技术将输入的文字描述转化为图像。这种方法通常利用深度学习算法和大量的图像数据集进行训练，使模型能够理解和生成与文字描述相符的图像。

具体操作步骤如下：

（1）选择一个支持文字生成图像的 AI 绘图工具或平台，以堆友为例。

（2）在工具或平台的输入框中输入描述想要绘制的图像的文字。

进入网站选择文生图的选项，如图 7-35 所示。

在画面描述输入框中，输入一些描述和要求性文字，例如"穿着公主裙的小女孩，高分辨率，增加细节，清晰度强化，中景，全身像，侧面视角，镜头光晕，耳环，卷发，粉色头发，星星眼，吐舌头，站立，游乐园，飞溅彩色碎纸、高云层、旋转木马、毛绒玩具、斑驳的阳光，明亮，暖色调"，如图 7-36 所示。

图 7-35　文生图

图 7-36　提示词描述

（3）根据需要调整生成图像的参数，如风格、尺寸等。

（4）单击"立即生成"按钮，等待 AI 根据文字描述生成图片，如图 7-37 所示。

图 7-37　AI 生成图片

文字生成法的优点在于可以灵活地表达创作意图，AI 能够根据文字描述生成丰富多样的图像。但需要注意的是，生成的图像可能并不完全符合预期，需要多次尝试和调整参数以获得满意的结果。

2. 图片生成法

图片生成法是利用已有的图片作为参考，通过 AI 技术生成与参考图片相似的图像。这种方法通常基于深度学习中的图像生成算法，如风格迁移、图像修复等。

具体操作步骤如下：

（1）选择一个支持图片生成图片功能的 AI 绘图工具，以 Vega AI 为例，选择"图生图"选项，如图 7-38 所示。

图 7-38　图生图

（2）上传一张参考图片作为生成图像的基础。上传文生图所生成的图片，并且输入描述性文字"一只小熊，高分辨率，增加细节，清晰度强化，头部，正面视角，飞溅彩色碎纸、高云层、明亮、暖色调"，如图 7-39 所示。

图片生成法

图 7-39　上传

（3）根据需要调整生成图像的参数，如风格、颜色等。

（4）单击"生成"按钮，等待 AI 根据参考图片生成新的图像。

图片生成法的优点在于可以快速生成与参考图片相似的图像，适用于需要参考现有作品进行创作的场景。但需要注意的是，生成的图像可能受到参考图片的限制，缺乏一定的创新性。

3. 线稿生图法

线稿生图法是基于已有的线稿或草图，通过 AI 技术将其转化为完整的图像。这种方法通常结合了图像处理技术和深度学习算法，能够自动识别线稿中的轮廓和细节，并生成相应的色彩和纹理。

具体操作步骤如下：

（1）准备一个线稿或草图，确保其轮廓清晰可辨。

（2）选择一个支持线稿生图功能的 AI 绘图工具或平台。

（3）上传线稿或草图作为生成图像的基础。

（4）根据需要调整生成图像的参数，如颜色、纹理等。

（5）单击"生成"按钮，等待 AI 根据线稿生成完整的图像。

线稿生图法的优点在于能够保留原始线稿的风格和特点，同时为其添加丰富的色彩和纹理，使作品更加生动和完整。但需要注意的是，生成的图像可能受到线稿质量的影响，因此需要确保线稿的准确性和清晰度。

综上所述，文字生成法、图片生成法和线稿生图法是三种常见的 AI 绘图方法。每种方法都有其特点和适用场景，可以根据具体需求选择合适的方法进行创作。随着 AI 技术的不断发展，相信未来会有更多创新和高效的绘图方法出现。

7.4.2 AIGC 视频应用

大模型生成视频是计算机视觉领域的一项重要技术，它结合了深度学习、计算机视觉和自然语言处理等多种技术，能够生成高质量、连贯且富有表现力的视频内容。现在市场上主流的 AI 生成视频工具众多各具特色，为用户提供了丰富的选择，如图 7-40 所示。

文本生成视频　　图片生成视频

1. 文本生成视频

以可灵为例，输入一段文字，根据文本表达生成 5 秒或 10 秒视频，将文字转变为视频画面。现已支持"标准"与"高品质"两个生成模式，标准模式生成速度更快，高品质模式画面质量更佳。

提示词公式如图 7-41 所示。

公式中最核心的构成是主体、运动和场景，这也是描述清楚一个视频画面最简单、最基本的单元。当用户希望更详细地描述主体与场景时，只需要通过列举多个描述词短句，保持提示词中希望出现要素的完整性即可，AI 会根据输入的表达进行提示词扩写，生成符合预期的视频，提示词优化结果如图 7-42 所示。

序号	工具名称	主要特点
1	快手可灵	国内顶尖的AI视频大模型，生成效果优秀，单次可生成5秒视频，支持多次延长至2分钟
2	有言AI视频	一站式AIGC视频创作平台，内置高质量超写实3D虚拟人角色，无需真人出镜
3	白日梦AI	可生成最长达6分钟的原创视频，将文案、图片等一键转化为视频，支持配音字幕、后期剪辑等功能
4	巨日禄AI	Stability AI推出，支持文生视频和图片生成视频，每天有免费生成机会
5	Leonardo AI	全能型AI工具，支持图像和视频生成
6	Luma Dream Machine	让视频作品充满创意和活力，提供高质量的AI视频生成服务
7	PixVerse	功能强大，支持中英双语、多种风格转换
8	Vidu	清华大学与生数科技联合推出，简单输入文本即可生成高清视频
9	即梦AI（字节跳动）	不仅能绘制AI图像，还能将文字或图片转化为视频，支持多种风格和背景音乐
10	火山科技Etna	简短文本即可生成8~15秒4K高清视频，帧率高达60fps
11	Runway Gen2	高清晰度画面，成熟功能，支持指令输入、动态区域识别调参等
12	DomoAI	将照片和视频动漫化，生成的片段偏2D效果，720p免费，1080p付费
13	剪映、快剪辑等	视频编辑软件集成AI技术，提供智能剪辑、字幕生成、色彩调整等功能

图 7-40　AIGC 在视频的应用

> 提示词 = **主体**（主体描述）+ **运动** + **场景**（场景描述）+（镜头语言 + 光影 + 氛围）
> ——括号里的内容可选填
>
> **主体**：主体是视频中的主要表现对象，是画面主题的重要体现者。如人、动物、植物，以及物体等；
>
> **主体描述**：对主体外貌细节和肢体姿态等的描述，可通过多个短句进行列举。如动物表现、发型发色、服饰穿着、五官形态、肢体姿态等；
>
> **主体运动**：对主体运动状态的描述，包括静止和运动两。运动状态不宜过于复杂，符合5s视频内可以展现的画面即可；
>
> **场景**：场景是主体所处的环境，包括前景、背景等；
>
> **场景描述**：对主体所处环境的细节描述，可通过多个短句进行列举，但不宜过多，符合5s视频内可以展现的画面即可。如室内场景、室外场景、自然场景等。
>
> **镜头语言**：是指通过镜头的各种应用以及镜头之间的衔接和切换来传达故事或信息，并创造出特定的视觉效果和情感氛围。如超大远景拍摄，背景虚化、特写、长焦镜头拍摄、地面拍摄、顶部拍摄、航拍、景深等；（注意：这里与运镜控制作区分）
>
> **光影**：光影是赋予摄影作品灵魂的关键元素，光影的运用可以使照片更具深度，更具情感，我们可以通过光影创造出富有层次感和情感表达力的作品。如氛围光照、晨光、夕阳、光影、丁达尔效应、灯光等；
>
> **氛围**：对预期视频画面的氛围描述。如热闹的场景、电影级调色、温馨美好等。

图 7-41　AIGC 在视频的提示词

图 7-42 提示词优化

例如：在文本生成视频的创意描述对话框中输入如图 7-43 所示提示词。

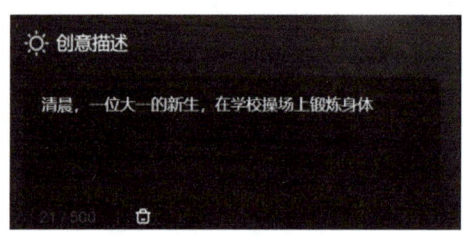

图 7-43 提示词

大概 10 分钟后就生成了一个视频。

2. 图片生成视频

以可灵大模型为例，将图片转变为 5 秒或 10 秒的视频画面。图片生成视频需要输入一张图片再配以文字描述。

对图片生成视频来说，控制图像中的主体运动是核心，可参考图 7-44 所示公式生成视频。

图 7-44 图生视频

提示词公式最核心的构成是主体和运动，与文生视频不同，图片生成视频已经有了场景，因此只需要描述图像中的主体与希望主体实现的运动，如果涉及多个主体的多个运动，依次列举即可，AI 会根据用户的表达与对图像画面的理解进行提示词扩写，生成符合预期的视频，提示词优化结果如图 7-45 所示。

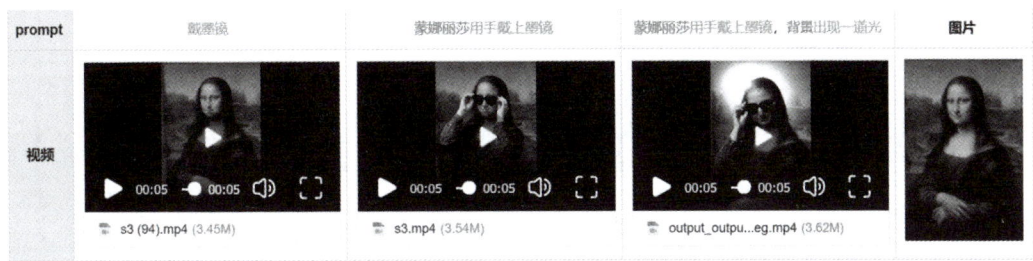

图 7-45　图生视频提示词优化

任务实操

阅读本节知识内容，完成任务工作单 7-4-2。扫码观看视频，掌握使用 AI 制作校园视频的方法，展示学院积极向上的校园生活的方法。

7.4.3 使用 AI 制作校园视频

1. 生成文本

通过文心一言，提出制作校园视频的具体要求。

输入如图 7-46 所示提示词。

长沙环境保护技术学院，在新生见面会上，要制作一个给学生展示学校的视频。列出给新生介绍学校的文字

图 7-46　校园视频提示词

文心一言输出如图 7-47 所示回复。

制作一个向新生展示长沙环境保护技术学院的视频是一个很好的机会，可以生动地介绍学校的特色、历史、教学设施、校园文化、学生生活和未来发展等各个方面。以下是一份文字内容草案，您可以根据实际需求调整和完善：

【视频开头】

[背景音乐渐起，画面缓缓拉开，展现长沙城市风貌与学院标志性建筑的航拍镜头]

旁白（温暖、激励的语气）：“在这片充满活力与希望的土地上，有一所学府，它以绿色为底色，以科技为翅膀，孕育着未来环保事业的梦想家——欢迎来到长沙环境保护技术学院！”

【学校概况】

[切换至校园全景，展示校门、图书馆、教学楼等]

旁白：“长沙环境保护技术学院，坐落于风景秀丽的XX区，是一所专注于环境保护领域的高等学府。自成立以来，我们秉承‘绿色引领，科技兴环’的办学理念，致力于培养具有国际视野和创新能力的环保专业人才。”

【历史沿革】

[使用老照片与现代场景交替，展示学校发展历程]

图 7-47（一）　回复

旁白:"从初创时的筚路蓝缕,到如今的蓬勃发展,每一步都凝聚着前辈们的智慧与汗水。回望过去,我们自豪;展望未来,我们满怀信心。"

【教学设施】

[展示现代化实验室、实训基地、绿色建筑等]

旁白:"在这里,先进的教学设施为你的学习之旅保驾护航。从精密的环境监测实验室到模拟生态系统的实训基地,每一处都是理论与实践完美结合的舞台。"

【师资力量】

[展示教师风采,包括教授、博士等专家的采访片段]

旁白:"我们的教师队伍由一批在环保领域享有盛誉的专家学者组成,他们不仅学术造诣深厚,更将实践经验融入教学,引领学生在知识的海洋中邀游。"

【校园文化与活动】

[展示丰富多彩的社团活动、环保志愿服务、文化节等]

旁白:"校园文化生活是多彩的,从环保主题的创意大赛到绿色出行倡议,从文化节的欢声笑语到志愿服务中的温暖传递,每一次参与都是成长的见证。"

【学生生活与住宿】

[展示宿舍、食堂、运动场、休闲区等]

旁白:"舒适的生活环境是学习的保障。温馨的学生宿舍、营养丰富的食堂、设施齐全的运动场,以及充满创意的休闲空间,让你的大学生活更加丰富多彩。"

【就业前景与荣誉】

[展示毕业生就业情况、校企合作项目、获奖证书等]

旁白:"选择长沙环境保护技术学院,意味着你踏上了通往成功的快车道。我们与众多知名企业建立了紧密的合作关系,为学生提供广阔的实习就业平台。历年来,我们的毕业生在环保领域取得了卓越成就,为学校赢得了无数荣誉。"

【结尾寄语】

[画面回归校园美景,镜头缓慢拉远]

旁白:"在这片绿色的土地上,每一次探索都充满可能,每一次努力都将开花结果。长沙环境保护技术学院,期待与你共同书写环保事业的新篇章。未来的你,将在这里启航,向着更加辉煌的明天进发!"

[背景音乐达到高潮,画面定格于学校logo与欢迎语]

图7-47(二) 回复

2. 文本生成视频

通过剪映电脑端软件中的图文成片功能,将文心一言的文字内容草案适当修改后生成视频。

(1)打开剪映软件,单击"图文成片"按钮,如图7-48所示。

图7-48 图文成片

(2)选择自由编辑文案功能。将文心一言生成的文案进行修改,并复制到文本框中。选择适当的声音后,单击"生成视频"按钮,如图7-49所示。

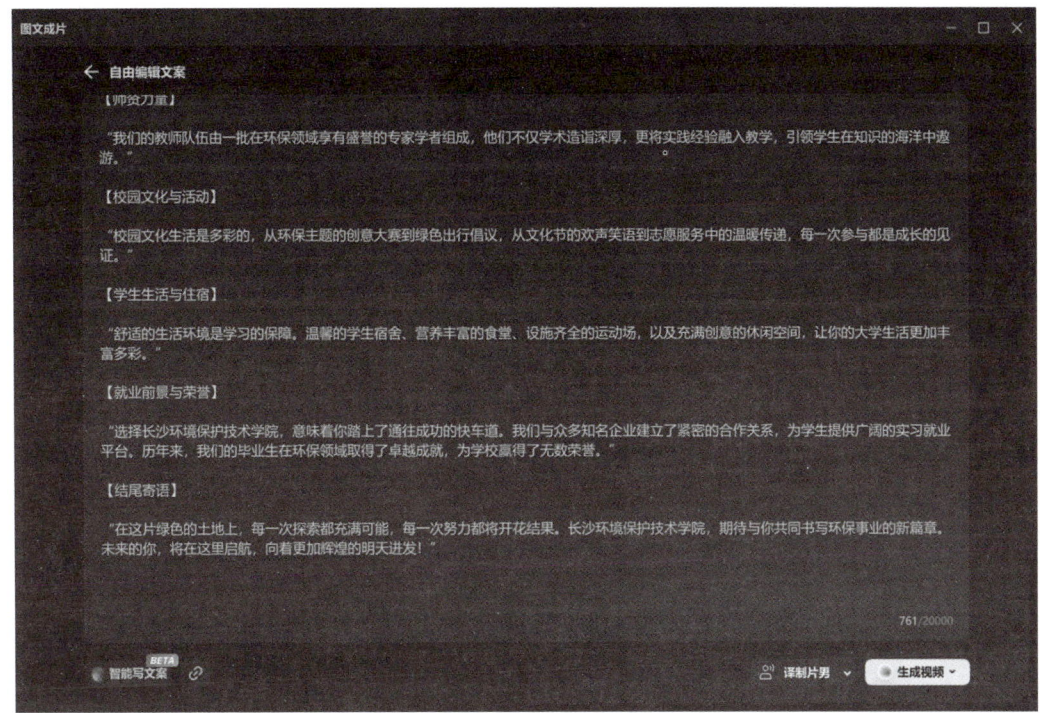

图7-49 生成视频

(3)生成视频后,单击导出即可保存视频,如图7-50所示。

图7-50 生成视频

3. 生成数字人场景视频

通过有言网站可以生成 3D 数字人，让其出镜视频，成为一个数字人 IP，有形象、会表达。

（1）单击有言首页导航中的 3D 数字人，选择人物，单击"用 TA 创作"按钮，进入图 7-51 所示界面，输入学院概况，选择合适的 3D 人物和场景。

图 7-51　选择 3D 人物和场景

（2）编辑 3D 人物。单击人物进入"编辑人物"界面，可以选择合适的套装、发型、配饰、妆容、面容等，如图 7-52 所示，选择保存并应用可以回到 3D 生成界面，可以看到人物形象发生了变化。选择透明背景场景，单击"3D 生成"即可渲染视频，如图 7-53 所示。

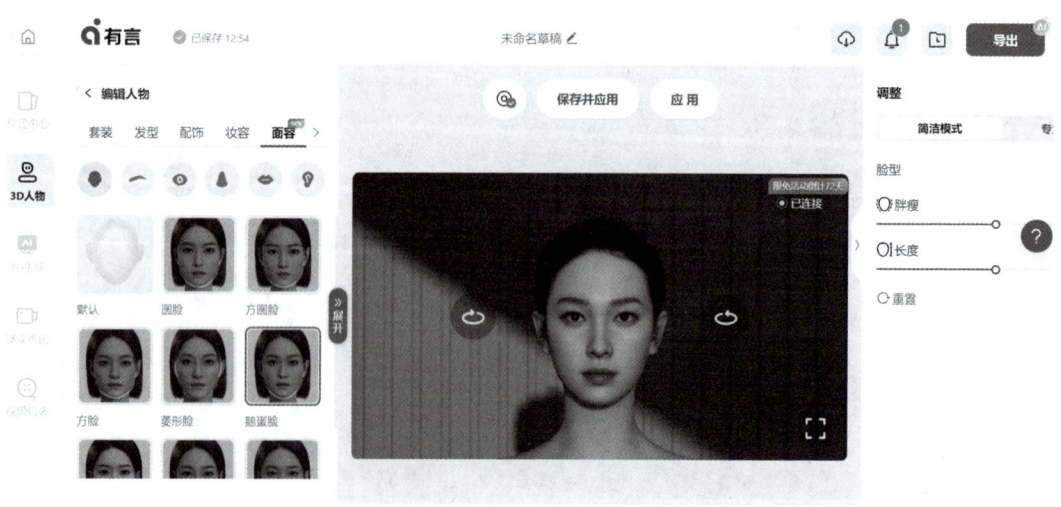

图 7-52　编辑 3D 人物

图 7-53　3D 生成视频

（3）AI 创作 3D 数字人视频。上传学校宣传视频加入数字人，在有言首页中选择右上角的"+AI 创作"项，进入"素材"界面添加视频素材，单击视频右下角的"+"号按钮，再生成渲染，如图 7-54 所示。

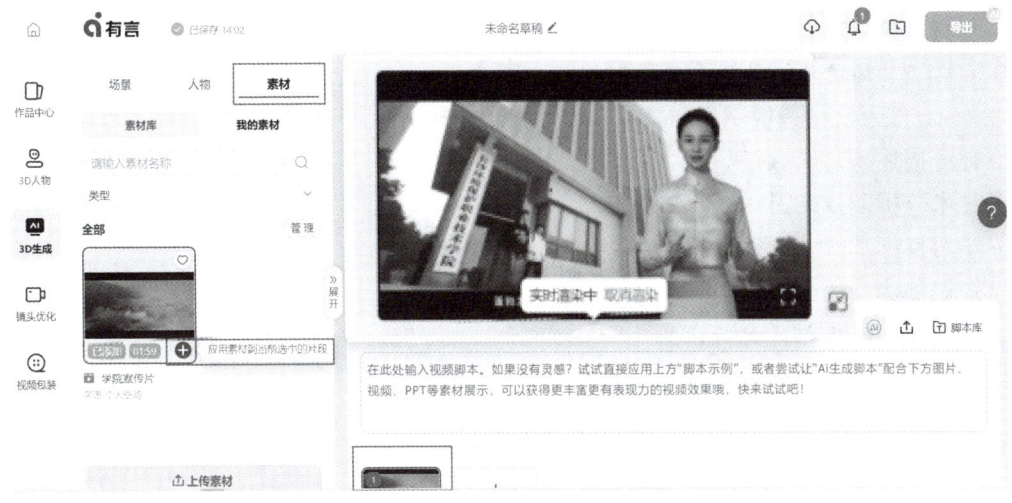

图 7-54　AI 创作 3D 数字人视频

专题拓展

拓展模块 1　演示文稿制作

拓展模块 1

模块导读

模块导图

任务 1　演示文稿快速制作

 任务描述

 技术分析及效果图

 学习目标

 知识链接

  1.1.1　WPS 演示文稿界面

  1.1.2　演示文稿、幻灯片的新建和保存

  1.1.3　WPS 幻灯片版式应用

  1.1.4　WPS 幻灯片模板应用

 任务实操

  1.1.5　环境日活动演示文稿制作

任务 2　演示文稿模板制作与使用

 任务描述

 技术分析及效果图

 学习目标

 知识链接

  1.2.1　WPS 演示母版应用

  1.2.2　WPS 演示母版高级功能

  1.2.3　WPS 演示的主题

  1.2.4　WPS 演示配色原则

 任务实操

  1.2.5　环境活动演示文稿模板制作

任务 3　演示文稿多媒体制作

 任务描述

 技术分析及效果图

 学习目标

 知识链接

  1.3.1　WPS 演示多媒体制作内容

1.3.2　WPS 演示插入多媒体内容
1.3.3　WPS 演示添加动画效果
1.3.4　WPS 演示切换效果
任务实操
1.3.5　环境报告演示文稿多媒体制作

拓展模块 2　信息技术——走进数字社会"大门"

拓展模块 2

模块导读
模块导图
任务 1　走进新一代信息技术
任务描述
技术分析
学习目标
知识链接
2.1.1　新一代信息技术的主要代表技术
任务实操
2.1.2　新一代信息技术各主要代表技术的技术特点
2.1.3　我国新一代信息技术未来发展和方向
任务 2　新一代信息技术典型应用（数字人）
任务描述
技术分析
学习目标
知识链接
2.2.1　数字人的特征
2.2.2　数字人的等级
2.2.3　国内虚拟数字人产业的发展历程
任务实操
2.2.4　数字人的运作原理
2.2.5　数字人常见的类型
2.2.6　数字人核心应用场景
2.2.7　新一代信息技术促进产业融合
2.2.8　拓展新一代信息技术在生活中的应用
任务 3　信息检索基础知识
任务描述
技术分析
学习目标
知识链接

2.3.1 信息检索的概念
2.3.2 信息检索的类型
2.3.3 信息检索的基本流程
2.3.4 常用的信息检索技术
2.3.5 信息检索策略
任务实操
2.3.6 "中国梦"主题检索策略

拓展模块 3　信息安全——构筑数字社会"防火墙"

拓展模块 3

模块导读
模块导图
任务 1　信息安全意识
任务描述
技术分析
学习目标
知识链接
3.1.1 信息安全概念与发展现状
任务实操
3.1.2 探寻身边的信息安全
3.1.3 掌握防范技巧，提高信息安全意识
任务 2　信息安全技术及应用
任务描述
技术分析及效果图
学习目标
知识链接
3.2.1 信息安全技术
3.2.2 设置病毒和威胁防护及防火墙和网络保护
任务实操
3.2.3 Windows 下对系统核心的文件夹进行扫描
3.2.4 设置防火墙的出站规则和入站规则

读书笔记

读书笔记